畜禽寄生虫病

路卫星　刘衍芬　主编

中国农业出版社

北　京

　　本教材是一部简明实用的职业技术教育教材，以学生必须掌握的寄生虫课程技能为主线选择教学内容，按照案例教学法和以思维导图为基础的教学法联合应用的体例编排，以常规技术为基础，关键技术为重点，着重于理论知识、实践技能和思想政治的融合；汇集了众多农林牧渔类高职高专院校教师的教学经验和教改成果，又得到了相关行业企业专家的指导和积极参与，充分体现了专业课教材的实用性、思政性。

　　编写时将课程分为畜禽寄生虫病的基础知识、人畜共患寄生虫病的防治、猪寄生虫病的防治、禽寄生虫病的防治、牛羊寄生虫病的防治、犬猫寄生虫病的防治和畜禽寄生虫检查技术等七个项目，根据工作内容提炼出 41 个必须掌握的任务技能，辅以必备的理论和思想政治知识。

　　本教材的特点是重点突出，条理清晰、通俗易懂，既注重传承临床适用的操作技能，又广泛吸收了当代研究成果和实践经验。撰写力求图文并茂，以图释文；既保持了畜禽寄生虫病的系统性，又突出了在生产中的实用性。

编审人员

主　　编　路卫星　辽宁农业职业技术学院

　　　　　刘衍芬　辽宁农业职业技术学院

副 主 编　范俊娟　辽宁农业职业技术学院

　　　　　张文晶　辽宁农业职业技术学院

　　　　　贺永明　辽宁农业职业技术学院

参　　编　(按姓氏笔画排列)

　　　　　王　韫　保定职业技术学院

　　　　　刘立英　辽宁农业职业技术学院

　　　　　李春华　辽宁农业职业技术学院

　　　　　何　洋　阜新高等专科学校

　　　　　何丽华　辽宁生态工程职业学院

　　　　　阿米娜·木合塔尔别克　塔城职业技术学院

　　　　　孟令楠　辽宁农业职业技术学院

　　　　　姜凤丽　辽宁农业职业技术学院

　　　　　曹　晶　辽宁农业职业技术学院

审　　稿　鄂禄祥　辽宁农业职业技术学院

企业指导　赵宝凯　沈阳伟嘉牧业技术有限公司

　　　　　左士峰　辽宁新望科技有限公司

前言

PREFACE

本教材根据《国务院关于印发国家职业教育改革实施方案的通知》（国发〔2019〕4号）、《职业教育提质培优行动计划（2020—2023年）》（教职成〔2020〕7号）和《关于推动现代职业教育高质量发展的意见》等文件精神，由高职高专院校骨干教师和行业、企业专家共同参与编写而成。本教材立意新颖，注重应用性，增加了实训内容，强化了理论和实践的结合。

本教材根据高职高专教育畜牧兽医类专业的教学计划和教学大纲，以及畜牧生产、兽医临床的实际需要，并针对"培养高素质技能型人才"的目标编写而成。本教材吸取了近年来教学改革和临床实践的经验与成果，优化教材内容，重在体现实用与应用性。为突出高等职业技术教育特点，在编写过程中，我们坚持"必需""够用"和"贴近学生、贴近社会、贴近岗位"的原则，力求做到内容丰富、新颖、简练，结合相关科研成果和生产实践，使其具有很强的实用性和可操作性，以实现对学生思政教育和解决问题能力的培养。在编写结构和内容上，每个项目先设有学习目标，后有目标检测，以便学生更好地掌握畜禽寄生虫病防治的基本知识和技能。

本教材由路卫星、刘衍芬担任主编，范俊娟、张文晶、贺永明担任副主编。编写分工如下：路卫星、刘衍芬编写项目一和项目七；范俊娟、刘立英编写项目二和项目三；贺永明、姜凤丽编写项目四；张文晶、何丽华、李春华、王韫编写项目五；孟令楠、阿米娜·木合塔尔别克、何洋、曹晶编写项目六。

本教材承蒙部分农业职业技术学院（校）同行、专家的指导，特别是沈阳伟嘉牧业技术有限公司赵宝凯博士和辽宁新望科技有限公司左士峰兽医师对本教材的编写工作给予了大力支持，提出了宝贵的修改意见，在此一并致谢。

由于编者水平有限，本教材不妥之处在所难免，诚请广大读者给予指正。

编　者
2022年12月

目录

◀ CONTENTS

项目一

畜禽寄生虫病的基础理论

知识目标

1. 能够描述畜禽寄生虫病流行病学调查的内容。
2. 能够描述畜禽寄生虫病的诊断方法。
3. 能够描述畜禽寄生虫病的综合防治措施。

能力目标

1. 根据不同的寄生虫，能够合理选择寄生虫病的诊断方法。
2. 根据不同的寄生虫，制定合理、有效的综合防治方案。

素质目标

1. **社会责任感** 通过解释寄生虫的生活史和危害以及综合防治，学生能够逐步建立关爱动物健康、减少药物残留、保证食品安全、维护人类健康的社会责任感。
2. **职业道德** 根据不同的寄生虫，合理选择应用抗寄生虫药，制定合理、有效的药物治疗方案，学生能够践行执业兽医职业道德行为规范，依法用药，依法防控人畜共患病。
3. **工匠精神** 通过寄生虫的实验室诊断，学生能够逐步建立科学、严谨和精益求精的科学素养精神。
4. **团队合作** 通过制定合理、有效的综合防治方案，学生能够提高团队合作意识。

任务一　畜禽寄生虫病的流行病学调查

一、流行病学基本环节的调查

某种寄生虫病在一个地区流行必须同时具备三个基本环节，即感染源、感染途径和易感动物。

（一）感染源

感染源包括终末宿主、中间宿主、补充宿主、贮藏宿主、保虫宿主、带虫宿主以及传播媒介等。虫体、幼虫或虫卵等病原体由上述宿主通过粪便、尿液、血液以及其他分泌物、排泄物等排出体外，污染外界环境并发育到感染性阶段，经一定的方式或途径传染给其他易感动物。有些病原体虽不排出体外，但也以一定形式存在于宿主体内而成为传染源，如肌旋毛虫包囊。

（二）感染途径

感染途径是指病原体由感染源传染给易感动物的一种方式。可以是某种单一途径，也可以是多种途径，随寄生虫的种类不同而各异。

1. 经口腔感染　发育到感染性阶段的寄生虫随着被污染的饲料、饮水、牧草或有寄生虫感染的中间宿主等，通过采食、饮水等方式从口腔进入宿主体内。

2. 经皮肤感染　感染性寄生虫由宿主健康皮肤钻入而感染，如分体吸虫、钩虫等。

3. 经接触感染　患病的或带虫的动物与健康动物之间通过直接接触或用具、人员等间接接触后，将病原体传染给健康动物，如蜱、螨、虱以及生殖道寄生虫等。

4. 经胎盘感染　又称垂直感染。在妊娠动物体内，寄生虫通过胎盘由母体感染给胎儿，如弓形虫。

5. 经生物媒介感染　寄生虫通过节肢动物的叮咬、吸血等由患病动物传染给健康动物。主要是一些血液寄生虫。

6. 经自身感染　猪带绦虫病人可通过逆呕使孕卵节片或虫卵重新进入小肠而感染囊尾蚴病。

（三）易感动物

易感动物是指对某种寄生虫缺乏免疫力或免疫力低下的动物。某种寄生虫并不能在所有动物体内生活，而只能在一种或几种动物体内生存、发育和繁殖，对宿主具有选择性。宿主的易感性高低与动物种类、品种、年龄、性别、饲养方式、营养状况等因素有关，如猪蛔虫只感染猪而不感染其他动物；一般幼年动物易感性较高，如鸡球虫最易感的是15～50日龄的雏鸡；相同动物群体的不同个体之间对寄生虫的易感性也不一样。影响宿主易感性高低最主要的因素是宿主机体的营养状况，营养越好其易感性越低。

二、流行病学影响因素的调查

（一）生物学因素

1. 寄生虫的生活史　了解寄生虫在哪个发育阶段以何种形式排出体外；寄生虫在外界环境发育到感染性阶段所需的时间和条件；寄生虫在自然界保持生命力和感染力的期限以及对外界环境的耐受性如何；寄生虫从感染宿主至发育成熟排卵所需的时间等内容。这对确定动物驱虫时间以及制定相应的防治措施具有极其重要的参考价值。

2. 寄生虫的寿命　寄生虫在宿主体内寿命的长短决定了其向外界散布病原体的时间。如猪蛔虫成虫的寿命为7~10个月，而猪带绦虫在人体内的存活时间可长达25年以上。

3. 中间宿主和传播媒介　许多种寄生虫在其发育史中需要中间宿主和传播媒介的参与，必须要了解它们的分布、密度、习性、栖息场所、出没时间、越冬地点以及有无天敌等特性，还要了解寄生虫幼虫在其体内的生长发育以及进入补充宿主、贮藏宿主等的可能。

（二）自然因素

自然因素包括气候、地理、生物种群等方面。气候和地理等自然条件的不同势必影响植被和动物区系的分布，而中间宿主和传播媒介都有其固有的生物学特性，外界自然条件（温度、湿度、空气、阳光、地势等）直接影响其生存、发育和繁殖，也直接影响宿主机体的抵抗力而影响寄生虫病的发生。

1. 地方性　寄生虫病的发生和流行常有明显的区域性，绝大多数寄生虫病呈地方性流行，少数是散发性，极少数呈流行性。寄生虫的地理分布也称为寄生虫区系。

（1）动物种群的分布不同。动物种群包括寄生虫的终末宿主、中间宿主、补充宿主、保虫宿主、带虫宿主和生物媒介等。由于各种地理区域自然条件的不同，动物种群分布也不同，决定了与其相关的寄生虫区系的不同。

（2）寄生虫对自然条件的适应性不同。各种寄生虫对自然条件的适应性有很大差异，有的寄生虫适于气候温暖潮湿的环境，有的则适于高寒地带。这种寄生虫适应性的差异，决定了不同自然条件的地理区域所特有的寄生虫区系。

（3）寄生虫的发育类型不同。直接发育型的寄生虫（也称为土源性寄生虫）的地理分布较广，而间接发育型的寄生虫（也称为生物源性寄生虫）的地理分布受到严格限制。如蛔虫病分布很广，而血吸虫病则只限于长江流域及长江以南。

2. 季节性　寄生虫的生活史比较复杂，各种寄生虫都有其固有的发育史，多数寄生虫需在外界环境完成其一定的发育阶段。因此，温度、湿度、光照、降水量等自然条件的季节性变化，使得寄生虫体外发育阶段也具有季节性，动物感染和发病的时间也随之出现季节性变化。另外自然条件的季节性变化也影响着寄生虫中间宿主和传播媒介的活动。因此，间接发育型寄生虫引起的疾病更具有明显的季节性。

3. 慢性和隐性　寄生虫并不像细菌、病毒等迅速繁殖、广泛传播，其发育期较长，有的还需要中间宿主和传播媒介。因此，多数寄生虫病的病程呈慢性经过，甚至无临诊症状，只有少数呈急性或亚急性过程。决定病程最主要的因素是感染强度，即宿主机体感染寄生虫的数量。因为宿主感染寄生虫后，除原虫和少数寄生虫（如螨虫）可通过繁殖增加数量外，多数寄生虫进入机体后只是继续完成其生活史。因此，动物感染后表现为带虫现象比较普遍。

4. 多寄生性 同一宿主机体混合感染两种或两种以上寄生虫的现象，一种寄生虫可降低宿主对另一种寄生虫的抵抗力，即出现免疫抑制现象。

5. 自然疫源性 指某些疾病在一定区域的自然条件下，由于存在某种特有的野生传染源、传播媒介和易感动物而长期在自然界循环，当人和家畜进入这一区域时可能遭到感染。这些地区称为自然疫源地。这类寄生虫病称为疫源性寄生虫病。

（三）社会因素

社会经济状况、文化教育和科学技术水平、法律法规的制定和执行、人们的生活方式、风俗习惯、动物饲养管理条件以及防疫保健措施等社会因素，对寄生虫病的发生和流行起着重要作用。如人类对自然资源的不断开发利用使得原始的疫源性疾病感染人类和畜禽，人类对外交流的频繁使得疾病传播的机会也大大增加，人类的不良饮食及卫生习惯使得一些食源性寄生虫病的发生和流行增多。

任务二　畜禽寄生虫病的诊断

一、流行病学调查

1. 基本概况 了解当地地理环境、地形地势、河流与水源、降水量及其季节分布、耕地性质及数量、草原数量、土壤植被特性、野生动物种群及其分布等。

2. 被检动物种群概况 包括被检动物的数量、品种、性别、年龄组成、动物补充来源等，以及动物饲养方式、饲料来源及质量、水源及卫生状况、畜舍卫生状况、动物生产性能［包括产奶（肉、蛋、毛）量及繁殖率等方面］等。

3. 被检动物发病情况 包括发病当时以及近2～3年来动物的营养状况、发病死亡的时间及数量、症状及病变、采取的措施及效果等。

4. 分布情况 中间宿主和传播媒介的存在和分布情况。

5. 人畜共患病调查 了解当地居民的饮食卫生习惯、人的发病数量及诊断结果等。与犬、猫等动物相关的疾病，还应调查其数量，营养以及发病情况等。

二、临诊检查诊断

临诊检查中，根据某些寄生虫病特有的临诊症状，如脑棘球蚴病的"回旋运动"、疥癣病的"剧痒、脱毛等"、球虫病的"球虫性腹泻"等可基本确诊；对于某些外寄生虫病如皮蝇蚴病、各类虱病等可发现病原体，建立诊断；对于非典型症状病例，也能明确疾病的危害程度和主要表现，为进一步诊断提供依据。

寄生虫病的临床诊断与其他疾病相似，多以群体为单位进行大群动物的逐头检查。畜群过大可抽查其中的部分动物。检查中发现可疑病畜或怀疑某种寄生虫病时，随时采取相关病料进行实验室诊断。

三、寄生虫学剖检诊断

通过剖检可以确定寄生虫种类和感染强度，明确寄生虫对宿主的危害程度，尤其适合于群体寄生虫病的诊断。剖检时可采用自然死亡的动物、急宰的患病动物或屠宰动物。

寄生虫学剖检还用于寄生虫区系调查和动物驱虫效果的评定。一般采用全身各组织器官的全面系统检查，有时也可根据需要，如专门为了解某器官的寄生虫感染状况，而检查一个或几个器官。

四、实验室病原检查诊断

1. 病原检查诊断

（1）粪便检查。包括粪便的虫体检查法、虫卵检查法、毛蚴孵化法、幼虫检查法等。粪便检查是诊断寄生虫病最重要的手段之一。

（2）皮肤及其刮取物检查。此法适于螨病的实验室诊断。

（3）血液检查。用于诊断血液寄生虫病。

（4）尿液检查。如猪冠尾线虫病的实验室虫卵检查。

（5）生殖器官分泌物检查。如毛滴虫病的诊断。

（6）其他检查。肛门周围擦拭物检查、痰液和鼻液检查以及淋巴穿刺物检查等。必要时可进行实验动物接种。

2. 免疫学诊断 免疫学诊断的方法有环卵沉淀试验（COPT）、间接红细胞凝集试验（IHA）、酶联免疫吸附试验（ELISA）、间接荧光抗体试验（IFAT）、乳胶凝集试验（LAT）、免疫印迹技术（IBT）（又称 Western 印迹试验）、免疫层析技术（ICT）等。

3. 分子生物学诊断 分子生物学诊断技术在寄生虫病的诊断中显示了高度的敏感性和特异性，同时具有早期诊断和确定现症感染等优点。如 DNA 探针和聚合酶链式反应（PCR）两种技术。

五、治疗性诊断

1. 驱虫诊断 用特效驱虫药对疑似动物进行驱虫，收集驱虫后 3d 内排出的粪便，肉眼观察粪便中的虫体，确定其种类和数量，以达到确诊目的。适用于绦虫病、线虫病等胃肠道寄生虫病。

2. 治疗诊断 用特效抗寄生虫药对疑似病畜进行治疗，根据治疗效果来进行诊断。治疗效果以死亡停止、症状缓解、全身状态好转以及痊愈等表现来评定。多用于原虫病、螨病以及组织器官内蠕虫病的诊断。

任务三 畜禽寄生虫病的预防与控制

一、控制和消灭感染源

1. 动物驱虫

（1）治疗性驱虫。也称紧急性驱虫，即发现患病动物，及时用药治疗，驱除或杀灭寄生于动物体内或体外的寄生虫。这有助于患病动物恢复健康，同时还可以防止病原散播，减少环境污染。

（2）预防性驱虫。也称计划性驱虫，即根据各种寄生虫的生长发育规律，有计划地进行定期驱虫。对于蠕虫病，可选择虫体进入动物体内但尚未发育到性成熟阶段时进行驱虫，这样既能减轻寄生虫对动物的损害，又能防止外界环境被污染。

驱虫后，应及时收集排出的虫体和粪便进行无害化处理，防止病原散播。在组织大规模驱虫工作时，应先选小群动物做药效及药物安全性试验。尽量选用广谱、高效、低毒、价廉、使用方便、适口性好的驱虫药。

2. 粪便生物热除虫　杀灭粪便中寄生虫病原简单有效的方法是粪便的堆积发酵处理，因为这些病原体往往对一般化学消毒药具有强大的抵抗力，但对高温和干燥敏感，在50～60℃温度下足以被杀死，而粪便经10～20d的堆积发酵后，粪堆中的温度可达60～70℃，几乎可以完全杀死粪堆中的病原体。

3. 加强卫生检验　由于不良的饮食习惯，造成病原体进入人体，而感染食源性寄生虫病，如华支睾吸虫病、颚口线虫病、并殖吸虫病、广州管圆线虫病、猪带绦虫病、牛带绦虫病、旋毛虫病、弓形虫病、曼氏迭宫绦虫病、肝片吸虫病、姜片吸虫病等。加强对肉类、鱼类等食品的卫生检疫工作，加强对患病动物器官和胴体的处理，改变人类生食或半生食肉类以及淡水鱼、虾、蟹等的不良饮食习惯，加强宣传教育等对公共卫生具有重大意义。

4. 对保虫宿主的处理　弓形虫病、住肉孢子虫病、利什曼原虫病、贝诺孢子虫病、华支睾吸虫病、裂头蚴病、棘球蚴病、细颈囊尾蚴病、旋毛虫病等病的流行，与犬、猫、野生动物以及鼠类等关系密切。因此，应加强对犬、猫的管理，定期检查，及时治疗和驱虫，其粪便深埋或烧毁。对野生动物，可在其活动场所放置驱虫食饵。老鼠是许多寄生虫病的中间宿主和带虫者，应做好灭鼠工件。

二、切断传播途径

1. 轮牧　轮牧是牧区草地除虫的最好措施。放牧过程中动物粪便污染草地，在其病原还未发育到感染期时将动物转移更换新草地，旧草地上感染性虫卵或幼虫等经一定时期后未能感染动物则自行死亡，草地自行净化，从而避免动物感染。轮牧的间隔时间视不同地区、不同季节以及不同寄生虫而定。

2. 合理的饲养方式　随着畜牧业生产的工厂化和集约化，必须改变传统落后的饲养模式，建立新的先进的有利于疾病防治的养殖技术。如根据实际需要，将散养改为圈养，放牧改为舍饲，平养改为笼养等，以减少寄生虫的感染机会。

3. 消灭中间宿主和传播媒介

（1）物理法。主要是通过排水、交替升降水位、烧荒和疏通沟渠等方法改造生态环境，使中间宿主和传播媒介失去其必需的栖息环境。

（2）化学法。在中间宿主和传播媒介的栖息场所，使用杀虫剂、灭螺剂等，但必须要注意对环境的污染以及对有益生物的危害。

（3）生物法。利用养殖其捕食者来消灭中间宿主和传播媒介。如养殖可灭螺的水禽、养殖捕食孑孓的柳条鱼、花鳉等。

（4）生物工程法。培育雄性不育节肢动物，使之与雌性交配后产出不发育卵而减少其种群数量。

三、免疫接种

目前，国内外已成功研制或正在研制的疫苗有预防牛羊肺线虫病、捻转血矛线虫病、奥斯特线虫病、毛圆线虫病、泰勒虫病、旋毛虫病、弓形虫病、鸡球虫病、疟原虫病、巴贝斯虫病、片形吸虫病、囊尾蚴病和棘球蚴病以及外寄生虫（吸血蝇、毛虱、蜱、螨）病等的疫苗。

四、加强饲养管理

1. 科学饲养 实行科学化养殖，饲喂全价、优质饲料，使动物获得足够的营养，保障机体有坚强的抵抗力，防止寄生虫侵入，或阻止侵入寄生虫继续发育，甚至将其包埋或致死，使感染维持在最低水平，机体与寄生虫之间处于暂时相对平衡状态，制止寄生虫病的发生。同时减少各种应激因素，使动物有一个利于健康的生活环境。

2. 卫生管理 包括饲料、饮水和畜舍的卫生管理。防止饲料和饮水被污染；禁止在潮湿低洼地带放牧或收割饲草，必要时晒干或存放 3～6 个月后再利用；禁止饮用不流动的浅水，最好饮用井水、自来水或流动的江河水；畜舍保持干燥，光线充足，通风良好，饲养密度要适宜，避免过于拥挤；畜舍及运动场保持清洁干燥，经常清除粪便等垃圾并进行发酵处理。

3. 保护幼畜 一般成年动物对寄生虫感染的抵抗力强，不易感染，即使感染也发病较轻或不发病，但往往是重要的感染源。而幼龄动物抵抗力弱，容易感染且发病严重，死亡率高。因此幼龄动物和成年动物应分群隔离饲养，以减少幼畜被感染的机会。

知识链接一 ▶ 寄生虫与宿主

一、寄生生活

（一）自由生活

自由生活指生物体独立生存，与另一种生物没有直接的和必需的关系。如家畜、禽类、鱼类等。

（二）共生生活

1. 互利共生　两种生物体共同生活在一起，双方互相依赖，缺一不可，共同获益而互不损害。如反刍动物与其瘤胃中的纤毛虫，前者为后者提供适宜温度和不易遭到外界环境因素影响的良好生存环境，前者又依靠后者分解木质纤维，帮助消化和获得营养。还有普遍存在的动物与某些细菌或真菌的结合关系，如白蚁与其肠道内鞭毛虫之间的关系。

2. 偏利共生　两种生物在其共生生活中一方受益，另一方不受益也不受害，又称共栖。如大海中的鲨鱼和吸附于体表的䲟鱼，后者以鲨鱼的废弃物为食，而对鲨鱼并不造成危害。

3. 寄生生活　两种生物共生，其中一方获得利益，另一方则受到损害，后者为前者提供营养物质和居住场所，这种生活关系称寄生。其中营寄生生活的动物（动物性寄生物）称为寄生虫，被寄生虫寄生的动物称为宿主。如猪蛔虫生活在猪的小肠内，以小肠内已经消化或半消化的食物为营养，影响猪的健康。猪蛔虫就是寄生虫，其生活方式为寄生生活，猪则是它的宿主。

二、寄生虫与宿主的类型

（一）寄生虫的类型

1. 按寄生虫的寄生时间长短来分

（1）暂时性寄生虫。在整个生存期中，只短时间侵袭宿主，为了解除饥饿、获得营养的寄生虫。如侵袭人畜的雌蚊。

（2）固定性寄生虫。必须有一定的发育期在宿主体内或体表寄生的寄生虫。它又可分为永久性寄生虫和周期性寄生虫。前者指在宿主体内或体表度过一生的寄生虫，如旋毛虫、螨虫；后者指一生中只有一个或几个发育阶段在宿主体内或体表寄生的寄生虫，如蛔虫、片形吸虫等。

2. 按寄生虫的寄生部位来分

（1）外寄生虫。寄生于宿主体表或与体表直接相通的腔、窦内的寄生虫，如蜱、螨、羊鼻蝇蚴等。

（2）内寄生虫。凡寄生于宿主体内（组织、细胞、器官和体腔）的寄生虫都称为内寄生虫，如球虫、消化道线虫。

3. 按寄生虫的发育史来分

（1）同宿主寄生虫。整个发育史中只需一个宿主的寄生虫，又称单宿主寄生虫，如蛔虫。

（2）异宿主寄生虫。整个发育史需要更换两个或两个以上宿主的寄生虫，又称多宿主寄生虫，如姜片吸虫、弓形虫等。

4. 按寄生虫寄生的宿主范围来分

（1）专一宿主寄生虫。有些寄生虫只寄生于一种特定的宿主，对宿主有严格的选择性，如猪蛔虫只感染猪。

（2）非专一宿主寄生虫。有些寄生虫能寄生于多种宿主，如旋毛虫可以寄生于猪、犬、猫等多种宿主。

5. 按寄生虫对宿主的依赖性来分

（1）专性寄生虫。寄生虫在其生活过程中必须有寄生生活阶段，否则其生活史不能完成，如吸虫、绦虫等。

（2）兼性寄生虫。既可营自由生活，又可营寄生生活的寄生虫，如粪类圆线虫（成虫）既可寄生于宿主肠道内，也可以在土壤中营自由生活。

（二）宿主的类型

1. 终末宿主 寄生虫成虫期寄生的宿主或是在其有性繁殖阶段寄生的宿主，也称为真正宿主。寄生虫能在其体内发育到性成熟阶段，进行有性繁殖。如人是猪带绦虫的终末宿主。

2. 中间宿主 寄生虫幼虫时期寄生的宿主或是在其无性繁殖阶段寄生的宿主。如钉螺是血吸虫的中间宿主。

3. 补充宿主 某些寄生虫在其幼虫发育阶段需要两个中间宿主，其中第二个中间宿主称为补充宿主。如华支睾吸虫的补充宿主是多种淡水鱼和虾。

4. 贮藏宿主 某些寄生虫的虫卵或幼虫可进入某些动物体内，在其体内不繁殖也不发育，但保持生命力和感染力，这些动物就被称为贮藏宿主，也称为转续宿主或转运宿主，如蚯蚓可成为猪、鸡蛔虫的贮藏宿主。

5. 保虫宿主 在兽医学上，是指某些种的寄生虫有多种终末宿主时，把那些不常被寄生的动物称为保虫宿主；在医学上，某些种寄生虫既可寄生于人也可寄生于动物时，通常把动物称为保虫宿主。

6. 带虫宿主 患寄生虫病治愈后或处于隐性感染阶段的动物，虽不表现临诊症状但体内仍有一定数量的虫体感染，这种宿主称为带虫宿主，也称为带虫者，称这种状态为带虫现象。带虫者不断地向周围环境散播病原，是重要的传染源。带虫动物健康状况下降时可导致疾病复发。

7. 传播媒介 通常指在脊椎动物间传播寄生虫病的一类动物，多指吸血的节肢动物，如蚊子在人之间传播疟原虫，蜱在牛之间传播梨形虫等。

8. 超寄生宿主 某些寄生虫可成为其他寄生虫的宿主。如蚊子是疟原虫的超寄生宿主。

三、寄生虫与宿主的相互作用

（一）寄生虫对宿主的作用

1. 夺取营养 寄生虫在宿主体内生长、发育和繁殖所需的物质均来源于宿主机体，其夺取的营养物除蛋白质、糖类和脂类外，还有维生素、矿物质和微量元素。寄生的虫体数量越多，被夺取的营养也越多。如蛔虫、绦虫等在宿主肠道内寄生，夺取大量养料，并影响肠道吸收功能，引起宿主营养不良，生长发育受阻；钩虫附于肠壁吸取大量血液而导致宿主贫血。

2. 机械性损伤（机械性作用）

（1）固着。寄生虫利用其固着器官（吸盘、顶突、小钩、叶冠、齿、吻突等）固着于宿主的寄生部位，造成组织器官损伤、出血和炎症等。

（2）移行。寄生虫都有其固定的寄生部位，寄生虫从进入宿主到寄生部位的过程称为移行。寄生虫在移行过程中破坏了所经组织器官的完整性，对其造成损伤。如猪蛔虫的幼虫需经肝和肺的移行，造成蛔虫性肝炎和蛔虫性肺炎。

（3）压迫。某些寄生虫体积较大，压迫宿主器官，造成组织萎缩和功能障碍，如寄生于肝、肺等的棘球蚴直径可达 5～10cm。还有些寄生虫虽然体积不大，但因压迫重要器官而造成严重疾病，如脑包虫（多头蚴）可致宿主严重的神经症状。

（4）阻塞。寄生于消化道、呼吸道及其附属腺体（肝、胰腺等）的寄生虫，因大量寄生造成器官阻塞，发生严重疾病，如蛔虫引起的肠阻塞和胆道阻塞。

（5）破坏。细胞内寄生的原虫，在繁殖过程中大量破坏宿主机体的组织细胞而引起严重疾病，如寄生于红细胞的梨形虫破坏大量红细胞而造成溶血性贫血，寄生于肠上皮细胞的球虫导致宿主严重的血痢及消化吸收障碍。

3. 毒性作用和免疫损伤 寄生虫的分泌物、排泄物和死亡虫体的分解物对宿主均有毒性作用。例如枭形科吸虫可分泌消化酶于宿主的组织上，使组织变性溶解为营养液，作为其食物来源；阔节裂头绦虫的分泌物和排泄物可影响宿主的造血功能而引起贫血。另外，寄生虫的代谢产物和死亡虫体的分解物又都具有抗原性，可使宿主致敏，引起局部或全身变态反应。如血吸虫卵内毛蚴分泌物引起周围组织发生免疫病理变化——虫卵肉芽肿。

4. 继发感染

（1）接种病原微生物。某些昆虫在叮咬动物的同时接种了病原微生物，这也是昆虫的传播媒介作用。如某些蚊子传播乙型脑炎，某些跳蚤传播鼠疫，鸡异刺线虫是火鸡组织滴虫的传播者，猪后圆线虫常带入病原微生物使猪感染后圆线虫病后易伴发气喘病、巴氏杆菌病、流感或猪瘟等。

（2）激活病原微生物。某些寄生虫的侵入可激活宿主体内处于潜伏状态的病原微生物和条件性致病菌而协同发病，如仔猪感染食道口线虫后可激活副伤寒杆菌，引起急性副伤寒。寄生虫的感染为病原微生物的侵入打开门户，为其他寄生虫、细菌、病毒的感染创造条件，引起并发症，如移行期的猪蛔虫幼虫为猪支原体进入肺创造条件而继发气喘病。寄生虫感染也降低了宿主抵抗力，促进传染病发生，或使传染病病情加重，如犬感染蛔虫、钩虫和绦虫时，比健康犬更易发生犬瘟热。

（二）宿主对寄生虫的影响

寄生虫具有体积大、生活史及抗原复杂的特性，使宿主产生的免疫应答与微生物引起的免疫不同。

（1）免疫的复杂性。由于大多数寄生虫是多细胞动物，构造复杂，生活史常分为不同的发育阶段，造成了寄生虫抗原及其免疫的复杂性。

（2）不完全免疫。宿主尽管对寄生虫能产生免疫应答，使感染受到控制，但不能将虫体完全清除，这是寄生虫病免疫中最常见的类型。

（3）带虫免疫。寄生虫在宿主体内保持一定数量的感染，宿主对同种寄生虫的再感染具有一定的免疫力。一旦虫体完全消失，这种免疫力也随之消失。

（4）自愈现象。宿主已感染某种寄生虫，当再次感染同种寄生虫时出现新感染的和原有的寄生虫被同时清除的现象。如羊感染捻转血矛线虫。

（三）宿主与寄生虫之间相互作用的结果

1. 完全清除 宿主完全清除了体内寄生虫，临诊症状消失，机体痊愈。

2. 带虫免疫　宿主清除了体内大部分寄生虫，感染处于低水平状态，但对同种寄生虫的再感染具有一定的抵抗力，宿主与寄生虫之间能维持相当长时间的寄生与被寄生关系，而宿主则不表现症状。这种现象见于大多数寄生虫的感染或带虫者。

3. 机体发病　宿主不能遏制寄生虫的生长和繁殖，表现出明显的临诊症状和病理变化，而发生寄生虫病，如不及时治疗，严重者可造成死亡。

知识链接二▶ **生活史**

一、寄生虫生活史的概念及类型

寄生虫生长、发育和繁殖的一个完整循环过程称为寄生虫的生活史，也称发育史。寄生虫种类繁多，由虫卵到成虫的发育分为若干个阶段，生活史形式多样。

1. 直接发育型　寄生虫的发育史不需要中间宿主或其疾病传播过程不需要生物媒介。其虫卵或幼虫在外界发育到感染期后直接感染人或动物。如蛔虫、牛羊消化道线虫等。

2. 间接发育型　寄生虫的发育史需要中间宿主或其疾病传播过程需要生物媒介。其幼虫在中间宿主体内发育到感染期后再感染人或动物。如血吸虫、肝片吸虫等。

二、寄生虫完成生活史的必要条件

1. 适宜的宿主　适宜的宿主是寄生虫建立其生活史的前提。

2. 具有感染性阶段　寄生虫并不是每个发育阶段都对宿主具有感染性，必须发育到感染性阶段（或称侵袭性阶段），并且有与宿主接触的机会，才会致病。

3. 适宜的感染途径　不同的寄生虫均有其特定的寄生部位，必须通过适宜的感染途径才能侵入到宿主的寄生部位，进行生长、发育和繁殖。在此过程中，寄生虫必须要克服宿主对它的抵抗力。

三、寄生虫对寄生生活的适应性

（一）对环境适应性的改变

在长期的演化过程中，寄生虫逐渐适应于寄生环境，在不同程度上丧失了独立生活的能力。寄生生活的历史愈长，适应能力愈强，依赖性愈大。因此与共栖和互利共生相比，寄生虫更不能适应外界环境的变化，因而只能选择性地寄生于某种或某类宿主。寄生虫对宿主的这种选择性称为宿主特异性，如猪蛔虫只能选择性寄生于猪体内。

（二）形态构造的改变

寄生虫可因寄生环境的影响而发生形态构造的变化。如跳蚤身体左右侧扁平，以便行走于皮毛之间；寄生于肠道的蠕虫多为线状或长带状，以适应狭长的肠腔。寄生生活使许多寄生虫失去运动器官，消化器官简单化甚至消失，如寄生于肠内的绦虫，依靠其体壁吸收营养，消化器官已退化无遗。而寄生虫的生殖器官则极其发达，有巨大的繁殖能力，如雌蛔虫卵巢和子宫的长度为体长的15～20倍，以增强产卵能力；寄生虫为更好地吸附于寄生部位，逐渐进化产生了一些特殊的固着器官，如吸盘、顶突、小钩、叶冠、齿、吻

突等。

（三）生理功能的改变

蠕虫体表一般都有一层较厚的角质膜，能抵抗宿主消化液的消化。多数蠕虫卵和原虫卵囊具有特质的壁，能抵抗不良的外界环境。胃肠道寄生虫的体壁和体腔液中存在对胰蛋白酶和糜蛋白酶有抑制作用的物质，能保护虫体免受宿主胃肠内蛋白酶的作用。绝大多数寄生虫能在低氧环境中以糖酵解的方式获取能量，部分能量则通过固定二氧化碳来获得。寄生虫的生殖系统极其发达，具有强大的繁殖能力，如每条雌蛔虫每天可产卵 10 万～20 万个，高峰期可达 100 万～200 万个；一个血吸虫毛蚴进入螺体后，经无性繁殖可产生数万条尾蚴。寄生虫繁殖能力增强，是保持虫种生存，对自然选择适应性的表现。

四、宿主对寄生生活产生影响的因素

1. 遗传因素的影响　表现在某些动物对某些寄生虫具有先天不易感性，如猪不会感染鸡球虫病。

2. 年龄因素的影响　不同年龄的同种个体对寄生虫的易感性有差异。一般来说，幼龄动物对寄生虫易感性较高，感染后病情较严重，可能是免疫功能低下，抵抗力较差的结果。而成年动物则表现轻微或无症状。

3. 机体组织屏障的影响　宿主机体的皮肤、黏膜、血脑屏障和胎盘屏障等可有效阻止一些寄生虫的侵入。一般的寄生虫难以通过皮肤、胎盘等途径感染宿主。

4. 宿主体质的影响　营养状况和饲养管理条件是影响宿主免疫力的主要因素。在卫生条件较差的猪场以及营养不良尤其缺乏维生素和矿物质等情况下，仔猪很容易大批感染蛔虫，其感染率可达 50% 以上。

5. 宿主免疫作用的影响　宿主主要通过两个途径来对寄生虫的生活史进行阻断和破坏：一是在寄生虫侵入、移行和寄生部位发生局部组织抗损伤作用，表现为组织增生和钙化；二是刺激宿主机体网状内皮系统发生全身性免疫反应，以抑制虫体的生长、发育和繁殖。

⑦复习思考题

一、选择题

1. 下列哪个选项不属于传染源的范畴。（　　　）

 A. 潜伏期病原携带者   B. 患病动物

 C. 健康病原携带者   D. 携带病原的吸血昆虫

2. 下列传播形式不能被称之为垂直传播的是（　　　）。

 A. 经胎盘传播

 B. 经卵传播

 C. 幼畜出生后在哺乳过程中通过乳汁从母体感染病原

 D. 经产道传播

3. 寄生虫的成虫或有性繁殖阶段所寄生的宿主是（　　　）。

    A. 中间宿主　　　　　B. 终末宿主　　　　　C. 补充宿主　　　　　D. 保虫宿主

4. 寄生虫在宿主体内生长至性成熟阶段，并在那里以（　　）方式进行繁殖。

    A. 无性繁殖　　　　　B. 克隆　　　　　C. 单亲繁殖　　　　　D. 有性繁殖

5.（　　）的危害性是通过寄生虫与宿主相互作用而实现的。

    A. 传染病　　　　　B. 寄生虫病　　　　　C. 肠道疾病　　　　　D. 呼吸道疾病

二、填空题

1. 间接接触传播一般可以通过＿＿＿＿、＿＿＿＿、＿＿＿＿和＿＿＿＿等途径传播。

2. 寄生虫感染宿主的途径主要有经＿＿＿＿、＿＿＿＿、＿＿＿＿、＿＿＿＿、＿＿＿＿和经＿＿＿＿感染等。

3. 寄生虫病的流行特点具有＿＿＿＿、＿＿＿＿和＿＿＿＿。

4. 寄生虫病的诊断方法大致分＿＿＿＿和＿＿＿＿两大类。

5. 在临床上，病原携带者又分为＿＿＿＿病原携带者、＿＿＿＿病原携带者和＿＿＿＿病原携带者。

6. 传播途径可以分为＿＿＿＿和＿＿＿＿两大类型。

7. 水平传播方式又分为＿＿＿＿和＿＿＿＿两种。

三、判断题

（　　）1. 幼畜出生后在哺乳过程中通过乳汁从母体感染病原称为垂直传播。

（　　）2. 潜伏期病原携带者属于传染源的范畴。

（　　）3. 疫源地不包括被污染的环境及疫源地内的易感畜禽和贮藏宿主。

（　　）4. 抑制中间宿主或传播媒介可减少生活发育史中必须需要中间宿主或传播媒介的寄生虫病的传播和流行。

（　　）5. 临床工作中采用针对某种寄生虫的特效驱虫药进行驱虫试验是寄生虫病的一种诊断方法。

四、分析题

    为什么说病原携带者是十分重要的传染源？

（项目一参考答案见70页）

项目二　复习思考题参考答案

一、选择题

1~10. BCABC　ABCBA　11~20. CBCCD ECBCA

二、填空题

1. 猫、5~8、包囊

2. 舌肌、膈肌、心肌

3. 旋毛虫

4. 中间宿主

5. 钉螺

6. 慢性病例

三、判断题

1~10. √ × √ × × × √ × × √

11~20. √ √ × √ × × × √ √ ×

项目二

人畜共患寄生虫病的防治

任务一　日本血吸虫病的防治

【思维导图】

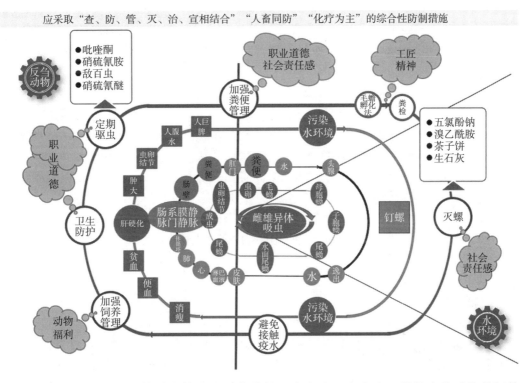

应采取"查、防、管、灭、治、宣相结合""人畜同防""化疗为主"的综合性防制措施

　　日本血吸虫病是由分体科分体属的日本分体吸虫寄生于人和牛、羊等多种动物的门静脉系统的小血管内引起的一种危害严重的人畜共患寄生虫病。其主要特征为急性或慢性肠炎、肝硬化、贫血、消瘦。

【案例】

　　地处东北的梅河口市是血吸虫病的非流行区域。2011年出现了一例因旅游到疫区游泳而感染急性血吸虫的病例。初诊时误诊为急性黄疸型肝炎，后经上级医院通过间接血凝试验确诊为急性血吸虫感染，经吡喹酮治疗两个疗程后痊愈。该病例提示我们流动人口到达新的环境要了解当地疾病流行情况，相关部门要做好宣传和预防工作。

【临诊症状】

　　1. 牛　病牛表现精神萎靡，食欲减退，下痢，进而粪便水样，体温升至 $40\sim41℃$，可视黏膜苍白，水肿，运动无力，日渐消瘦，因衰竭死亡。慢性病例食欲尚好，精神不振，畏寒，消化不良，渐进性消瘦，发育迟缓甚至完全停滞。奶牛感染后产奶量下降，母牛不发情、不孕、流产，重者主要表现下痢，粪便含有黏液和血液。

2. 羊　绵羊和山羊的急性症状表现为食欲减退、消瘦、腹泻、贫血，严重者衰竭而亡。母羊不孕、流产。

【病理变化】

尸体消瘦、贫血、腹水增多。虫卵沉积于肠、肝、心、肾、脾、胰、胃等器官，形成虫卵肉芽肿。肝表面凹凸不平，表面和切面有米粒大灰白色虫卵结节，初期肝肿大，后期肝萎缩、硬化。肠壁肥厚，表面粗糙不平，各段均有虫卵结节，以直肠为重。脾肿大明显。肠系膜淋巴结肿大，肠系膜静脉和门静脉血管壁增厚，血管内有多量雌雄合抱的虫体。

【诊断】

根据流行病学调查、临诊症状、粪便检查可做出初步诊断。剖检发现虫体和虫卵结节等病理变化可以确诊。进行粪便检查时采用毛蚴孵化法。普查时，可用免疫学诊断法，如间接血凝试验、斑点金标免疫渗滤法和环卵沉淀试验等。

【检查技术】

毛蚴孵化法和粪便检查法参见"项目七 畜禽寄生虫检查技术"。

【病原】

1. 形态构造　日本分体吸虫成虫雌雄异体，呈线状。

雄虫为乳白色，（10～20）mm×（0.50～0.55）mm，口吸盘在体前端，腹吸盘在其后方（图 2-1）。从腹吸盘后至尾部，体壁两侧向腹面卷起形成抱雌沟，雌虫常居其中，二者呈合抱状态（图 2-2）。消化器官有口、食道，缺咽，2 条肠管从腹吸盘之前起，在虫体后 1/3 处合并为一条。雄虫有睾丸 7 个，呈椭圆形，在腹吸盘后单行排列。生殖孔开口在腹吸盘后抱雌沟内。

图 2-1～
图 2-5 彩图

图 2-1　雄虫

图 2-2　雄雌合抱

雌虫呈暗褐色，较雄虫细长，（15～26）mm×0.3mm。口、腹吸盘较雄虫小。卵巢呈椭圆形，位于虫体中部偏后两肠管之间。输卵管折向前方，在卵巢前与卵黄管合并形成卵膜。子宫呈管状，位于卵膜前，内含50～300个虫卵。卵黄腺呈规则分枝状，位于虫体后1/4处。生殖孔开口于腹吸盘后方（图2-3）。

虫卵呈短椭圆形，淡黄色，壳薄无盖，在其侧方有一小刺，大小为（70～100）μm×（50～65）μm，卵内含毛蚴（图2-4）。

2. 生活史

（1）中间宿主。钉螺（图2-5）。

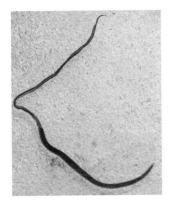

图2-3　雌虫

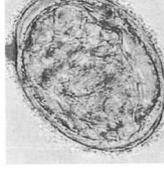

图2-4　虫卵

图2-5　钉螺

（2）终末宿主。主要为人和牛，其次为羊、猪、马、犬、猫、兔、啮齿类及多种野生哺乳动物。

（3）发育史。日本分体吸虫寄生于终末宿主的门静脉和肠系膜静脉内，雌、雄虫交配后，雌虫产出虫卵。虫卵一部分随血流到达肝，被结缔组织包围；另一部分逆血流到达肠黏膜下，虫卵在肠壁发育成熟，其内毛蚴分泌溶组织酶由卵壳微孔渗透到组织，破坏血管壁，并致周围肠黏膜组织炎症和坏死，同时借助肠壁肌肉收缩，使结节及坏死组织向肠腔内破溃，虫卵进入肠腔，随粪便排出体外。虫卵落入水中，在适宜条件下很快孵出毛蚴，毛蚴游于水中，遇钉螺即钻入其体内，经母胞蚴、子胞蚴发育为尾蚴。尾蚴离开螺体游于水表面，遇终末宿主后从皮肤侵入，经小血管或淋巴管随血流经右心、肺、体循环到达肠系膜静脉和门静脉内发育为成虫（图2-6）。

（4）发育时间。虫卵在水中，25～30℃、pH 7.4～7.8时，几个小时即可孵出毛蚴；侵入中间宿主体内的毛蚴发育为尾蚴约需3个月；侵入黄牛、奶牛、水牛体内后尾蚴发育为成虫分别为39～42d、36～38d和46～50d。

（5）成虫寿命。一般为3～4年，在黄牛体内可达10年以上。

【流行病学】

1. 感染源　患病或带虫牛、人等；带虫卵的粪便。

2. 感染途径　经皮肤感染，也可通过口腔黏膜、胎盘感染。

3. 易感动物　人、牛、羊、猪、犬、鼠等40多种哺乳动物。

图 2-6 日本分体吸虫生活史

4. 流行特点

（1）繁殖力强。1 条雌虫可产卵 1 000 个左右，1 个毛蚴在钉螺体内经无性繁殖，可产出数万条尾蚴。但尾蚴在水中遇不到终末宿主时，可在数天内死亡。

（2）明显季节性。钉螺的消长，决定了本病有明显的季节性。在流行区内，钉螺常于 3 月份开始出现，4—5 月份和 9—10 月份是繁殖旺季。掌握钉螺的分布及繁殖规律，对防治本病具有重要意义。

（3）种间差异。黄牛的感染率和感染强度高于水牛。犊牛和犬的症状较重，羊和猪较轻，黄牛比水牛明显。

（4）年龄动态。黄牛年龄越大，阳性率越高。而水牛随着年龄增长，其阳性率则有所降低，并有自愈现象，多为带虫者。

【治疗】

1. 吡喹酮 为治疗人和牛、羊等血吸虫病的首选药物。用量为每千克体重 30mg，一次口服，最大用药量黄牛不超过 9g，水牛不超过 10.5g。

2. 青蒿素 一次量肌内注射或内服，牛每千克体重 5mg，首次量加倍，每天 2 次，连用 2～4d。

3. 硝硫氰胺 用量为每千克体重 60mg，一次口服，最大用药量黄牛不能超过 18g，水牛不能超过 24g。也可配成 1.5% 的混悬液，黄牛按每千克体重 2mg，水牛按每千克体重 1.5mg，一次静脉注射。

4. 硝硫氰醚 用量为牛每千克体重 5～15mg，瓣胃注射，也可按每千克 20～60mg，一次口服。

5. 六氯对二甲苯　用于急性期病例，黄牛每千克体重 120mg，水牛每千克体重 90mg，口服，每日一次，连用 10d。黄牛每日极量为 36g，水牛为 36g。20％油溶液，按每千克体重 40mg，每日一次，5d 为 1 个疗程，15d 后再注 1 次。

【防治措施】

日本血吸虫病应采取"查、防、管、灭、治、宣相结合""人畜同防"的综合性防治措施。

1. 消灭感染源　流行区每年都应对人和易感动物进行普查，对患病者和带虫者进行及时治疗；在农村推行"一池（即沼气池）三改（即改厨、改厕、改圈）"，以加强终末宿主粪便管理，粪便发酵后再做肥料，严防粪便污染水源。

2. 消灭中间宿主　可采用化学、物理、生物等方法灭螺。常用化学灭螺，在钉螺滋生处喷洒五氯酚钠、溴乙酰胺、茶子饼、生石灰等药物灭螺。

3. 避免接触疫水　注意饮水卫生，划定禁牧区，严禁人和易感动物接触"疫水"，对被污染的水源应做出明显的标志，疫区要建立易感动物安全饮水池。在疫区推行"以机代牛"政策。

4. 口服预防药物　对家畜定期用吡喹酮、青蒿素等药物进行预防性驱虫。

5. 加强疫苗研制　加强基因工程疫苗、DNA 疫苗的研制。

任务二　猪囊尾蚴病的防治

【思维导图】

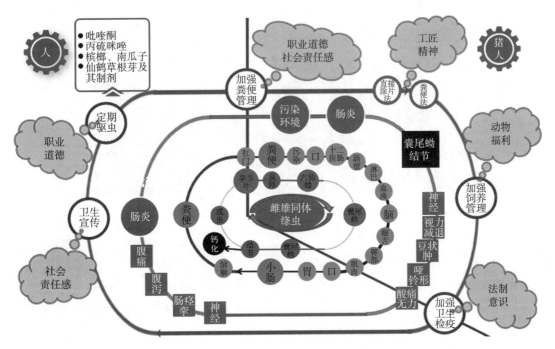

　　猪囊尾蚴病俗称囊虫病，是由有钩绦虫的幼虫寄生于猪或人体内所引起的寄生虫病，患此病的猪肉俗称"豆猪肉"或"米猪肉"。猪囊尾蚴寄生在人体的肌肉、皮下组织、脑、眼、心、舌、肺等处。猪囊尾蚴病是人畜共患寄生虫病，在公共卫生上占有重要地位的蠕虫病之一，是我国重点防治的寄生虫病。

【案例】

　　2001年5月，贵州省贵阳市1名21岁的女患者，于数天前发现右上臂有一个直径2.0cm大小椭圆形结节，质地较硬，与皮下组织无粘连，可推动，有轻压痛。表面皮肤无红、热等症状，也无发热、头痛、癫痫发作、视力障碍、呕吐、腹痛等，体查均无特殊。于医院手术取出一囊状体，剖开后发现其内充满透明液体及长约1.5cm的白色物体。在解剖镜下观察该白色小体，发现其头端有四个吸盘。经压片、固定、染色及透明后镜检，确定为猪囊尾蚴。

【临诊症状】

　　猪囊尾蚴寄生在脑时可引起神经障碍；寄生在肌肉时，一般不表现明显的致病作用；大量寄生时，可能造成生长迟缓，发育不良，贫血和肌肉肿胀。寄生于眼结膜下组织或舌部时，可见豆状肿胀。重症病猪可见呼吸困难或声音嘶哑、打呼噜，视力减退，眼神痴呆，醉酒状，两肩外张，臀部异常肥胖而呈哑铃形或狮体状体形。

　　人患猪带绦虫病表现肠炎、腹痛、肠痉挛和神经症状。猪囊尾蚴寄生于脑时，出现头痛、眩晕、恶心、呕吐、癫痫、记忆力减退和消失，严重者可致死亡。寄生在眼时可导致视力减弱，甚至失明。寄生于皮下或肌肉组织时肌肉酸痛无力。

【病理变化】

　　可见咬肌、腰肌、骨骼肌及心肌，有乳白色椭圆形的猪囊尾蚴（图2-7）。

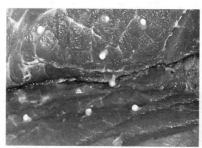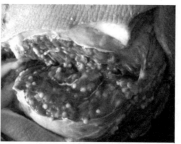

图2-7　骨骼肌、咬肌中乳白色、椭圆形的猪囊尾蚴

【诊断】

　　生前诊断听病猪的呼吸音，有无打呼噜或声音嘶哑；看猪体外形是否呈哑铃形或狮体状体形；检查眼结膜和舌根部有无因猪囊尾蚴的豆状肿胀，作为生前初步诊断。宰后才能确诊。人猪带绦虫病可通过粪便检查发现孕卵节片和虫卵确诊。

【检查技术】

直接涂片法和粪便检查法参见"项目七　畜禽寄生虫检查技术"。

【病原】

1. 形态结构　猪囊尾蚴的成虫为猪带绦虫，又称链状带绦虫，寄生于人体的小肠内。成虫扁平带状，分为头节、颈节和链体3部分（图2-8）。头节粟粒大，近球形，有4个吸盘和1个顶突（图2-9）。顶突在头节的顶端，具有角质小钩，排成大小相同的两圈，

图2-8　猪带绦虫

内圈的钩较大，外圈的钩稍小；头节下为颈节，细长狭小，下接链体，有节片800～900片。未成熟节片宽而短，成熟节片长宽几乎相等呈四方形，孕卵节片则长度大于宽度。每片节片边缘各有一个生殖孔，不规则地排列于链体两侧。每片节片具雌、雄性生殖器官各一套。睾丸呈滤泡状，150～200个，分布在节片两侧（图2-10）。卵巢分三叶，位于节片中后部，两侧叶大，中间一叶较小。孕节中除充满虫卵的子宫外，其他器官均退化。孕卵节片内子宫由主干分出7～13对侧枝。每一孕节含虫卵3万～5万个，孕节单个或成段脱落。

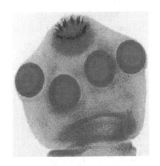

图2-9　头节

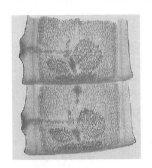

图2-10　孕节

猪带绦虫的形态结构

囊尾蚴呈椭圆形白色半透明囊状，长8～18mm，宽5mm，内有白色头节1个，上有4个吸盘和有小钩的顶突（图2-11）。

虫卵呈球形，大小为31～43μm；卵壳两层，外层薄、无色透明，且易脱落；内为胚膜，棕黄色，厚而坚固，内有1个六钩蚴（图2-12）。

图2-11　囊尾蚴

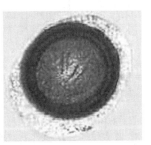

图2-12　虫卵

图2-7～
图2-12彩图

2. 生活史

（1）中间宿主。猪或人。

（2）终末宿主。人。

（3）发育史。猪带绦虫寄生于人的小肠中，其孕卵节片脱落后随人的粪便排出体外，孕卵节片在直肠或外界由于机械作用破裂而散出虫卵，污染地面、食物和饮水等，猪吞食孕卵节片或虫卵而感染。节片或虫卵经胃肠消化液的作用而破裂，六钩蚴逸出，钻入肠黏膜的血管或淋巴管内，随血流到达猪体的各部组织中，主要是横纹肌内，发育为成熟的猪囊尾蚴。人食入含有猪囊尾蚴的病肉而感染。猪囊尾蚴在人胃液和胆汁的作用下，于小肠内翻出头节，用其小钩和吸盘固着于肠黏膜上发育为成虫。一般只寄生1条，偶有数条（图2-13）。

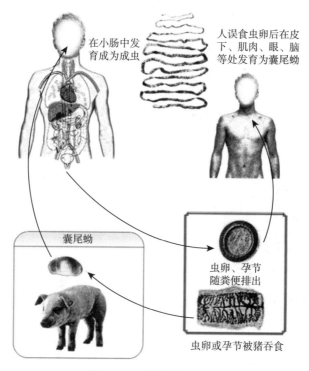

图2-13　猪带绦虫生活史

（4）发育时间。在猪体内，虫卵发育为囊尾蚴需2个月；在人小肠，幼虫发育为成虫需2～3个月。

（5）成虫寿命。在人的小肠内可存活25年之久。

【流行病学】

1. 感染源　猪带绦虫病人和囊尾蚴病猪。

2. 感染途径　经口感染。猪食入病人的粪便或被粪便污染的饲料和饮水而感染。人感染囊尾蚴的途径有两种：异体感染和自体感染。异体感染是食入了被虫卵污染的食物而感染；自体感染是患者食入自己排出的粪便中的虫卵而造成感染，或是因患者恶心、呕吐引起肠管逆蠕动，使肠中的孕节返入胃或十二指肠中，孵出六钩蚴而造成感染。异体感染为主要感染方式。

3. 易感动物　猪、人。

4. 繁殖力　绦虫或患者每月可排出 200 多个孕卵节片，可持续数年甚至 20 余年。每个节片含虫卵 3 万～5 万个。

5. 抵抗力　虫卵在外界抵抗力较强，一般能存活 1～6 个月。

6. 流行特点　猪带绦虫在全世界分布广泛。在我国主要分布在东北、华北、中原和西南的某些地区，有的地方呈局限性流行或散在发生。

【治疗】

1. 对猪囊尾蚴病的治疗

（1）吡喹酮。每千克体重 30～60mg，每天 1 次，连用 3d。

（2）阿苯达唑。每千克体重 30mg，一次口服，隔 48h 再服一次，共服 3 次。

2. 对人脑囊虫病的治疗

（1）吡喹酮。每日每千克体重 20mg，分两次服用，连服 6d。

（2）阿苯达唑。每千克体重 20mg，分两次口服，15d 为一疗程，间隔 15d，至少服 3 个疗程。

3. 对人绦虫病的治疗

（1）南瓜子和槟榔合剂。南瓜子 50g，槟榔片 100g，硫酸镁 30g。南瓜子炒后去皮磨碎，槟榔片制成煎剂，晨空腹先服南瓜子粉，1h 后再服槟榔煎剂，0.5h 后服硫酸镁。应多喝白开水，服药后 4h 可排出虫体。

（2）仙鹤草根芽。晒干粉碎，成人 25g，晨空腹一次服下。

（3）氯硝柳胺。成人用量 3g，晨空腹两次分服，药片嚼碎后用温水送下，否则无效。间隔 0.5h 再服另一半，1h 后服硫酸镁。

人驱虫后应检查排出的虫体有无头节，如无头节，虫体还会生长。

【防治措施】

采取驱除人体绦虫，消灭传染源，切断传播途径的"查、驱、检、管、灭"的综合性对策和措施。

1. 驱除人体绦虫，消灭囊虫　在绦虫病发生地区以村为单位，逐户进行普查，对查出的绦虫病患者应及时进行驱虫治疗。以驱出完整绦虫虫体并有头节方为驱虫成功。此外，应积极开展对猪的检查和治疗。

2. 加强肉类食品卫生检疫　定点集中屠宰，加强市场肉食品及集贸市场检疫工作，病猪肉必须经过严格的处理或销毁，杜绝囊虫猪肉进入市场销售。

3. 加强粪便管理　修建卫生厕所，实行猪圈养，防止猪吞食人粪中的虫卵。教育群众不随地大便，人畜粪便经厌氧或高温发酵无害化处理后再施肥，杀灭虫卵，切断猪的感染途径。

4. 卫生防护　加强卫生宣传教育，增强群众的自我保健意识，注意个人卫生及饮食卫生，养成饭前便后洗手的习惯；肉制品应熟透后食用，切生肉及熟食的刀、板要分开使用。

任务三 旋毛虫病的防治

【思维导图】

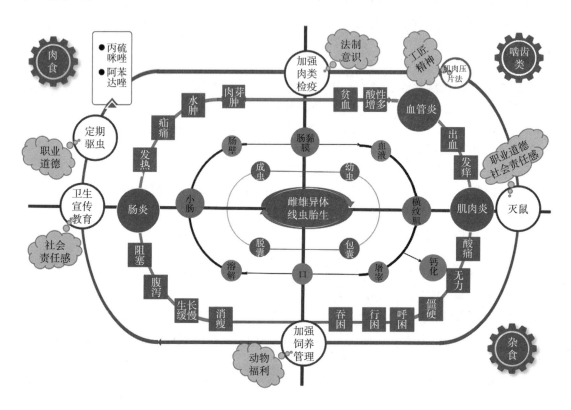

旋毛虫病是由毛形科毛形属的旋毛虫寄生于多种动物和人引起的疾病。成虫寄生于哺乳动物小肠，幼虫寄生于肌肉组织，是重要的人畜共患病，可致人死亡。

【案例】

1999年9月23日，贵州省毕节市赫章县平山乡中寨村丫口组村民牵来一雄性狼犬求诊，主诉该犬已3d没吃东西，左前肢臂部不知为何弄掉了一大块皮。患犬体重约90kg，体温39.5℃，精神沉郁，左前肢臂部有10cm×6cm大的斜形创口，创口走向与臂骨一致，创口内渗出透明黏液，创沿被毛被渗出液黏结，无血迹，创口周围及患肢下部水肿，跛行明显，患犬不时地舔舐创口，时有呻吟声。令畜主将患犬保定确实，仔细检查创口，创口内肌肉裸露，部分肌纤维已被撕裂，所有可见的肌纤维中密布呈灰白色粟粒大小的异状物，异状物与肌纤维粘连。手术刀刃刮不下。当即怀疑是肌旋毛虫形成的包囊及钙化物，于是取肌肉镜检，看到卷曲的肌旋毛虫，确诊为犬肌旋毛虫病。先用过氧化氢对创口进行冲洗消毒，再使用青霉素粉杀菌，后缝合皮肤，同时作引流，碘酊消毒创口；肌内注射抗菌消类药及抗螨敏，连续用药 2 次。1 周后追访，患犬痊愈。

【临诊症状】

猪感染初期有食欲不振、呕吐和腹泻症状；随后出现肌肉疼痛、步伐僵硬，呼吸和吞咽障碍，眼睑、四肢水肿，很少死亡，症状可自行恢复。

人感染后眼睑水肿，食欲不振，极度消瘦；发热和肌肉疼痛；出现吞咽、咀嚼、行走和呼吸困难；肠炎，严重时带血性腹泻；早期移行期白细胞总数增多，但外周血液中嗜酸粒细胞显著增多是人体旋毛虫病最常见的指征之一。

【病理变化】

成虫可引起肠黏膜出血、发炎和绒毛坏死。幼虫移行时引起肌炎、血管炎和胰腺炎，在肌肉定居后引起肌细胞萎缩、肌纤维结缔组织增生。

【诊断】

生前诊断困难，可采用间接血凝试验和酶联免疫吸附试验等免疫学方法。目前国内已有快速诊断试剂盒。死后诊断可用肌肉压片法和消化法检查幼虫。

【检查技术】

肌肉压片法和消化法参见"项目七　畜禽寄生虫检查技术"。

【病原】

1. 形态结构　旋毛虫成虫细小，前部较细，后部较粗。雄虫长 1.4～1.6mm，尾端有泄殖孔，无交合伞和交合刺，有两个呈耳状悬垂的交配叶。雌虫长 3～4mm，阴门位于身体前部的中央，胎生。幼虫长 1.15mm，卷曲并形成包囊，包囊呈圆形、椭圆形或梭形（图 2-14）。

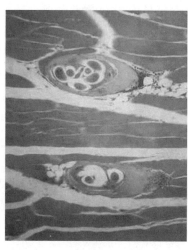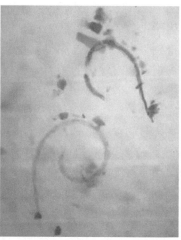

旋毛虫幼虫

图 2-14 彩图

图 2-14　包囊和幼虫

2. 生活史

（1）宿主。宿主范围广，包括人、猪、鼠、犬、猫、熊、狐、狼、貂和黄鼠狼等近 50 种动物。成虫与幼虫可寄生于同一宿主。动物和人感染时，先为终末宿主，后成为中间宿主。

（2）发育史。终末宿主因摄食了含有包囊幼虫的动物肌肉而受感染。包囊在宿主胃内被溶解，幼虫释出，经两昼夜发育为成虫。在小肠内雌雄虫交配后，雄虫死亡。雌虫钻入肠腺或肠黏膜下淋巴间隙产出大量幼虫，幼虫随淋巴经胸导管、前腔静脉入心脏，然后随血循散布到全身，只有到达横纹肌的幼虫才能继续发育。在感染后 17～20d 肌肉内的幼虫开始蜷曲，周围逐渐形成包囊，7～8 周包囊完全形成，此时的幼虫具有感染力。每个包囊一般只有 1 条虫体，偶有多条。到 6～9 个月后，包囊从两端向中间钙化，全部钙化后虫体死亡。否则幼虫可长期生存，保持生命力由数年至 25 年之久（图 2 - 15）。

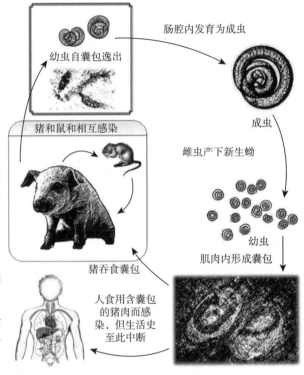

图 2 - 15　旋毛虫生活史

【流行病学】

1. 感染源　患病或带虫猪、犬、猫、鼠等动物。

2. 感染途径　经口感染。猪感染旋毛虫主要是由于吞食了老鼠；动物尸体、蝇蛆、步行虫均可成为感染源；用生的病肉屑、洗肉水和含有病肉的废弃物喂猪都可引起旋毛虫的感染。人感染旋毛虫病多与食用腌制与烧烤不当的猪肉制品有关；个别地区有吃生肉或半生不熟肉的习惯；切过生肉的菜刀、砧板均可能黏附有旋毛虫的包囊，也可能污染食品而造成食源性感染。

3. 易感动物　包括人、猪、鼠、犬、猫、熊、狐、狼、貂和黄鼠狼等近 50 种动物，以及许多昆虫如蝇蛆和步行虫等。

4. 繁殖力　繁殖能力强，1 条雌虫能产出 1 000～10 000 条幼虫。

5. 抵抗力　在 -20℃ 时可保持生命力 57d，高温 70℃ 才能杀死；盐渍和熏制品不能杀死肌肉深部的幼虫；在腐败肉里能存活 100d 以上。

【治疗】

阿苯达唑为首选药物，一般服药后 2～3d 体温下降、肌痛减轻、浮肿消失。

【防治措施】

1. 卫生教育 加强健康教育宣传，使群众了解本病的传播途径及其危害性，把好"病从口入"关，不吃生的或半熟的肉类，刀和菜板要生熟分开，注意个人卫生及饮食卫生，养成饭前便后洗手的习惯。

2. 加强肉品检验 家畜集中屠宰，加强肉品检验，加强废弃物的无害化管理。

3. 消灭传染源 治疗患者、病畜，减少传染源。

4. 切断传播途径 禁止用生肉喂猫、犬等动物；流行地区猪不能放牧，不用生废肉屑和含有生肉屑的泔水或垃圾喂猪。

5. 控制易感动物 长期坚持灭鼠工作。

任务四　弓形虫病的防治

【思维导图】

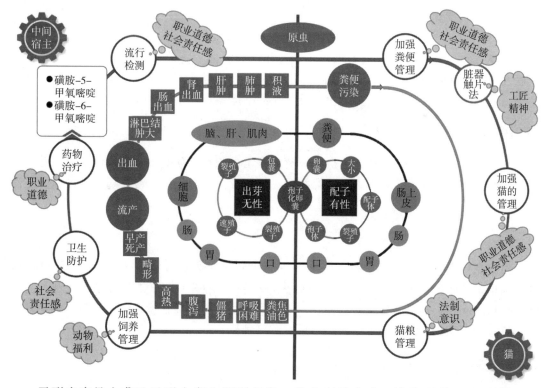

弓形虫病是由龚地弓形虫寄生所引起的一种人畜共患病。该病对猪、牛、猫、犬、羊、马、骆驼、家兔、鸡、鸭等畜禽的危害严重，也对孕妇和免疫功能缺陷者危害严重。先天性弓形虫感染可造成智力障碍、脑炎、流产、畸胎或死胎等严重后果；对于免疫功能缺陷者如器官移植、恶性肿瘤及艾滋病患者，慢性期缓殖子的活化有致命的危险。

【案例】

2020 年 7 月 3 日，桂林市雁山区柘木镇一养殖户的小猪出现体温升高、不吃饲料的现象，个别还有喘气、便秘的症状。怀孕母猪外阴红肿，流出暗红色分泌物。养殖户去了几个兽药店求诊，这些药店在询问后均按猪瘟、蓝耳病、链球菌病等进行给药，但治疗一段时间后无效，还是不断有新的病猪出现，到接诊时已经死亡 8 头猪。怀孕母猪同样有出现高热、食欲不振、呼吸急促等症状，有的病猪表现呕吐，耳、鼻、腹股沟等部位有淤血，其中 2 头母猪近期还出现流产。取肝、淋巴结涂片，用吉姆萨染色，显微镜下可见橘瓣状弓形虫速殖子，细胞质呈蓝色，中央有紫红色的核。确诊为弓形虫感染。使用复方磺胺间甲氧嘧啶钠治疗 5d 后病猪基本痊愈，且不再有新的病例发生。

【临诊症状】

1. 猪 病猪高热稽留，40～42℃，食欲减退，嗜睡、精神委顿、喜卧；被毛蓬乱无光泽，尿液橘黄色，粪便干燥，呈暗红色或煤焦油色；呼吸困难，呈腹式或犬坐姿势呼吸；皮肤有紫斑，体表淋巴结肿胀。怀孕母猪高热、废食、精神委顿、昏睡，产出死胎、流产、畸形怪胎。

2. 猫 通常无明显症状。

3. 羊 以流产为主。在流产羊组织内可见有弓形虫速殖子。

4. 人类 病人表现为呼吸困难，咳嗽，并伴有鼻漏、高热、体表淋巴结肿大、腹部皮肤及耳部出现淤血斑等症状。孕妇流产、早产、畸胎或死产，尤以早孕期感染，畸胎发生率高。淋巴结肿大是获得性弓形虫病最常见的临床类型，多见于颌下和颈后淋巴结。

【病理变化】

淋巴结、肝、肺和心脏等器官肿大，有许多出血点和坏死灶。肾黄褐色，常见针尖大出血点或坏死灶。肠道重度充血，肠黏膜可见坏死灶。腹腔积液。慢性病例多可见内脏器官水肿，并有散在的坏死灶。

【诊断】

根据流行病学资料（宿主范围广，秋冬季和早春发病率高）、临诊症状（高热持续，呼吸困难，皮肤出现紫斑，体表淋巴结肿大）和病理剖检（全身淋巴结肿大、出血或坏死，肺高度水肿）等可做出初步诊断。由于弓形虫病无特异性临诊症状，易与多种疾病混淆，故必须依靠病原学和血液学检查结果，方可确诊。

【检查技术】

涂片镜检法和血清学诊断参见"项目七 畜禽寄生虫检查技术"。

【病原】

1. 形态结构 龚地弓形虫有 5 种不同形态的阶段：滋养体、包囊、裂殖体、配子体和卵囊。滋养体和包囊出现在中间宿主体内，裂殖体、配子体和卵囊出现在终末宿主猫体内。

（1）滋养体（速殖子）。主要出现于急性病例的腹水中，以二分裂法增殖。虫体呈弓形或月牙形，一端较尖，一端钝圆；一边扁平，另一边较膨隆；长 $4\sim7\mu m$，宽 $2\sim4\mu m$；经吉姆萨染色或瑞氏染色后，细胞质呈蓝色，胞核呈紫红色，核位于虫体中央。数个至十多个虫体聚集在宿主细胞内形成假包囊；当胞膜破裂，速殖子释出，随血流至其他细胞内继续繁殖（图 2-16）。

（2）包囊。见于慢性病例的脑、骨骼肌、心肌和视网膜等处，呈圆形或椭圆形，直径 $5\sim100\mu m$，具有一层富有弹性的坚韧囊壁；囊内滋养体称为缓殖子，可不断增殖，内含数个至数百个虫体，在一定条件下可破裂，缓殖子重新进入新的细胞形成新的包囊，可长期在组织内生存（图 2-17）。

（3）裂殖体。见于终末宿主猫小肠绒毛上皮细胞内。呈长椭圆形，内含 $4\sim29$ 个裂殖子；裂殖子呈新月状，前尖后钝。

繁殖体侵入

（4）配子体。见于终末宿主。一部分游离的裂殖子形成配子体，进而发育为大小配子体（雌雄配子体）。大小配子体发育为大小配子，大小配子受精结合为合子，而后发育成卵囊。

（5）卵囊。见于终末宿主猫小肠绒毛上皮细胞内。刚从猫粪排出的卵囊为圆形或椭圆形，大小为 $10\sim12\mu m$；成熟卵囊含 2 个孢子囊，每个孢子囊内含有 4 个子孢子，呈新月形（图 2-18）。

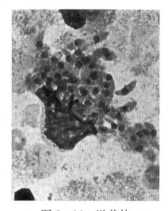
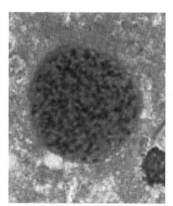
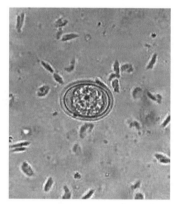

图 2-16　滋养体　　　　　图 2-17　包囊　　　　　图 2-18　虫卵

2. 生活史

（1）中间宿主。哺乳类、鸟类、鱼类、爬行类和人。弓形虫对中间宿主的选择极不严格，对寄生组织的选择也无特异亲嗜性，除红细胞外的有核细胞均可寄生。

（2）终末宿主。猫和猫科动物。

（3）发育史（图 2-19）。

图 2-16～
图 2-18彩图

①无性生殖阶段（裂殖生殖法）。此阶段在肠上皮细胞内进行。终末宿主猫吞食带有弓形虫包囊或假包囊的内脏或肉类组织以及食入或饮入被成熟卵囊污染的食物或水而感染。包囊在消化液作用下，速殖子或子孢子在小肠腔逸出，侵入小肠上皮细胞，经 $3\sim7d$ 发育，形成多个核的裂殖体，成熟后，细胞破裂，释出裂殖子，侵入新的肠上皮细胞形成

第二、三代裂殖体。

中间宿主食入孢子化卵囊或含有滋养体或包囊的病肉而感染，子孢子、缓殖子或速殖子在肠内逸出，侵入肠壁，进入血液或淋巴循环，扩散至全身各器官组织，进入细胞内繁殖，直至细胞破裂，速殖子重新侵入新的组织、细胞，反复繁殖。

②有性生殖阶段（配子生殖法）。此阶段在肠上皮细胞内进行。裂殖体经数代增殖后，部分裂殖子发育为大小配子体，进而形成大、小配子，小配子钻入大配子内形成合子，合子周围迅速形成一层被膜即形成卵囊；卵囊进入肠腔，随粪便排出体外。

③孢子生殖阶段。此阶段在适宜环境中进行。卵囊随粪便排出体外，在适宜温湿度环境下，经2～4d即发育为具感染性的孢子化卵囊。新鲜卵囊在外界短期发育才具有感染性。

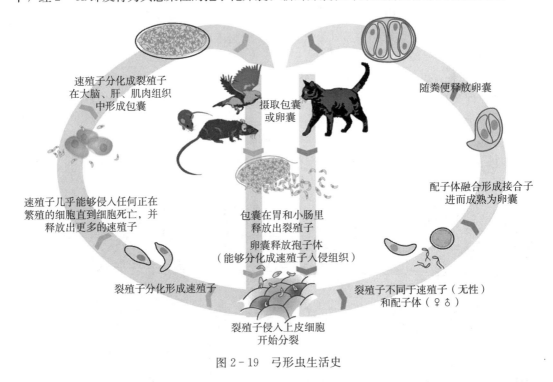

速殖子分化成裂殖子
在大脑、肝、肌肉组织
中形成包囊

摄取包囊
或卵囊

随粪便释放卵囊

速殖子几乎能够侵入任何正在
繁殖的细胞直到细胞死亡，并
释放出更多的速殖子

配子体融合形成接合子
进而成熟为卵囊

包囊在胃和小肠里
释放出裂殖子
卵囊释放孢子体
（能够分化成速殖子入侵组织）

裂殖子分化形成速殖子

裂殖子不同于速殖子（无性）
和配子体（♀♂）

裂殖子侵入上皮细胞
开始分裂

图2-19 弓形虫生活史

（4）寄生部位。弓形虫在终末宿主猫体内完成有性生殖阶段（同时也进行无性增殖，也兼中间宿主）；在中间宿主只能完成无性繁殖阶段；在外界完成孢子生殖阶段。有性生殖只限于在猫科动物小肠上皮细胞内进行，称肠内期发育。无性繁殖阶段可在其他组织、细胞内进行，称肠外期发育。

（5）发育时间。猫从感染到排出卵囊需要3～5d，卵囊孢子化需要2～4d。

【流行病学】

1. 感染源 带有弓形虫滋养体、包囊和假囊的病人、病畜及带虫动物排出的卵囊及被卵囊污染的土壤、水源、饲料、牧草或食具；猫是最重要的传染源。

2. 感染途径 经黏膜和胎盘感染。主要经口、鼻、咽、呼吸道黏膜、眼结膜感染，以及胎儿在母体经胎盘而感染；经损伤的皮肤和黏膜也可以传染；节肢动物携带卵囊也具有一定的传播意义（图 2 - 20）。

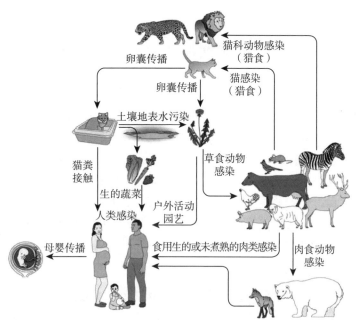

图 2 - 20　弓形虫的感染途径

3. 易感动物　人类和各种家畜（如猫、犬、兔、猪、牛、羊）以及 200 余种哺乳动物、70 余种鸟类、一些爬行动物和一些节肢动物。其中人类中胎儿、婴幼儿、肿瘤和艾滋病患者最易感染，家畜中猪和羊最易感染。

4. 繁殖力　弓形虫每天可排出 1 000 个卵囊，排囊可持续约 10～20d。

5. 抵抗力　卵囊对外界抵抗力较大，对酸、碱、消毒剂均有相当强的抵抗力，在室温可生存 3～18 个月，5℃下可存活 120d，−20℃下为 60d，猫粪内可存活 1 年，对干燥和热的抵抗力较差，80℃下 1min 即可杀死，因此加热是防止卵囊传播最有效的方法。在免疫功能正常的机体，包囊在宿主体内可存活数月、数年，甚至终身不等；当机体免疫功能低下或长期应用免疫抑制剂时，可以继续发育繁殖。

6. 流行特点　本病在全世界广泛存在和流行，常形成局部暴发流行。弓形虫感染与饮食习惯、生活条件、接触猫科动物、职业因素有关。人弓形虫的感染率一般是温暖潮湿地区比寒冷干燥地区高。家畜弓形虫病一年四季均可发病，以夏秋季居多（每年的 5—10 月）。

【治疗】

磺胺类药物与抗菌增效剂联用，对弓形虫病有很好的治疗效果，但注意在发病初期及时用药；否则，虽可使临诊症状消失，但不能抑制虫体进入组织形成包囊，使病人或病畜成为带虫者；使用磺胺类药物应首次剂量加倍。用药后 1～3d，体温即可逐渐恢复正常，需连用 3～4d。

对于孕妇应首选螺旋霉素，因此药毒性较小，口服剂量为每天 2～3g，分 4 次服用，连用 3～4 周，间隔 2 周，重复使用。

【防治措施】

1. 加强猫的管理　畜舍内灭鼠，严禁养猫，防止猫进入；猫舍及时清扫，使用 55℃以上热水或 0.5％氨水消毒。

2. 加强粪便管理　做好猫粪消毒处理。严防猫粪污染饲料和饮水等。

3. 流行病学监测　血清学阳性猪应及时隔离饲养或淘汰，消除感染源。病愈后的猪不能作为种猪。屠宰废弃物必须煮熟后方可作为饲料。

4. 卫生防护　不接触野猫，家养猫做好驱虫工作；密切接触家畜的人，如屠宰厂、肉类加工厂、畜牧场的工作人员应定期作血清学检查。培养良好的卫生习惯，饭前便后勤洗手，去除不良饮食习惯，禁食生肉、半生肉、生乳及生蛋，切生、熟肉的用具应严格分用分放，接触生肉、尸体后应严格消毒，对预防弓形虫感染有重要作用。

5. 疫苗预防　初显成效，缺点是残留包囊，并在机体免疫力低下时活化。

任务五　肉孢子虫病的防治

【思维导图】

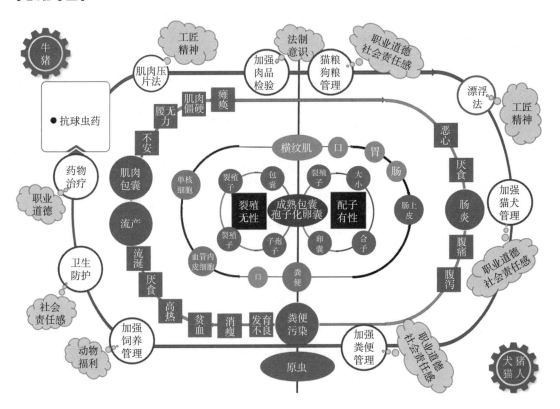

肉孢子虫病是肉孢子虫寄生于多种动物和人横纹肌所引起的一种人畜共患病。主要对畜牧业造成危害，偶尔寄生于人体。

【案例】

河北省新乐市某个体养牛场，屠宰人员屠宰几头肉牛时发现，其中一头肉牛的肌肉中，有一种白色线状物，于是便带部分病料到兽医站化验室化验。剥离病料，发现该物与肌肉结合较紧密不易剥离，剥离后的线状物呈圆形、椭圆形、乳白色或灰白色，两端稍硬。直径1～2.5mm，长几毫米到几十毫米不等。个别线状物有树枝样分叉。后经调查，该牛宰前未见任何异常。线状物以颈部、背部、臀部肌肉中最多，经实验室检查确诊为肉孢子虫。

【临诊症状】

犊牛表现发热，厌食，流涎，淋巴结肿大，贫血，消瘦，尾尖脱毛，发育迟缓。羔羊与犊牛症状相似，但体温变化不明显。仔猪表现精神沉郁、腹泻、发育不良，严重感染时（1g 膈肌有 40 个以上虫体）表现不安，腰无力，肌肉僵硬和短时间的后肢瘫痪等。怀孕动物易发生流产。猫、犬等肉食动物感染后症状不明显。

人作为中间宿主时症状不明显。人作为终末宿主时，在感染后 9～10d 从粪便中排出虫卵，并有厌食、恶心、腹痛和腹泻症状。

【病理变化】

在后肢、侧腹、腰肌、食道、心、膈肌等处，可见顺着肌纤维方向有大量包囊状物，为灰白色或乳白色，有两层膜，囊内有很多小室，小室内有许多香蕉形活动的滋养体。在心时可导致严重的心肌炎。

【诊断】

1. 人　用硫酸锌浮聚法检查粪便中孢子囊或卵囊和活组织检查肌肉孢子虫囊。

2. 动物　死后剖检发现包囊确诊。常寄生的部位：牛为食道肌、心肌和膈肌；猪为心肌和膈肌；绵羊为食道肌、膈肌和心肌；禽为头颈部肌肉、心肌和肌胃。取病变肌肉压片，检查香蕉形的慢殖子，也可用吉姆萨氏染色后观察。注意与弓形虫的区别，肉孢子虫染色质少，着色不均，弓形虫染色质多，着色均匀。血清学方法有间接血凝、酶联免疫吸附试验、间接荧光抗体试验等。

【检查技术】

肌肉压片法和血清学诊断参见"项目七 畜禽寄生虫检查技术"。

【病原】

1. 形态结构

（1）包囊。见于中间宿主的肌纤维之间。多呈纺锤形、圆柱形或卵圆形，乳白色。包囊壁由两层组成，内层向囊内延伸，构成很多纵隔将囊腔分成许多小室。发育成熟的包囊，小室中有许多肾形或香蕉形的滋养体（慢殖子），又称为南雷氏小体。猪体内的包囊0.5～5mm，而牛、羊、马体内包囊均在 6mm 以上，肉眼易见。

（2）卵囊。见于终末宿主的小肠上皮细胞内或肠内容物中。呈椭圆形，壁薄，内含 2个孢子囊，每个孢子囊内有 4 个子孢子。

2. 生活史

（1）中间宿主。哺乳类、禽类、啮齿类、爬行类和鱼类。

（2）终末宿主。犬等肉食动物、猪、猫和人等。

（3）发育史。终末宿主吞食含有包囊的中间宿主肌肉后，包囊被消化，慢殖子逸出，侵入小肠上皮细胞发育为大配子体和小配子体，大、小配子体又分裂成许多大、小配子，大、小配子结合为合子后发育为卵囊，之后在肠壁内发育为孢子化卵囊。成熟的卵囊多自行破裂进入肠腔随粪便排出，因此随粪便排到外界的卵囊较少，多数为孢子囊。孢子囊和卵囊被中间宿主吞食后，脱囊后的子孢子经血液循环到达各脏器，在血管内皮细胞中进行两次裂殖生殖，然后进入血液或单核细胞中进行第 3 次裂殖生殖，裂殖子随血液侵入横纹肌纤维内，经 1个月或数月发育为成熟包囊（图 2 - 21）。

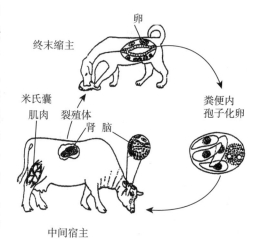

图 2 - 21　肉孢子虫生活史

【流行病学】

1. 感染源　患病或带虫的动物以及人。

2. 传播途径　终末宿主和中间宿主均经口感染。终末宿主粪便中的孢子囊可以通过鸟类、蝇和食粪甲虫等而散播。人感染肉孢子虫是由于进食了未经煮熟或生的带有肉孢子虫包囊的猪肉、牛肉等所致。与人们的饮食习惯有重要关系，如云南有些少数民族有嗜食生猪肉的习惯等。牛羊等中间宿主随污染的饲草、饮水吞食孢子囊后感染。

3. 易感动物　各种家畜、鼠类、鸟类、爬行类、鱼类和人。

4. 流行特点　各种年龄动物均可感染，但牛、羊随着年龄增长而感染率增高。孢子囊对外界环境的抵抗力强，适宜温度条件下可存活 1 个月以上。但对高温和冷冻敏感，60～70℃经 100min，冷冻 1 周或－20℃存放 3d 均可灭活。

【治疗】

目前尚无特效的治疗药物；有报道称抗球虫药如盐霉素、氨丙啉、莫能菌素、常山酮等预防牛、羊的肉孢子虫病可收到一定的效果。

【防治措施】

1. 加强肉品检验工作　将带虫肉作工业用或销毁，轻度感染者应做无害化处理后方可出厂，或在−20℃下冷冻 3d、−27℃冷冻一昼夜，或煮沸 2h。

2. 严禁用生肉喂犬、猫等终末宿主 对接触牛、羊的人、犬、猫应定期进行粪便检查，发现病例应及时进行治疗。

3. 对犬、猫或人等终末宿主的粪便要进行无害化处理 严禁犬、猫等终末宿主接近家畜，避免其粪便污染饲草、饮水和养殖场地，以切断粪口传播途径。

4. 注意个人的饮食卫生 人也是牛、猪的肉孢子虫的终末宿主，应注意个人的饮食卫生，不吃生的或未煮熟的肉食。

⑦ 复习思考题

一、选择题

1. 旋毛虫的繁殖方式为（　　）。
   A. 卵生　　　　　　B. 胎生　　　　　　C. 卵胎生　　　　　　D. 食道口线虫

2. 旋毛虫的幼虫在肌肉内寄生时，可形成（　　）。
   A. 卵囊　　　　　　B. 假囊　　　　　　C. 包囊　　　　　　D. 小肠

3. 目前国内用（　　）方法作为猪旋毛虫生前诊断的手段之一。
   A. ELISA　　　　　B. 听诊　　　　　　C. 穿刺　　　　　　D. 孢子生殖

4. 通过畜肉传播食源性寄生虫病的是（　　）。
   A. 布鲁菌病　　　　B. 猪囊尾蚴病　　　C. 并殖吸虫病
   D. 异尖线虫病　　　E. 肾膨结线虫病

5. 鉴于食源性寄生虫病对人类健康的危害，我国规定，在生猪屠宰中，应当检验猪的（　　）。
   A. 结核　　　　　　B. 鼻疽　　　　　　C. 旋毛虫
   D. 异尖线虫　　　　E. 华支睾吸虫

6. 猪囊尾蚴主要寄生在（　　）。
   A. 肺　　　　　　　B. 皮肤　　　　　　C. 小肠
   D. 咬肌　　　　　　E. 肝

7. 日本分体吸虫的主要致病阶段是（　　）。
   A. 虫卵　　　　　　B. 尾蚴　　　　　　C. 童虫　　　　　　D. 成虫

8. 预防日本血吸虫病的重要环节是（　　）。
   A. 驱虫　　　　　　B. 消灭钉螺　　　　C. 药物注射　　　　D. 保持水源清洁

9. 动物感染血吸虫的主要途径是（　　）。
   A. 消化道感染　　　B. 皮肤感染　　　　C. 胎盘感染　　　　D. 呼吸道感染

10. 治疗血吸虫病最有效的药物是（　　）。
    A. 吡喹酮　　　　　B. 阿苯达唑　　　　C. 三氮脒　　　　　D. 敌百虫

11. 动物采食含有活的囊尾蚴的肌肉后，在胃内（　　）破囊而出，进而发育为成虫。
    A. 毛蚴　　　　　　B. 囊蚴　　　　　　C. 六钩蚴　　　　　D. 尾蚴

12. 猪囊尾蚴的成虫是寄生于人小肠内的（　　）。
    A. 无钩绦虫　　　　B. 有钩绦虫　　　　C. 泡状带绦虫　　　D. 孟氏叠宫绦虫

13. 某生猪定点屠宰场，宰后发现横纹肌内发现椭圆形、黄豆大小、半透明的包囊，囊内充满液体，囊膜内有一粟粒大的乳白色结节。该病病原最可能是（　　）。
    A. 肉孢子虫　　　　B. 旋毛虫　　　　C. 猪囊尾蚴　　　　D. 棘球蚴

14. 猪带绦虫的患者呕吐时，可使孕卵节片或虫卵从宿主小肠逆行入胃，而再次使其遭受感染属于（　　）。
    A. 经口感染　　　　B. 接触感染　　　　C. 自身感染　　　　D. 经皮肤感染

15. 某猪群出现食欲废绝，高热稽留，呼吸困难，体表淋巴结肿大，皮肤发绀。孕猪出现流产、死胎。取病死猪肝、肺、淋巴结及腹水抹片染色镜检见香蕉形虫体，该寄生虫病可能是（　　）。
    A. 球虫病　　　　B. 鞭虫病　　　　C. 蛔虫病
    D. 弓形虫病　　　E. 旋毛虫病

16. 检疫人员进行生猪宰后检疫时，肉眼发现某屠宰猪肉膈肌中有针尖大小的白色小点，低倍镜检查见梭形包囊，囊内有卷曲的虫体。该虫体最可能是（　　）。
    A. 旋毛虫　　　　B. 弓形虫　　　　C. 棘球蚴
    D. 猪囊尾蚴　　　E. 肉孢子虫

17. 通过食用猪肉传播的人畜共患寄生虫病是（　　）。
    A. 绦虫病　　　　B. 棘球蚴病　　　　C. 旋毛虫病　　　　D. 肝片吸虫病

18. 猪感染旋毛虫主要是因为食入（　　）。
    A. 螺蛳　　　　B. 鼠　　　　C. 蚯蚓　　　　D. 甲虫

19. 母猪群，高热稽留，腹泻，呼吸困难，耳部及腹下皮肤有较大面积发绀，部分孕猪发生流产、死胎，取淋巴结染色镜检，发现香蕉形虫体。该疾病是（　　）。
    A. 棘头虫病　　　　B. 旋毛虫病　　　　C. 弓形虫病　　　　D. 球虫病

20. 许多动物对弓形虫都有一定的先天性免疫力，故感染后不一定出现临诊症状，在组织内形成包囊后转为（　　）。
    A. 发病　　　　B. 隐性感染　　　　C. 传染病　　　　D. 成虫

二、填空题

1. _____为弓形虫的终末宿主，存在于小肠绒毛上皮细胞内。_____月龄的猪最易感弓形虫病。_____是弓形虫在中间宿主体内的最终形式。

2. 猪肉孢子虫寄生在猪_____、_____、_____和咽喉肌。

3. 检疫人员进行生猪宰后检疫时，肉眼发现某屠宰猪肉膈肌中有针尖大小的白色小点，低倍镜检查见梭形包囊，囊内有卷曲的虫体。该虫体最可能是_____。

4. 猪是猪带绦虫的_____。

5. 血吸虫的中间宿主是_____。

6. 弓形虫的包囊主要出现在_____。

三、判断题

（　　）1. 人吃了带有猪囊虫而未煮熟的猪肉时，囊虫的包囊在胃肠内被溶解，翻出头节，并以头节的小钩和吸盘固着于肠壁上，逐渐发育为成虫。

（　　）2. 寄生于人体内的囊尾蚴多寄生于脑、眼及皮下组织等部位，但不会给人的身体健康造成严重影响。

（　　）3. 旋毛虫病的病原为旋毛虫，它分布于世界各地，仅有几种哺乳动物感染旋毛虫。

（　　）4. 猪旋毛虫并不用屠宰后诊断，在生前就可以做出准确的诊断。

（　　）5. 旋毛虫幼虫在动物的肌肉内发生钙化后，包囊内的虫体立即死亡。

（　　）6. 生前诊断猪囊尾蚴病可用皮内变态反应。

（　　）7. 弓形虫的终末宿主为猫科动物。

（　　）8. 人感染弓形虫病与养宠物有很大的关系。

（　　）9. 弓形虫的卵囊存在于中间宿主的小肠内，随着粪便排出体外。

（　　）10. 猫也可以成为弓形虫的中间宿主。

（　　）11. 弓形虫可通过胎盘感染胎儿，导致胎儿发育异常。

（　　）12. 人弓形虫病的生前诊断主要靠血清学诊断。

（　　）13. 猪带绦虫的患者呕吐时，可使孕卵节片或虫卵从宿主小肠逆行入胃，而再次使其遭受感染属于经口感染。

（　　）14. 仔猪，高热稽留，体表淋巴结肿大，腹下有瘀斑。组织涂片经瑞氏染色可见大量香蕉形速殖子。该病是弓形虫病。

（　　）15. 旋毛虫病的临床特征是体温正常、肌肉强烈痉挛的急性肌炎。

（　　）16. 血吸虫是雌雄同体。

（　　）17. 动物食入囊蚴可感染血吸虫病。

（　　）18. 日本血吸虫的中间宿主为钉螺。

（　　）19. 日本血吸虫常用的检查方法为虫卵毛蚴孵化法和沉淀法。

（　　）20. 治疗血吸虫病的首选药物为敌百虫。

四、分析题

结合所学的内容，请分析屠宰场对猪的胴体要进行哪些寄生虫病的检查，如何检查？

（项目二参考答案见 13 页）

项目三　复习思考题参考答案

一、选择题
1~10. BBDBC　BDCCC　11~14. ACCC
二、填空题
1. 孢子化卵囊
2. 类圆线虫
3. 皮肤剧烈瘙痒、结痂、增厚 脱毛
4. 第三次、咳嗽
5. 周期性寄生虫
6. 乳斑肝
7. 吸血
8. 有钩绦虫
三、判断题
1~10. √ × × × √　× √ √ √ √
11~20. √ × √ √ √ × √ √ × ×

项目三

猪寄生虫病的防治

任务一　猪吸虫病的防治

子任务　姜片吸虫病的防治

【思维导图】

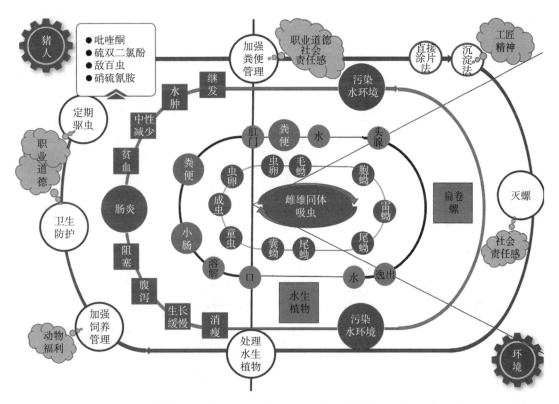

姜片吸虫病是由片形科姜片属的布氏姜片吸虫寄生于猪和人的小肠内引起的一种肠道寄生虫病。临床表现为腹痛、腹泻、营养不良和发育障碍等。

【案例】

2020年9月12日，某区某养殖户报告称，其5月份从区外购入20头育肥猪饲养。9月初以来，猪陆续出现精神沉郁，被毛粗乱，腹泻，食欲减退，逐渐消瘦，生长缓慢，眼黏膜苍白，眼睑及腹下水肿等症状。最严重的1头出现贫血，行动迟缓，低头呆立，爱独处厩角，最后死亡。经现场察看，猪舍建在坝塘边上，坝塘约1亩*，被该饲养户承包养鱼。猪场清洗猪舍粪污排入坝塘，为节约成本充分利用坝塘，栽种了少量水花生、水白

_____

* 亩为非法定计量单位，1亩≈667m²。

菜，为猪场补充部分青饲料。6—8月，陆续从塘内割水白菜、水花生进行饲喂。7月初用5%的盐酸左旋咪唑、丙硫苯咪唑，按常规剂量对猪群进行了驱虫。对坝塘进行检查，发现坝塘里有中间宿主扁卷螺，经实验室诊断确诊为猪姜片吸虫病。

【临诊症状】

病猪精神沉郁，目光呆滞，低头，流涎，眼黏膜苍白。食欲减退，消化不良，但有时有饥饿感。腹泻，每日数次、量多、有恶臭，粪便稀薄，混有黏液和未消化食物。幼猪发育不良，被毛稀疏无光泽。母猪泌乳量下降，产仔率下降。

【病理变化】

死猪肠炎、全身贫血、消瘦和营养不良。剖检发现肠黏膜点状出血和水肿。严重感染时可导致机械性阻塞，甚至引起肠破裂或肠套叠而死亡。

【诊断】

根据临诊症状和病理变化，可做出初步诊断。对病猪做粪便检查，应用直接涂片法和反复沉淀法查出虫卵便可确诊。

猪吸虫的形态结构观察

【检查技术】

直接涂片法和反复沉淀法参见"项目七 畜禽寄生虫检查技术"。

【病原】

1. 形态结构 姜片吸虫是吸虫中最大的一种，新鲜时呈肉红色，肥厚，不透明，经福尔马林固定后呈灰白色，形似斜切的姜片，故称姜片吸虫（图3-1）。成虫大小为（20～75）mm×（8～20）mm×（0.2～0.3）mm，腹吸盘极大，位于虫体的前方，靠近口吸盘，为口吸盘的4～6倍（图3-2）。咽和食管短，两条肠管弯曲，但不分支，向后延伸至虫体后端。雌雄同体，2个分支状的睾丸，前后排列在虫体后部的中央。卵巢一个，有分支，位于虫体中部稍偏后方。囊蚴呈扁圆形，外形似凹透镜，外壁厚薄不一，脆弱易破，内壁光滑坚韧，厚度均匀，内含一个尾蚴。

虫卵为长椭圆形或卵圆形，卵壳很薄，有卵盖，呈淡黄色或棕色，虫卵较大，约为（130～175）μm×（85～97）μm。卵内含有一个未分裂的胚细胞和30～50个卵黄细胞（图3-3）。

2. 生活史

（1）中间宿主。扁卷螺。

（2）终末宿主。猪和人。

（3）发育史。成虫寄生在猪或人的十二指肠内，虫卵随粪便排出，落入水中，逸出毛蚴。毛蚴侵入螺体，发育为胞蚴、母雷蚴、子雷蚴和尾蚴。尾蚴从扁卷螺体内逸出，附在水浮莲、日本水仙、满江红、浮萍、无根萍等各种水生植物的茎和叶上发育形成囊蚴。猪吞吃含有囊蚴的水生植物或成熟的尾蚴而遭到感染（图3-4）。

图3-1～图3-3彩图

图 3-1 姜片吸虫

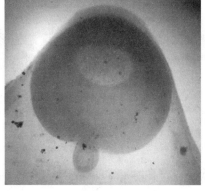
图 3-2 口、腹吸盘

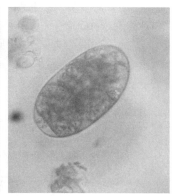
图 3-3 虫卵

（4）发育时间。由毛蚴侵入螺体至尾蚴逸出，在水生植物上形成囊蚴，平均需要 50d。囊蚴进入猪体内发育至成虫，需 2~3 个月。

（5）成虫寿命。虫体在猪体内的寿命为 9~13 个月。

【流行病学】

1. 感染源 病猪、带虫猪和病人。

2. 感染途径 经口感染。流行区猪生食了菱角、浮萍、水浮莲等水生植物或饮用了含囊蚴的生水而感染。

3. 易感动物 猪和人。

4. 流行特点 姜片吸虫病是地方性流行病，以水乡为主，主要发生于以水生饲料喂猪的地区，多发于秋季。

【治疗】

1. 吡喹酮 每千克体重 50mg，一次口服。

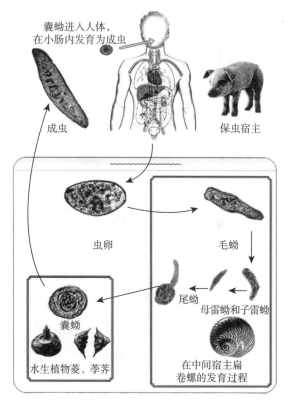
图 3-4 姜片吸虫生活史

2. 硫氯酚 体重在 100kg 以下的猪每千克体重 100mg；体重 100kg 以上的猪每千克体重 50~60mg，混在少量精料中喂服。

3. 硝硫氰胺 每千克体重 10mg，一次口服。

【防治措施】

1. 定期驱虫 病猪及时治疗，流行性地区每年春、秋两季进行预防性驱虫。

2. **加强粪便管理** 粪便发酵处理后，再做水生植物的肥料。
3. **消灭中间宿主** 使用灭螺剂灭螺，如硫酸铜、生石灰等。
4. **加强饲养管理** 勿放猪到池塘自由采食，水生植物洗净浸烫或青贮后再喂猪。
5. **卫生防护** 加强卫生宣传教育，提倡不食生水生植物、不喝生水。

任务二　猪线虫病的防治

子任务一　猪蛔虫病的防治

【思维导图】

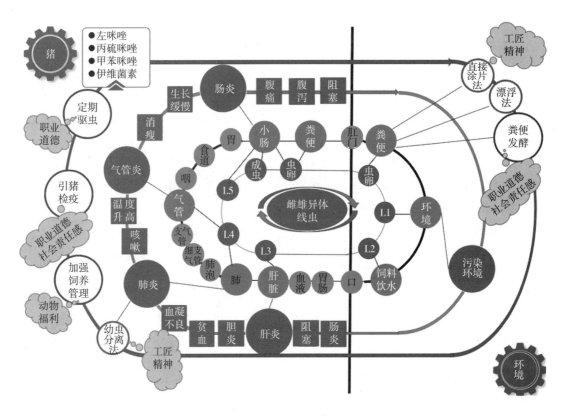

猪蛔虫病是由蛔科蛔属的猪蛔虫寄生于猪小肠内引起的疾病。主要特征为仔猪生长发育不良，严重的发育停滞，形成"僵猪"，甚至死亡。仔猪感染率高，特别是在卫生状况差的猪场和营养不良的猪群中，感染率更高。

【案例】

一养猪户有 30 多头断奶 3 月龄育肥猪。群体排便正常，偶有咳嗽，每日饲喂 4 次，多种疫苗均接种过。1头病死猪发病6d，当时发现猪食欲减退，眼睑肿胀，当地兽医初诊为猪的水肿病，每日肌内注射抗水肿病药物无效，尸体剖检发现小肠内有蛔虫成虫而确诊。

【临诊症状】

仔猪在感染早期，引起肺炎（虫体移行），轻度湿咳，体温40℃左右。感染严重时，精神沉郁，食欲缺乏，异嗜，营养不良，被毛粗糙；有的生长发育受阻，成为僵猪；有的出现嗜伊红细胞增多症；有的呼吸困难，常伴发声音粗且沉重的咳嗽，并有呕吐、流涎和腹泻等。寄生数量多时，可引起肠道阻塞，表现为疝痛，引起死亡。虫体误入胆管时，可引起胆道阻塞而出现黄疸并引起死亡。

成年猪寄生数量不多时症状不明显，但因胃肠机能遭受破坏，常表现食欲不振、磨牙和增重缓慢。

【病理变化】

初期肺组织致密，表面有大量出血斑点，肝、肺和支气管等器官常可发现大量幼虫。小肠卡他性炎症、出血或溃疡。肠破裂时可见有腹膜炎和腹腔内出血。胆道蛔虫时，胆管内有虫体。病程较长者，有化脓性胆管炎或胆管破裂，肝黄染和硬变等。

【诊断】

根据临诊症状、粪便检查和剖检等初步判定。粪便检查采用直接涂片或漂浮法，由于猪蛔虫相当常见，1g粪便中虫卵数达到1 000个以上时才可确诊。剖检发现虫体可确诊。幼虫移行出现肺炎时，用抗生素治疗无效，可为诊断提供参考。

【检查技术】

直接涂片法和漂浮法参见"项目七 畜禽寄生虫检查技术"。

【病原】

1. 形态构造 猪蛔虫是寄生于猪小肠的大型线虫。虫体近似圆柱形。活体呈淡红色或淡黄色，死后呈苍白色（图3-5）。虫体前端有3个唇片，1片背唇较大，2片腹唇较小，排列成"品"字形。唇之间为口腔（图3-6）。口腔后为大食道，呈圆柱形。雄虫体长15～25cm，宽约0.3cm；尾端向腹面弯曲，形似鱼钩；泄殖腔开口距后端较近；具有1对较粗大的等长的交合刺（图3-7）；无引器。雌虫体长20～40cm，宽约0.5cm，尾端直（图3-8），生殖器为双管形；两条子宫合为1个短小的阴道，阴门开口于虫体腹中线前1/3处；肛门距虫体末端较近。

猪线虫的形态观察

虫卵近似圆形，黄褐色，卵壳厚，由四层组成，最外层为呈波浪形的蛋白质膜。虫卵大小为60μm。未受精卵较狭长，多数没有蛋白质膜，或有但很薄且不规则，内容物为很多似油滴状的卵黄颗粒和空泡（图3-9、图3-10）。

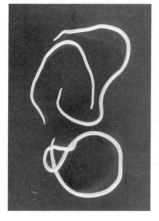

图 3-5 猪蛔虫

图 3-6 猪蛔虫唇片

图 3-7 交合刺

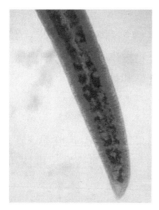

图 3-8 雌虫尾部

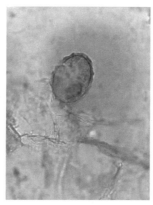

图 3-9 未受精卵

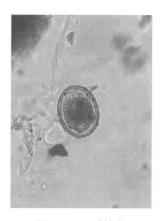

图 3-10 受精卵

图 3-5～
图 3-10彩图

2. 生活史

（1）中间宿主。直接为发育型，不需要中间宿主。

（2）发育史。成虫寄生于猪的小肠，雌虫受精后，产出的虫卵随粪便排出体外，在适宜的温度、湿度和氧气环境下，在卵内发育为第 1 期幼虫，蜕皮变为第 2 期幼虫，此时虫卵无感染力，再经过一段时间发育为感染性虫卵，被猪吞食后在小肠内孵出幼虫。大多数幼虫很快钻入肠壁血管，随血液循环进入肝，进行第 2 次蜕化，变为第 3 期幼虫，幼虫随血液经肝静脉、后腔静脉进入右心房、右心室和肺动脉，穿过肺毛细血管进入肺泡，在此进行第 3 次蜕化发育为第 4 期幼虫并继续发育。幼虫上行进入细支气管、支气管、气管，随黏液到达咽部，被咽下后，经食道、胃进入小肠，经第 4 次蜕化发育为第 5 期幼虫（童虫），继续发育为成虫。

（3）发育时间。虫卵发育为感染性虫卵需 3～5 周；猪从感染虫卵到在小肠内发育为成虫，需要 2～2.5 个月。

（4）成虫寿命。成虫在猪体内可生存 6 个月，自行随粪便排出。

【流行病学】

　　1. 感染源　病猪、带虫猪和带有感染性虫卵的粪便。

　　2. 感染途径　经口感染。猪食入感染性虫卵污染的饮水、饲料或土壤等。母猪乳房沾染虫卵，使仔猪在哺乳时感染。

　　3. 易感动物　猪易感。以 3～6 月龄的仔猪感染严重；成年猪多为带虫者。

　　4. 繁殖力　蛔虫繁殖力强，产卵数多，每条雌虫每天平均可产卵 10 万～20 万个；卵对外界因素抵抗力强，虫卵具有 4 层卵膜，内膜能保护胚胎免受化学物质的侵蚀，中间两层能保持虫卵内水分而不受干燥的影响，外层有阻止紫外线透过的作用，且对外界其他不良因素有很强的抵抗力；虫卵的全部发育史都在卵壳内进行，使胚胎和幼虫得到保护，大大增加了感染性虫卵在自然界的数量。

　　5. 抵抗力　虫卵的发育除要求一定湿度外，以温度影响较大。高于 40℃ 或低于 −2℃ 时，虫卵停止发育，45～50℃ 时 30min 死亡。在 −27～−20℃ 时，感染性虫卵可存活 30d。在 28～30℃ 时，虫卵内胚细胞发育为第 1 期幼虫需 10d，12～18℃ 时需 40d。虫卵对各种化学药物有较强的抵抗力，常用消毒药的浓度不能杀死虫卵，如在 2% 福尔马林中可以正常发育。一般用 60℃ 以上的 3%～5% 热碱水，20%～30% 的热草木灰水或新鲜石灰水才能杀死虫卵。卵在疏松湿润的耕地或园土中一般可以生存 2～3 年之久；在夏季阳光直射下，可在数日内死亡。

　　6. 流行特点　猪蛔虫属土源性寄生虫，分布极其广泛。一年四季均可发生。在饲养管理不良，卫生条件差，特别在饲料中缺乏维生素和矿物质时易感染。

【治疗】

　　1. 左旋咪唑　每千克体重 10mg，口服或混料喂服。

　　2. 阿苯达唑　每千克体重 10mg，一次口服。

　　3. 甲苯达唑　每千克体重 10～20mg，混料喂服。

　　4. 氟苯咪唑　每千克体重 30mg，混料喂服，连用 5d。

　　5. 伊维菌素　每千克体重 0.3mg，一次皮下注射。

【防治措施】

　　1. 定期驱虫　对散养育肥猪，仔猪断奶后驱虫 1 次，4～6 周后再驱虫 1 次。母猪在怀孕前和产仔前 1～2 周驱虫。育肥猪在 3 月龄和 5 月龄各驱虫 1 次。引入的种猪进行驱虫。规模化养猪场应对全群猪进行驱虫，每年对公猪至少驱虫 2 次；母猪产前 1～2 周驱虫 1 次；仔猪转入新圈、群时驱虫 1 次；后备猪在配种前驱虫 1 次。新引入的猪驱虫后再合群。

　　2. 加强饲养管理　圈舍要及时清理，勤冲洗，勤换垫草，粪便和垫草发酵处理；产房和猪舍在进猪前要彻底清洗和消毒；母猪转入产房前要用肥皂水清洗；运动场保持平整，排水良好。

子任务二　猪肺线虫病的防治

【思维导图】

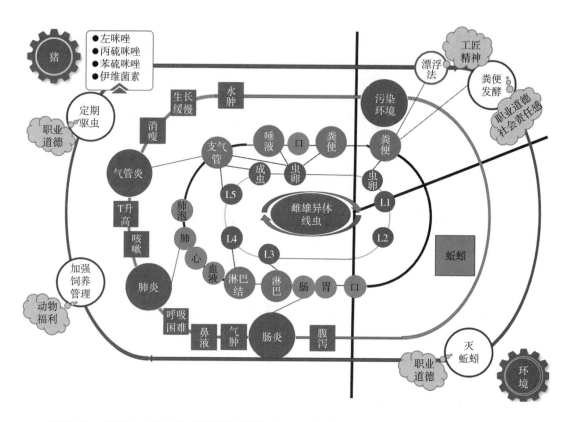

猪肺线虫病是由后圆科后圆属的线虫寄生于猪支气管、细支气管和肺泡所引起的疾病。主要特征为仔猪患支气管炎和支气管肺炎，严重时可造成大批死亡。

【案例】

2012年天津市蓟州区某自繁自养猪场20头仔猪发病，病初症状不明显，呈流感症状，使用泰乐菌素和林可霉素、大观霉素、蟾酥等进行治疗，未见效果，3d后病情严重，病猪出现强力咳喘，呼吸困难，似拉风箱，两侧肋部扇动，被毛粗乱无光，严重时窒息死亡。经皮内变态反应诊断确诊为猪肺线虫病。

【临诊症状】

病猪发育不良，阵发性咳嗽，尤其在早晚运动或遇冷空气刺激时，咳嗽尤为剧烈；被毛干燥、无光泽，鼻孔内有脓性黏稠液体流出，呼吸困难。胸下、四肢和眼睑部浮肿。严重病例发生呕吐、腹泻。

【病理变化】

在肺叶腹面边缘有楔状气肿区，支气管增厚、扩张，靠近气肿区有坚实的灰色小结，小支气管周围呈淋巴样组织增生和肌纤维状肥大，支气管内有虫体。

【诊断】

根据流行病学、临诊症状和粪便检查综合确诊。粪便检查用漂浮法，只有检出大量虫卵时才能认定。剖检时，在肺膈叶发现虫体，即可确诊。

猪后圆线虫

【检查技术】

漂浮法参见"项目七 畜禽寄生虫检查技术"。

【病原】

1. 形态构造 猪后圆线虫呈乳白色或灰色，口囊很小，口缘有1对分3叶的侧唇。雄虫交合伞有一定程度的退化，有1对细长的交合刺。雌虫两条子宫并列，至后部合为阴道，阴门紧靠肛门，前方覆角质盖，虫体后端有时弯向腹侧。卵胎生（图3-11）。

图3-11 后圆线虫

（1）野猪后圆线虫。又称长刺后圆线虫。雄虫长11～25mm，交合伞较小，前侧肋大，顶端膨大，中侧肋和后侧肋融合在一起，背肋极小；交合刺长，呈丝状，末端有单钩，无引器。雌虫长20～50mm，阴道长，尾端稍弯向腹面。虫卵呈钝椭圆形，壳厚，表面不光滑。排出时已含有发育成形的幼虫盘曲在内。虫卵大小为（51～54）μm×（33～36）μm。

（2）复阴后圆线虫。雄虫长16～18mm，交合伞较大，交合刺末端有双钩，有引器。雌虫长22～35mm，阴道短，尾直，有较大的角质盖覆盖肛门和阴门。虫卵大小为（57～63）μm×（39～42）μm。

（3）萨氏后圆线虫。雄虫长17～18mm，交合刺长，末端有单钩。雌虫长30～45mm，阴道长，尾端稍弯向腹面。虫卵大小为（53～56）μm×（33～40）μm。

2. 生活史

（1）中间宿主。蚯蚓。

（2）终末宿主。猪、野猪，偶见于人、羊、鹿、牛和其他反刍兽。

图3-11彩图

（3）发育史。雌虫在宿主支气管内产卵，卵和支气管黏液混合，由于咳嗽转至口腔，与唾液混合，随唾液被咽下，再经消化道随粪便排到外界。虫卵在潮湿的土壤中，可因吸收水分，卵壳膨大而破裂，孵出第1期幼虫。蚯蚓吞食了第1期幼虫或虫卵（第1期幼虫在其体内孵化），经2次蜕化变为感染性幼虫，随蚯蚓粪便排至土壤中。蚯蚓受伤时幼虫也可经伤口逸出。猪吞食了蚯蚓或土壤中的感染性幼虫而感染，幼虫在小肠逸出钻入肠壁，沿淋巴系统进入肠系膜淋巴结，在此蜕化变为第4期幼虫，然后沿淋巴进入血液循环系统，随血流至心和肺，穿过肺泡进入支气管，再蜕化变为第 5 期幼虫，进而发育为成虫。

（4）发育时间。进入蚯蚓体内的第 1 期幼虫发育为感染性幼虫约需 10d；进入猪体内的感染性幼虫发育为成虫需 25～35d。

（5）成虫寿命。一般可生存 1 年左右。

【治疗】

1. **左旋咪唑**　每千克体重 10mg，口服或混料喂服。
2. **阿苯达唑**　每千克体重 10mg，一次口服。
3. **甲苯达唑**　每千克体重 10～20mg，混料喂服。
4. **伊维菌素**　每千克体重 0.3mg，一次皮下注射。
5. **对症治疗**　肺炎严重的猪，应采用抗生素防止继发感染。

【防治措施】

1. **定期驱虫**　在流行地区，春、秋各进行 1 次驱虫。
2. **加强饲养管理**　猪实行圈养，防止采食蚯蚓。
3. **加强粪便管理**　及时清除粪便，进行生物热发酵。

子任务三　猪毛首线虫病的防治

【思维导图】

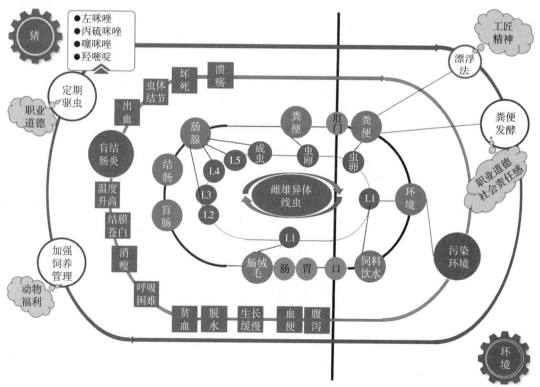

猪毛首线虫病是由毛首科毛首属的猪毛首线虫寄生于猪大肠引起的一种寄生虫病。虫体外观极似马鞭，又称猪鞭虫病。本病主要危害仔猪，可导致死亡。

【案例】

2015 年 7 月，辽宁鞍山一养殖户带 2 头保育猪来辽宁农业职业技术学院动物疫病检测中心进行检测。主述近期保育猪和肥猪出现 10 日龄至断奶仔猪陆续发生腹泻，排带血稀粪，发病猪脱水死亡。经实验室检测排除了感染猪瘟、蓝耳病、圆环病毒感染和伪狂犬病以及流行性腹泻等疾病的可能，经粪便集卵法检查，可见大量呈腰圆形，两端塞状结构、壳厚、外壳光滑、黄褐色的虫卵，确诊为猪毛首线虫病。

【临诊症状】

病猪精神沉郁，食欲减少，结膜苍白，贫血，顽固性腹泻，粪稀薄，有时夹血丝或血便。身体虚弱，弓腰吊腹，行走摇摆。体温 39.5～40.5℃，死前排水样血色粪，带黏液。最后因呼吸困难、脱水、极度衰竭而死。

【病理变化】

盲肠、结肠充血、出血，结肠黏膜上布满乳白色细针尖样虫体，虫体钻入处形成结节，有的结节呈圆形囊状物。盲肠和结肠出现出血性坏死、水肿和溃疡，虫体或虫卵结节。

【诊断】

根据流行病学、临诊症状、病理变化和粪便检查（漂浮法）综合确诊。粪检若查出虫卵（呈腰圆形，两端有塞状结构，壳厚，外壳光滑、黄褐色）即可确诊。

【检查技术】

漂浮法参见"项目七 畜禽寄生虫检查技术"。

【病原】

1. 形态结构 猪毛首线虫呈乳白色，前部为食道部，细长，呈毛发状，内含单细胞的食道，占虫体全长的 2/3；后部为体部短粗，内有肠管和生殖器。雄虫长 20～52mm，雌虫长 39～53mm（图 3 - 12）。虫卵棕黄色，呈腰鼓状，卵壳厚，两端有塞（图 3 - 13）。

2. 生活史

（1）宿主。猪和野猪。

（2）发育史。成虫在猪盲肠中产卵，卵随粪便排到体外，在适宜的温度和湿度下，发育为感染性虫卵（含第 1 期幼虫）。虫卵污染饲料及饮水，被猪吞食后，第 1 期幼虫在小肠内脱壳而出，钻入肠绒毛间发育，移行到盲肠和结肠并固着在肠黏膜上，钻入肠腺，经四次蜕皮，发育为成虫。

（3）发育时间。虫卵发育为感染性虫卵约需 3 周；感染性虫卵发育为成虫需 40～50d。

（4）成虫寿命。成虫的寿命为 4～5 个月。

图 3-12、
图 3-13 彩图

图 3-12　毛首线虫（鞭虫）

图 3-13　虫卵

【治疗】

1. 噻咪唑　每千克体重 25mg，口服；或配成 3%～10% 浓度，每千克体重 15～20mg，肌内注射。

2. 丙硫苯咪唑　每千克体重 20mg，口服，36h 后即可排虫。

3. 左旋咪唑　每千克体重 7.5mg，口服或肌内注射。

4. 羟嘧啶　每千克体重 2～4mg，溶于水后灌服（严禁注射）。

【防治措施】

1. 定期驱虫　仔猪断乳时应驱虫 1 次，经 1.5～2 个月后再驱虫 1 次。

2. 加强饲养管理　平时要保持环境卫生。定期给猪舍消毒，减少虫卵污染的机会；定期消毒或铲去一层表土，换新或用生石灰消毒。从外地引猪，应进行本病虫卵的检查。

3. 加强粪便管理　粪便沤制发酵，以消灭虫卵。

任务三　猪绦虫病的防治

子任务　猪细颈囊尾蚴病的防治

猪细颈囊尾蚴病是由泡状带绦虫的幼虫寄生于猪的肝浆膜、肠系膜等处的一种寄生虫病。成虫为泡状带绦虫，寄生于犬、狼等食肉动物的小肠。细颈囊尾蚴病呈世界性分布，我国各地普遍流行。

【思维导图】

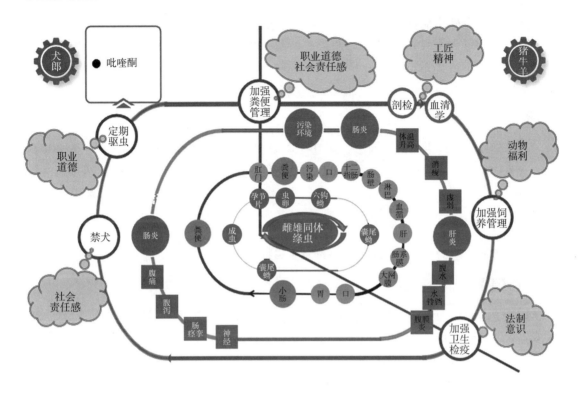

【案例】

泗县大庄区新集乡朱某于1989年10月购进本地品种白母猪一头，体重13.5kg，阉割后于1990年2月发现其腹部增大，起初精神、食欲、排便无明显变化。继之，腹部日益增大、下垂，几乎着地，猪行走困难，嗜睡，大量饮水，虚弱消瘦，被毛无光，增重减慢，与其同窝的其他仔猪均已超过100kg，而该病猪体重只有45.3kg，术后体重仅为37.5kg。经临诊检查，体温略有升高，达40.3℃；呈胸式呼吸并急促；鼻盘干燥，眼结膜黄染，舌苔苍白，呈贫血症状；触诊腹部敏感而柔软，内有大量积水，用注射器抽出乳白色半透明液体，初步诊断为细颈囊尾蚴病，立即施行常规腹腔手术治疗。打开腹腔，发现肠系膜上有许多大小不一，形状相似的囊泡状物，每个囊泡均有蒂部与肠系膜相连，囊泡总重量为7.8kg，最大的直径17.3cm，重3.2kg，剖开囊泡外层膜，肉眼可见囊壁上有一个不透明的乳白色结节，将结节的内凹部翻出来，能见到一个相当细长的颈部与游离端的头节。根据虫体形态确诊为猪细颈囊尾蚴病。

【临诊症状】

仔猪出现急性出血性肝炎和腹膜炎症状，体温升高，腹部因腹水或腹腔内出血而增大；耐过者生长发育受阻，但多数仅表现虚弱，消瘦。

【病理变化】

病猪发生急性出血性肝炎，可见肝肿大，表面有很多小结节和出血点，实质中有虫道。有的可引起局限性或弥散性腹膜炎。严重感染时，引起胸膜炎或肺炎；在腹腔内有大量带血色的渗出液和幼虫。慢性病例，肠系膜、大网膜和肝表面有大小不等的细颈囊尾蚴。

【诊断】

尸体剖检时发现虫体即可确诊。肝中的细颈囊尾蚴应注意与棘球蚴相区别，前者只有一个头节，且囊壁薄而透明，后者囊壁厚而不透明。本病生前诊断比较困难，可用血清学方法诊断。

【检查技术】

血清学方法参见"项目七 畜禽寄生虫检查技术"。

猪绦虫病

【病原】

1. 形态结构　细颈囊尾蚴俗称"水铃铛"，呈乳白色、囊泡状，大小不等，可达鸡蛋大或更大。囊壁上有一乳白色头节，囊内含透明液体。脏器中的囊体，常被一层宿主组织产生的厚膜所包围，故不透明，易与棘球蚴相混淆（图3-14）。

泡状带绦虫呈乳白色或淡黄色，长达5m，头节稍宽于颈节，顶突上有26～46个小钩，排成两圈；前部节片宽而短，向后逐渐加长，孕节的长度大于宽度。孕节子宫每侧有5～16个粗大分支，每支又有小分支，全被虫卵充满（图3-15）。虫卵近似椭圆形，内含六钩蚴，大小为（36～39）μm×（31～35）μm。

图3-14、
图3-15彩图

图3-14　细颈囊尾蚴

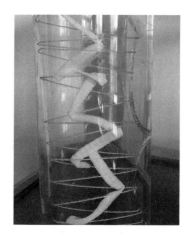

图3-15　泡状带绦虫

2. 生活史

（1）中间宿主。猪、牛、羊和骆驼等。

（2）终末宿主。犬、狼等食肉动物。

（3）发育史。成虫寄生于终末宿主的小肠中，孕卵节片随粪便排出体外，散出虫卵，污染草地、饲料和饮水，中间宿主采食时受到感染，在消化道内六钩蚴逸出，并钻入肠壁，随血液到达肝实质，再由肝实质移行到肝表面，进入腹腔，附在肠系膜、大网膜等处发育成细颈囊尾蚴，含有细颈囊尾蚴的脏器被犬等终末宿主吞食后，细颈囊尾蚴在其小肠内翻出头节，附着在肠壁上发育为成虫。

（4）发育时间。虫卵发育成细颈囊尾蚴需要 2～3 个月，细颈囊尾蚴经 51d 发育为成虫。

（5）成虫寿命。成虫在犬的小肠可生存一年之久。

【流行病学】

1. 感染源 发病或带虫的猪、牛、羊等中间宿主。

2. 感染途径 经口感染。猪、牛、羊等中间宿主食入感染性虫卵污染的牧草、饲料和饮水等而感染。

3. 易感动物 猪、牛、羊等，以猪感染普遍。

4. 抵抗力 细颈囊尾蚴对幼畜致病力强，尤其以仔猪、羔羊与犊牛为甚。

5. 流行特点 我国各地流行，尤其是猪，感染率为 50% 左右，个别地区高达 70%，且大小猪都可感染。由于感染泡状带绦虫的犬、狼等动物的粪便中排出绦虫的节片或虫卵，污染了牧场、饲料和饮水而使猪等中间宿主感染。当农村宰猪或牧区宰羊时，凡不宜食用的废弃内脏随便丢弃，任犬吞食造成感染。

【治疗】

1. 吡喹酮 每千克体重 50mg，与液体石蜡按 1∶6 比例混合研磨均匀，分两次间隔 1d 深部肌内注射，可全部杀死虫体。

2. 硫氯酚 每千克体重 0.1g，喂服。

【防治措施】

禁止犬类进入屠宰场，禁止把含有细颈囊尾蚴的脏器丢弃或喂犬。防止犬进入猪舍，避免饲料、饮水被犬粪便污染。对犬定期驱虫。

任务四 猪原虫病的防治

子任务 猪球虫病的防治

猪球虫病是由艾美耳球虫寄生于肠上皮细胞内引起仔猪严重的消化道疾病的一种寄生虫病。成年猪多为带虫者，是本病的传染源。

【思维导图】

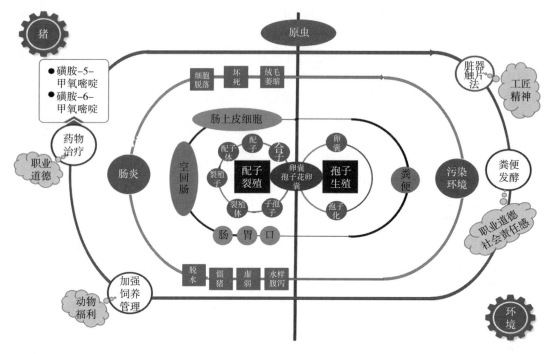

【案例】

2018年5月，辽宁海城一养殖户带来2头15日龄仔猪来辽宁农业职业技术学院动物疫病检测中心进行实验室检测。主述自家共养50头母猪，其中近日10日龄至断奶仔猪陆续发生腹泻，排黄色稀粪，发病猪脱水死亡。经实验室检测排除猪瘟、蓝耳病、圆环病和伪狂犬病病毒感染以及流行性腹泻，病猪肠内容物涂片镜检，可见大量球虫卵囊，确诊该病猪感染猪球虫。经问诊可知，该养殖户的圈舍潮湿，消毒不彻底。母猪和仔猪经采用百球清进行预防与治疗，同时加强圈舍消毒，改善环境，病猪痊愈。

【临诊症状】

以水样腹泻为特征。病猪排黄色粪便，初为黏性，1~2d后排水样稀粪，表现衰弱、脱水、失重、生长发育受阻。寒冷和缺奶等因素能加重病情。

【病理变化】

空肠和回肠的肠黏膜有异物覆盖，肠上皮细胞坏死脱落。在组织切片上可见肠绒毛萎缩和脱落，还见到不同内生性发育阶段的虫体（裂殖体、配子体等）。

【诊断】

根据临诊症状、流行病学资料和病理剖检及粪便检查结果进行综合判断。对于15日龄以内的仔猪腹泻，即应考虑仔猪球虫病的可能性。经采用饱和盐水漂浮法检查粪便中发现大量球虫卵囊即可确诊。剖检时作小肠黏膜涂片镜检，见到大量裂殖体、配子体和卵囊也可做出诊断。

【检查技术】

涂片镜检法和饱和盐水漂浮法参见"项目七　畜禽寄生虫检查技术"。

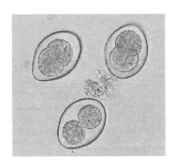

图3-16彩图

【病原】

1. 形态结构　猪球虫有粗糙艾美耳球虫、蠕孢艾美耳球虫、蒂氏艾美耳球虫、猪艾美耳球虫、有刺艾美耳球虫、极细艾美耳球虫、豚艾美耳球虫和猪等孢球虫，其中以猪等孢球虫的致病力最强。猪等孢球虫卵囊呈球形或亚球形，囊壁光滑，无色，无卵膜孔。卵囊的大小为（18.5～23.9）μm×（16.9～20.1）μm，囊内有2个孢子囊，每个孢子囊内有4个子孢子，子孢子呈腊肠形（图3-16）。孢子化最短时间为63h。潜隐期为10～12d。

图3-16　卵囊（猪等孢球虫）

2. 生活史

（1）宿主。猪。

（2）发育史。

①无性生殖阶段（裂殖生殖法）。当猪吞食感染性卵囊污染的饲料和饮水后，感染性卵囊在宿主肠内消化液的作用下，释放出子孢子（脱囊过程系在十二指肠上皮细胞内进行）。子孢子侵入肠上皮细胞，变为裂殖体；裂殖体形成大量裂殖子破坏上皮细胞而逸出，又侵入新的上皮细胞，继续裂殖生殖。

球虫脱囊

②有性生殖阶段（配子生殖法）。无性生殖进行3或4个世代后，一部分裂殖子侵入上皮细胞形成配子体，即大小配子体，进而形成大配子和小配子；小配子钻入大配子内融合成合子。

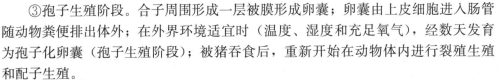

子孢子侵入

③孢子生殖阶段。合子周围形成一层被膜形成卵囊；卵囊由上皮细胞进入肠管随动物粪便排出体外；在外界环境适宜时（温度、湿度和充足氧气），经数天发育为孢子化卵囊（孢子生殖阶段）；被猪吞食后，重新开始在动物体内进行裂殖生殖和配子生殖。

裂殖体侵入

（3）发育时间。柔嫩艾美耳球虫的7d生活史，包括两代或两代以上的无性繁殖和一代有性繁殖，从宿主排出的卵囊必须在孢子化（第7天）后才具有感染性。猪等孢球虫孢子化最短时间为63h，潜隐期为10～12d。

【流行病学】

1. 感染源　成年带虫猪、孢子化卵囊污染的饲料和饮水等。

2. 感染途径　经口感染。猪等宿主食入感染性卵囊污染的牧草、饲料和饮水等而感染。

3. 易感动物　各种品种猪均易感，仔猪出生后即可感染；1～5月龄猪感染率较高，6月龄以上的猪很少感染。

4. 流行特点　本病多发生于气候温暖、雨水较多的夏秋季节。患其他传染病和肠道线虫病的猪，抵抗力降低，易感染球虫病。球虫是否引起发病，取决于球虫种类及其致病力强弱，宿主的年龄、抵抗力，饲养管理条件及其他外界环境因素。仔猪球虫病主要是由猪等孢球虫引起的。

【治疗】

用百球清、磺胺类或氨丙啉配合健胃药及维生素进行治疗。

【防治措施】

1. 药物预防　本病流行的猪场，在产前产后 15d 内母猪饲料中，添加抗球虫药物如氨丙啉、癸喹酸酯及磺胺类以预防仔猪感染。

2. 加强饲养管理　猪舍勤清扫消毒，将猪粪及垫草堆积发酵处理。地面用热水冲洗，或用含氨和酚的消毒液喷洒，并保留数小时或过夜，而后用清水冲去消毒液，这样可降低仔猪的球虫感染率。

任务五　猪节肢昆虫病的防治

子任务一　猪疥螨病的防治

【思维导图】

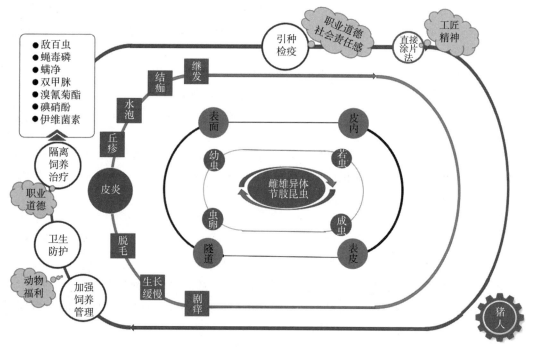

猪疥螨病是由疥螨科的螨类寄生于猪的体表或表皮内所致的慢性皮肤病，以接触感染，能使猪发生剧烈的痒觉和各种类型的皮肤炎为特征。疥螨病能给养猪业造成巨大的经济损失。

【案例】

2015年11月，辽宁营口某猪场肥猪群和种猪群出现皮肤皲裂，流出淋巴液后结痂起皮，皮肤增厚的症状，病猪奇痒难耐，反复在墙体和圈栏上摩擦。经辽宁农业职业技术学院动物疫病检测中心采集皮肤碎屑，显微镜镜检可见有疥螨，确诊为疥螨感染。后该猪场采用海达宁进行驱虫，效果良好。

【临诊症状】

病猪食欲不振，营养不良；头、眼、背部皮肤出现针尖大的丘疹和小水疱；患部剧烈瘙痒，动物摩擦和啃咬患部，造成局部脱毛、皮肤皲裂，流出淋巴液，形成痂皮，皮肤变厚，出现皱褶、皲裂，无弹性。

【诊断】

根据其症状表现及疾病流行情况，取皮肤刮取物查找病原进行确诊。鉴别诊断如下：

（1）秃毛癣。也称钱癣，患部呈圆形或椭圆形，界限明显，其上覆盖的浅灰（黄）色干痂易于剥落，痒觉不明显。镜检经10％氢氧化钾处理的毛根或皮屑，可发现癣菌的孢子或菌丝。

（2）湿疹。痒觉不剧烈，无传染性，皮屑内无虫体。

（3）虱和毛虱。症状与螨病相似，没有皮肤增厚和变硬等变化，且皮肤炎症、形成痂皮及落屑程度较轻，容易发现虱与虱卵，皮屑中无螨虫。

（4）过敏性皮炎。无传染性，皮屑内无虫体，病变由丘疹发展成散在的细小的干痂或圆形的秃毛斑。

【检查技术】

直接镜检法参见"项目七 畜禽寄生虫检查技术"。

【病原】

1. 形态结构　虫体呈龟形，淡黄色，背面隆起，腹扁平。颚体短小，颚基陷于躯体颚基窝内，螯肢似钳状，尖端具小齿。须肢分3节。无眼和气门。躯体背面有许多细横纹、皮棘、刚毛等；腹面光滑，有4对粗短的足，前2对足末端带长柄，第3对足末端均为长鬃，第4对足末端雌雄螨不同，雌螨为长鬃，而雄螨为吸垫（图3-17）。

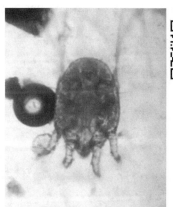

疥螨

图3-17　疥螨

2. 生活史

（1）宿主。猪、羊、牛、骆驼、马、犬、猫、兔等，猪和山羊多发。

（2）发育史。疥螨属于不完全变态，包括卵、幼虫、若虫和成虫 4 个发育阶段。疥螨在宿主表皮挖凿隧道，并在隧道内生长发育和繁殖。雌、雄成螨在宿主表皮上交配，雄螨交配后死亡，雌螨在隧道内产卵，一生产卵 40～50 个，卵经 3～8d 孵出幼螨，产卵后雌螨死于隧道中。幼螨离开隧道爬到皮肤表面，然后钻入皮内开凿小穴，在其中蜕皮变为若螨，若螨进一步蜕化形成成螨。

（3）发育时间和寿命。雌螨寿命为 4～5 周。整个发育史为 8～22d，平均 15d，条件适宜时 3 个月可繁殖 6 个世代。

【流行病学】

1. 感染源　病畜或带虫畜。

2. 感染途径　接触感染。健畜和病畜直接接触或间接接触被病畜污染过的厩舍、用具，饲养人员或兽医人员的衣服和手等而感染。

3. 易感动物　猪、羊、牛、骆驼、马、犬、猫、兔等，特别是猪和山羊。

4. 抵抗力　疥螨可以休眠，当条件不适时，转入休眠状态，休眠时间可达 5～6 个月，复苏后可存活 40 余天。

5. 流行特点　本病发生于秋末、冬季和春季。特别是阴雨天气、拥挤、阴暗潮湿、通风不良的栏舍，蔓延最快，体弱的家畜和幼畜最易受侵袭。

【治疗】

1. 注射或灌服药物　伊维菌素或与伊维菌素药理作用相似的药物，剂量按每千克体重 100～200μg。

2. 涂药疗法　适用病畜数量少、患部面积小的情况，但每次涂药面积不得超过体表的 1/3。用 1‰ 敌百虫溶液、二嗪哝、双甲脒、溴氰菊酯等药物，按说明书使用。

3. 药浴疗法　用 1‰～2‰ 敌百虫水溶液、0.05‰ 双甲脒水溶液、0.05‰ 蝇毒磷乳剂水溶液、0.05‰ 辛硫磷油水溶液等。药浴时，要特别注意防止中毒。

【防治措施】

1. 加强饲养管理　注意环境卫生，猪舍经常打扫，畜舍要宽敞、干燥、透光、通风良好。

2. 隔离　注意猪群中是否有皮肤发痒、掉毛现象，若发现需及时隔离饲养和治疗。

3. 引种检疫　引猪时应事先了解有无螨病存在，并作螨虫检查，也可隔离一周，确实无螨病时，方可并入群。

子任务二　猪血虱病的防治

猪血虱病是由血虱寄生于猪体表引起猪体瘙痒的一种体表寄生虫病。分布广，尤其是饲养管理不良的猪场，大小猪均有不同程度的寄生，可诱发皮肤病，使猪特别是仔猪的生长受到一定影响。

【思维导图】

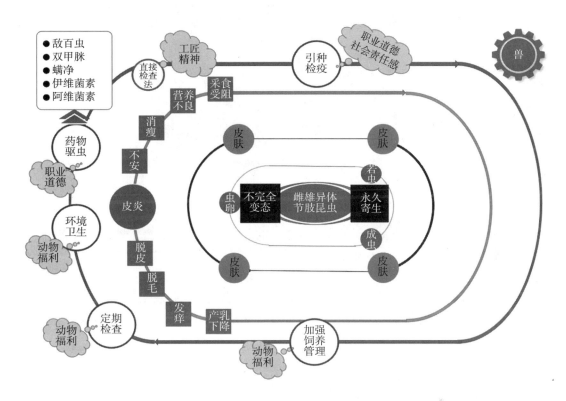

【案例】

某饲养户，新购入 45 日龄仔猪 8 头，回家饲养后就发现有两头仔猪有皮肤发炎现象。几天就波及该圈舍的所有 8 头仔猪。所有猪都有瘙痒和摩擦，尤其喜欢蹭墙壁，不安，发现有被毛脱落，严重影响猪休息、采食。畜主发现猪被毛有虱子和虫卵，来兽医院求诊。涂抹 2% 的敌百虫水溶液进行驱虫，效果良好。

【临诊症状】

病猪出现擦痒，烦躁不安，导致饮食减少，营养不良和消瘦，耳根、颈下、体侧及后肢内侧皮肤粗糙落屑。仔猪尤为明显。仔猪由于体痒，经常舔吮，造成食毛癖，一段时间后，在胃内形成毛球，影响食欲和消化机能。

【诊断】

根据临诊表现，在猪体上发现有猪血虱时即可确诊。

【病原】

1. 形态结构 猪血虱背腹扁平，椭圆形，表皮呈革状，灰白色或灰黑色，分头、胸、腹三部分，长达 5mm。有刺吸式口器，呈灰褐色，有黑色花纹。卵长椭圆形，黄白色，(0.8~1) mm×0.3mm。虫体胸、腹每节两侧各有 1 个气孔（图 3-18）。

图 3-18 彩图

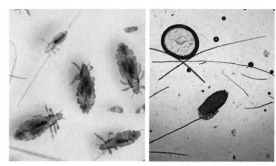

图 3-18　猪血虱和卵

2. 生活史

（1）宿主。猪。

（2）发育史。猪血虱的发育属不完全变态，包括卵、若虫和成虫。雌、雄虫交配后，雄虫死亡，雌虱吸饱血后产卵，然后死亡，用分泌的黏液附着在被毛上，虫卵孵化出若虫。若虫经 3 次蜕化发育为成虫。整个发育史都在猪体上完成。

（3）发育时间。卵经 9~20d 孵化为若虫，每期若虫经 4~6d 蜕化 1 次。

（4）成虫寿命。雌虫每次产卵 3~4 个，产卵持续期 2~3 周，一生共产卵 50~80 个。

【流行病学】

1. 感染源　大猪或母猪体表的各阶段虱。猪血虱是痘病毒的传播媒介。

2. 感染途径　接触感染。健畜和病畜在场地狭窄等导致猪密集拥挤以及管理不良时直接接触感染，或通过垫草、饲养人员、用具等间接接触而感染。

3. 易感动物　猪。

4. 流行特点　一年四季都可感染，但以寒冷季节感染严重。该虫分布广，尤其是饲养管理不良的猪场，大小猪均有不同程度的寄生，可诱发皮肤病，使猪特别是仔猪的生长受到一定影响。

【治疗】

1. 敌百虫　0.5%~1% 水溶液，对猪体进行喷洒。

2. 硫黄粉　直接向猪体撒布。

3. 伊维菌素　每千克体重 200μg，配成 1% 溶液，皮下注射。

【防治措施】

1. 加强管理与消毒　加强饲养管理及环境消毒、猪体清洁等工作，发现猪血虱，应全群用药物杀灭虫体。

2. 隔离　定期检查，对患有猪血虱的病猪及时进行隔离。

3. 引种检疫　新引进的猪要先进行检疫、隔离检查。

任务六　猪棘头虫病的防治

【思维导图】

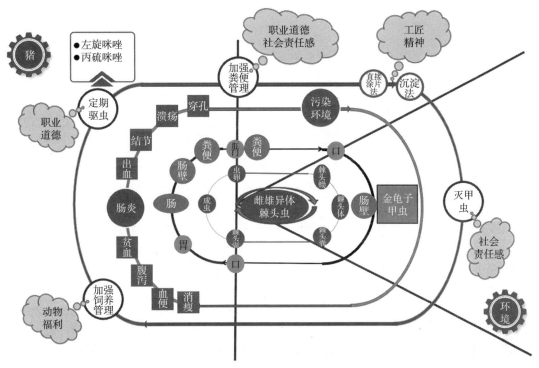

猪棘头虫病是由少棘科巨吻属的蛭形巨吻棘头虫寄生于猪小肠（主要是空肠）内引起的疾病。主要特征为下痢，粪便带血，腹痛。

【案例】

孙某在市场上购回1头仔猪，重20kg，实行放养，饲喂一般常规饲料。此猪常在房前屋后竹林院坝拱食杂食。1个月后，此猪不但未见增重长大，反而消瘦减轻1kg；又养了1个月，此猪体重继续下降，又减轻了1.5kg。猪食欲减弱，活动量减少，常躺卧于窝中，有时发出轻轻的呻吟声，经常腹泻，经服用乙酰甲喹无效而求医。经查此猪营养极度不良，可视黏膜苍白，严重贫血，无体温变化。为了探其究竟，征得畜主同意，将此猪捕杀解剖，其他内脏器官未见异常，剖开肠道，只见棘头虫头部牢固地嵌合在肠壁上，细数达103条之多。之后对附近圈养猪每2～3个月驱虫1次。主要采用左旋咪唑、丙硫苯咪唑、吡喹酮等驱虫药物，取得了很好效果。

【临诊症状】

病猪出现食欲减退、可视黏膜苍白、腹泻（粪内混有血液）、肠壁溃疡，严重病例肠壁穿孔；继发腹膜炎时，则体温升高（41~~41.5℃）、腹痛、不食、抽搐，大多病例预后不良。

【病理变化】

剖检病猪可见尸体消瘦，黏膜苍白。空肠和回肠浆膜上有灰黄或暗红色小结节，其周围有红色充血带，肠黏膜充血出血，肠壁增厚，有溃疡病灶。严重感染时，肠道可见虫体，可能出现肠壁穿孔而引起腹膜炎。

【诊断】

根据流行病学、临诊症状做出初步诊断，以直接涂片法或沉淀法检查粪便中的虫卵而确诊。

【检查技术】

直接涂片法和沉淀法参见"项目七 畜禽寄生虫检查技术"。

【病原】

1. 形态构造 蛭形巨吻棘头虫呈乳白色或淡红色，长圆柱形，前部较粗，后部逐渐变细；体表有横皱纹；头端有 1 个可伸缩的吻突，上有 5～6 行小棘，每列 6 个。雄虫长 7～15cm，雌虫长 30～68cm。虫体无消化器官，营养来源主要依靠体表的微孔吸收。幼虫棘头蚴的头端有 4 列小棘，棘头囊长 3.6～4.4mm，体扁，白色，吻突常缩入吻囊，肉眼可见（图 3-19）。

虫卵呈长椭圆形、深褐色、两端稍尖，卵内含有棘头蚴。卵壳壁厚，由 4 层组成，外层薄而无色，易破裂；第 2 层厚，褐色，有皱纹，两端有小塞状结肋；第 3 层为受精膜；第 4 层不明显。虫卵大小为（89～100）μm×（42～56）μm，平均为 $917\mu m$×$47\mu m$（图 3-20）。

图 3-19 巨吻棘头虫

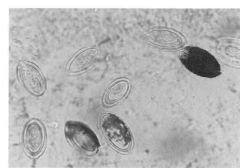

图 3-20 巨吻棘头虫虫卵

图 3-19、
图 3-20彩图

2. 生活史

（1）中间宿主。金龟子及其他甲虫。

（2）终末宿主。猪，也感染野猪、犬和猫，偶见于人。

（3）发育史。虫卵随终末宿主粪便排出体外，被中间宿主的幼虫吞食后，虫卵在其体内孵化出棘头蚴，棘头蚴穿过肠壁，进入体腔内发育为棘头体，棘头体继续发育为具有感染性的棘头囊。猪吞食了含有棘头囊的中间宿主的幼虫或成虫而感染。棘头囊在猪的消化道中脱囊，通过吻突附着于肠壁上发育为成虫（图3-21）。

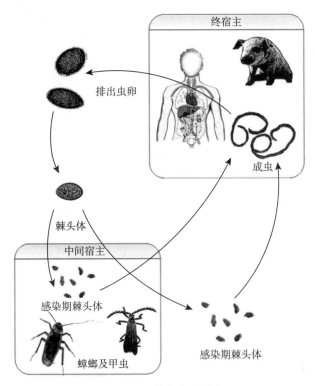

图3-21　棘头虫生活史

（4）发育时间。幼虫在中间宿主体内的发育时间差异较大，若甲虫幼虫在6月以前感染棘头卵，则棘头蚴可经3个月可发育成具有感染性的棘头囊；若在7月以后感染，则需要经过12～13个月才能发育成具有感染性的棘头囊。棘头囊发育为成虫需2.5～4个月。

（5）成虫寿命。成虫在猪体的寿命为10～24个月。

【流行病学】

1. 感染源　患病猪或带虫猪排出带有虫卵的粪便。

2. 感染途径　经口感染。主要是因猪吞食了含有棘头囊的甲虫幼虫、蛹或其他幼虫而感染。

3. 易感动物　猪、野猪、犬和猫，偶见于人。

4. 繁殖力强　雌虫繁殖力很强，1条雌虫每天产卵26万～68万个，产卵持续时间达10个月，排卵数量大，对环境污染严重。

5. 抵抗力强　虫卵对外界环境的抵抗力很强，在高温、低温以及干燥或潮湿的气候条件下均可长时间存活。

6. 流行特点　本病分布广泛，我国各地普遍流行。放牧猪比舍饲猪感染率高，后备猪比仔猪感染率高。季节性强，感染季节与金龟子的活动时期有密切关系，金龟子一般出现在每年 3—7 月。

【治疗】

1. 左旋咪唑　猪每千克体重 8mg，口服，或每千克体重 4～68mg 肌内注射，每天一次，连用 2d。

2. 丙硫苯咪唑　猪每千克体重 5mg，混入饲料，或配成混悬液给药，每天 1 次，连用 2d。

【防治措施】

1. 定期驱虫　流行地区的猪应定期驱虫，每年春、秋季各 1 次，以消灭感染来源。

2. 加强粪便管理　加强猪粪便的无害化处理，切断传播途径。

3. 消灭中间宿主　消灭金龟子及其他甲虫。

4. 加强饲养管理　在本病流行地区，猪必须圈养（尤其在甲虫活跃季节）。

任务七　规模化猪场寄生虫病的预防和控制

【思维导图】

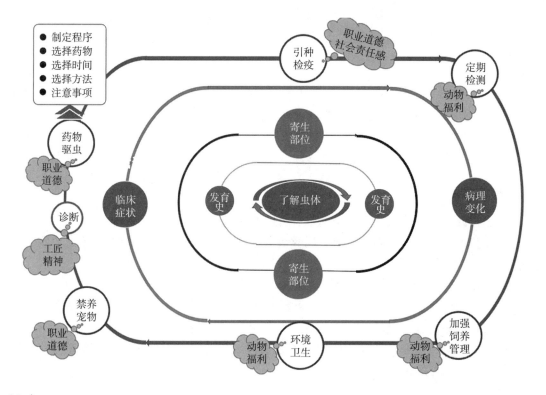

【案例】

2020 年 7 月 3 日，桂林市雁山区柘木镇某养殖户的小猪出现体温升高、不吃饲料的现象，个别还有喘气、便秘的症状。怀孕母猪外阴红肿、流出暗红色分泌物。去了几个兽药店求诊，均按猪瘟、蓝耳病、链球菌病等治疗一段时间无效，还是不断有新的病猪出现，到接诊时已经死亡 8 头猪。怀孕母猪同样有出现高热、食欲不振、呼吸急促等情况，有的病猪表现呕吐，耳、鼻、腹股沟等部位有淤血，其中 2 头母猪近期还出现流产。取肝、淋巴结涂片，用吉姆萨染色，显微镜下可见橘瓣状弓形虫速殖子，细胞质呈蓝色，中央有紫红色的核。确诊为弓形虫感染。

选择复方磺胺间甲氧嘧啶钠，用量为每千克体重 0.1mL 肌内注射，每日 1～2 次，连续注射 3d，首次使用剂量需加倍。同时每 200kg 水添加 100g 芪贞增免颗粒和 50g 肝胆颗粒供猪饮用。食欲正常的猪，用复方磺胺间甲氧嘧啶钠可溶性粉按每 50kg 饲料添加 100g 拌料，连用 3d。全场使用 1％煤酚皂溶液消毒猪舍场地，不留任何死角。将病死猪、流产胎儿以及排泄物进行无害化处理。加强防护隔离，避免野猫进入。

用药后第二天除一头病得较重的猪死亡外，其余病猪精神均有明显好转，开始进食。注射 3d 后改用磺胺可溶性粉，按每 50kg 饲料添加 100g 饲喂，同时饮水中添加小苏打，5d 后病猪基本痊愈，且不再有新的病例发生。

一、驱虫方法

寄生虫对各阶段猪群的感染程度不尽相同，同阶段猪群的寄生虫感染率从高到低的排列顺序是种公猪、种母猪、育肥猪、生长猪、保育猪。因此，种猪是猪场最主要的带虫者，是散播寄生虫的源头，是猪场控制寄生虫病的关键环节。各类寄生虫感染率的高低排列顺序以结肠小袋纤毛虫和猪球虫的感染率最高，其次是猪蛔虫和毛首线虫，食道口线虫的感染率较低。猪场寄生虫存在较严重的混合感染现象。因此，根据猪场寄生虫的感染流行情况，合理选用驱虫药以及做好驱虫工作至关重要。

（一）规模猪场常用驱虫药的种类和使用方法（表 3-1）

表 3-1 猪场常用驱虫药物及使用方法

适用对象	药物	用量和方法
驱吸虫	吡哇酮	每千克体重 30mg，一次口服
	青蒿素	一次量，每千克体重 5mg，首次量加倍
	硝硫氰胺（7505）	每千克体重 60mg，一次口服
	硝硫氰醚（7804）	每千克体重 20～60mg，一次口服
	硫双二氯酚	体重 100kg 以下的猪用量为每千克体重 100mg；体重 100kg 以上的猪用量为每千克体重 50～60mg，混在少量精料中喂服
驱绦虫	吡喹酮	每千克体重 30～60mg，每天 1 次

（续）

适用对象	药　物	用量和方法
驱绦虫	苯并咪唑类	丙硫咪唑（阿苯达唑、抗蠕敏）内服，用量为每千克体重5～10mg；缓释注射液肌注，用量为每千克体重30mg；芬苯达唑内服，一次量每千克体重5～7.5mg，分次给药内服每千克体重3mg，连用6d
	咪唑并噻唑类	左旋咪唑内服或注射，用量为每千克体重7.5mg
驱线虫	阿维菌素类	阿维菌素内服或皮下注射，用量为每千克体重0.3mg，0.2%预混剂拌料每吨1500g
	抗生素类	伊维菌素内服或皮下注射，用量为每千克体重0.2～0.3mg；多拉菌素皮下或肌注，用量为每千克体重0.2～0.3mg；莫西菌素内服或皮下注射，用量为每千克体重0.2mg（安全性好，可用于怀孕母猪）
	咪唑并噻唑类	左旋咪唑内服或注射，用量为每千克体重7.5mg
	苯并咪唑类	丙硫咪唑（阿苯达唑、抗蠕敏）内服，用量为每千克体重5～10mg；缓释注射液肌注，用量为每千克体重30mg；芬苯达唑内服，一次量每千克体重5～7.5mg，分次给药内服用量每千克体重3mg，连用6d
	四氢嘧啶类	噻吩嘧啶（抗虫灵）、酒石酸噻吩嘧啶片内服，用量为每千克体重20mg；双羟萘酸噻吩嘧啶片内服，用量为每千克体重15mg
	有机磷化合物类	敌百虫片剂内服，用量为每千克体重80～100mg，药浴或喷淋，浓度为0.5%～1%
	驱蛔灵	内服，用量为每千克体重250～300mg
驱体外寄生虫	阿维菌素类	阿维菌素内服或皮下注射，用量为每千克体重0.3mg，0.2%预混剂拌料每吨1 500g
	拟除虫菊酯类	溴氰菊酯药浴或喷淋，治疗浓度为50～80μL/L，预防浓度为30μL/L；氰戊菊酯（速灭杀丁），药浴或喷淋，浓度为80～200μL/L
	有机磷化合物类	倍硫磷，喷淋每千克体重5～10mg，重复用药应间隔14d以上，内服用量为每千克体重1mg，连用6d；辛硫磷，药浴或喷淋，浓度为0.1%的乳液；二嗪农（螨净），药浴或喷淋，治疗浓度为每1 000mL水250mg
	其他类	双甲脒（特敌克）药浴或喷淋，用量为500μL/L；环丙氨嗪预混剂，混饲5μL/L，连用4～6周
抗原虫	贝尼尔	三氮脒或血虫净深部肌内注射，用量为每千克体重5～8mg，连续用药不超过3～5d
	氨丙啉预混剂	产前或产后15d的母猪饲料中按每千克饲料250mg添加
	磺胺类	首次用量为每千克体重50～100mg，维持量为每千克体重25～50mg

（二）具体的驱虫方案

1. 选好时间，全群覆盖驱虫，将寄生虫消灭于幼虫状态

（1）后备母猪配种。在配种前驱虫1～2次，如在全封闭式猪舍中饲养，在配种前隔3个月驱虫1次即可。对来自被污染畜舍的后备母猪，不进行驱虫或驱虫不当，会污染清

洁猪舍；对来自清洁猪舍的未感染后备母猪，移入被污染的畜舍而未进行适当的驱虫，会受到严重危害，甚至死亡。因此，所有外购后备母猪到达新的猪舍就立即用驱虫药驱虫。

（2）切断传播环节。切断母猪和仔猪间的寄生虫传播环节对整个猪场寄生虫的成功控制极为关键。母猪在配种前14d、分娩前15d左右进行一次驱虫，使母猪在产仔后身体不带虫，避免仔猪感染。由于母猪生长期长，且在整个生活过程中经常接触寄生虫，往往被寄生虫感染，特别是母猪怀孕后期免疫力非常低，易感性增加，而仔猪和母猪的接触又非常亲密，所以母猪感染寄生虫很容易传染给后代。总之，母猪的产前驱虫对阻止寄生虫传播有重要意义。

（3）公猪驱虫。每年至少两次，春秋各1次。如果种公猪经常暴露在被寄生虫污染的环境，应每隔3个月对所有种公猪驱虫1次。

（4）生长育肥猪驱虫。对于外购仔猪肥育猪场，若猪场虱较多，可以在首次药物驱虫后间隔10d左右用第2次药，对于感染疥螨严重的病猪，可以再用药1次。如果仔猪已用了广谱驱虫药驱虫，在猪到达新场后不需立即驱虫，但3~4周后应进行驱虫。因为在这3~4周里，仔猪可能会被育肥猪场的寄生虫感染，而再次驱虫则可将感染终止在虫体发育成熟并污染猪舍或其他区域之前。如果肥育猪舍被严重污染，首次驱虫应在仔猪到达后立即进行。在此后的4~5周需要进行第2次驱虫。

2. 了解虫情，选好驱虫药、驱虫方法，取得好效果

（1）选用恰当的驱虫药。在选用药物时需考虑毒性、稳定性，用药时应注意药量不能过量或者不足，以免中毒或影响驱虫效果。

（2）选用恰当的驱虫方法。喂驱虫药前，停饲一顿，晚上饲喂时将药物与饲料拌匀，一次让猪吃完，可在饲料中加入适量的盐或糖，以增强适口性。

（3）加强消毒。驱虫后应及时清理粪便，堆积发酵或深埋；地面、墙壁、饲槽应用5%的石灰水消毒，以防排出的虫体和虫卵又被猪采食而重新感染。

（4）观察驱虫效果。给猪驱虫时，应仔细观察。若出现中毒如呕吐、腹泻等症状应立即将猪赶出栏舍，让其自由活动，缓解中毒症状；对腹泻者，取适量活性炭拌入饲料中喂服，连服2d即愈。必要时可注射肾上腺素、阿托品等药品解救。

3. 猪场寄生虫的监测 寄生虫的感染状况可以通过定期粪便检查和病死猪剖检进行监测。每年至少用粪便漂浮检查法进行一次粪便检查，以确定是否存在寄生虫。如检出寄生虫，则说明现有的驱虫方案尚需调整。剖检也是监测禽寄生虫的重要依据，观察消化道内有无虫体或其他脏器病变，如肝有没有由蛔虫引起的乳白色斑点，盲肠内有无鞭虫，大肠上有无由结节虫幼虫引起的结节等。

4. 严禁饲养猫、犬等宠物 做好猪群及猪舍内外的清洁卫生和消毒工作，定期做好灭鼠、灭蝇、灭蜂、灭虫等工作，消灭中间宿主，并严禁在猪场饲养猫、犬等宠物，避免其传播病原，以尽量减少猪场寄生虫病发生的机会。

二、驱虫程序

与传统散养相比，规模化猪场的集约化饲养标志了饲养管理水平的提高及环境卫生条件的改善，但并不意味着寄生虫被消灭。相反，寄生虫病感染高而死亡率低，多呈亚临诊症状。因而除选择合适的驱虫药外，制订科学的驱虫程序十分重要。

1. 使用程序　全群用药 1 次，针对已表现寄生虫感染临诊症状的个体单独治疗；育成猪、育肥猪转群前给药 1 次；公猪每年保证驱虫 3 次，也可以根据感染程度酌情增减 1 次；引进猪并群前驱虫 1 次（隔离期间）；空怀母猪、后备母猪配种前驱虫；分娩前 1～2 周驱虫 1 次。

2. 模式特点　本程序以母猪和仔猪作为猪场中免受寄生虫感染的保护重点：一方面，生长发育中的仔猪最易受到寄生虫侵袭，造成的危害也是最严重的；另一方面，母猪是仔猪寄生虫感染的传染源。由于猪群中隐性感染个体是寄生虫感染的重要传染源，因此，本程序注重整体防治，并非个体治疗。

3. 注意事项　母猪泌乳期禁止使用驱虫药物。有计划按照适合本场的驱虫程序用药，需考虑环境卫生的处理措施（如妥善处理猪群的排泄物、粪便的无害化处理等），这样可以防止虫卵的重复感染，发挥驱虫药的最大经济效益。

⑦ 复习思考题

一、选择题

1. 猪疥螨的寄生部位是（　　）。
   A. 体毛　　　　　　　　B. 表皮　　　　　　　　C. 血液　　　　　　　　D. 脂肪
2. 猪蛔虫寄生于（　　）。
   A. 大肠　　　　　　　　B. 小肠　　　　　　　　C. 盲肠　　　　　　　　D. 胃
3. 疥螨的感染途径为（　　）。
   A. 经空气感染　　　　B. 经吸血感染　　　　C. 经胎盘感染　　　　D. 接触感染
4. 对猪致病性较强的球虫是（　　）。
   A. 柔嫩艾美耳球虫　　　　　　　　　　　B. 猪等孢耳球虫
   C. 邱氏艾美耳球虫　　　　　　　　　　　D. 毁灭泰泽耳球虫
5. 仔猪群，30 日龄，常在墙角、饲槽等处摩擦，病变处皮肤增厚、龟裂，有血水流出。刮取皮屑镜检，见龟形虫体，有 4 对足，前两对足伸出体缘，后两对足不伸出体缘之外，该病是（　　）。
   A. 虱感染　　　　　　　B. 蜱感染　　　　　　　C. 疥螨病　　　　　　　D. 皮刺螨病
6. 布氏姜片吸虫的中间宿主为（　　）。
   A. 椎实螺　　　　　　　B. 扁卷螺　　　　　　　C. 钉螺　　　　　　　　D. 剑水蚤
7. 姜片吸虫病是由姜片吸虫寄生于猪和人的（　　）所引起的一种吸虫病。
   A. 皮下　　　　　　　　B. 呼吸道　　　　　　　C. 肺部　　　　　　　　D. 小肠
8. 姜片吸虫的（　　）吸附于水葫芦、茭白等水生植物，当猪食入而引起感染。
   A. 毛蚴　　　　　　　　B. 胞蚴　　　　　　　　C. 尾蚴　　　　　　　　D. 囊蚴
9. 姜片吸虫病可用（　　）进行治疗。
   A. 青霉素　　　　　　　B. 磺胺嘧啶　　　　　　C. 吡喹酮　　　　　　　D. 敌百虫
10. 细颈囊尾蚴的终末宿主是（　　）。
    A. 猫　　　　　　　　　B. 羊　　　　　　　　　C. 犬　　　　　　　　　D. 老鼠

11. 猪蛔虫是寄生于猪（　　）的一种寄生虫。
　　A. 小肠　　　　　　　B. 胃　　　　　　　　C. 大肠　　　　　　　D. 皮下

12. 从感染猪蛔虫到在体内发育成为成虫，共需（　　）个月。
　　A. 1　　　　　　　　B. 2　　　　　　　　C. 2～2.5　　　　　　D. 3～3.5

13. 寄生在猪小肠中的雌蛔虫每天可产卵（　　）个。
　　A. 1万～2万　　　B. 5万～8万　　　　C. 10万～20万　　　D. 4万

14. 某农户养的猪表现精神沉郁，虚弱，消瘦，黄疸和体温升高等症状，经磺胺药物治疗无效。剖检时发现肝肿大，有小出血点，且肝和肠系膜上有黄豆至鸡蛋大的白色囊泡。经镜检囊泡内含有透明液体和一个向内凹入具有细长颈部的头节。判断该猪可能感染（　　）。
　　A. 豆状囊尾蚴病　　　B. 旋毛虫病　　　　　C. 细颈囊尾蚴病
　　D. 蛔虫病　　　　　　E. 胎生网尾线虫病

二、填空题

1. 对猪致病性较强的球虫是_____。

2. 某仔猪群精神不振，消瘦，腹部膨大，腹泻。粪检见大量壳薄透明的卵圆形虫卵，内含折刀样幼虫，该病例最可能的病原是_____。

3. 猪疥螨病以_____和_____为特征。

4. 猪蛔虫发育史中，在肝中进行蜕化_____，幼虫移行期引起的主要症状是_____。

5. 蛔虫属于_____寄生虫。

6. 蛔虫的幼虫在肝移行时，引起_____病变。

7. 硬蜱主要以_____途径致病。

8. 猪囊尾蚴的成虫是寄生于人小肠内的_____。

三、判断题

（　　）1. 猪蛔虫幼虫移行期引起的主要症状是咳嗽。

（　　）2. 猪球虫属于等孢子属，也可感染鸡。

（　　）3. 疥螨在动物体的主要寄生部位是皮肤表面。

（　　）4. 疥螨寄生在皮脂腺内。

（　　）5. 蛔虫的发育属于间接发育型。

（　　）6. 姜片虫体大多数寄生在小肠上端，易引起肠黏膜发炎，对人危害严重，对猪危害较轻，寄生少量时一般不显症状。

（　　）7. 姜片吸虫病在我国长江以南地区多发。

（　　）8. 姜片吸虫病多发生于夏季。

（　　）9. 人感染姜片吸虫病主要是因为吃猪肉。

（　　）10. 姜片吸虫的中间宿主是扁卷螺。

（　　）11. 细颈囊尾蚴俗称"水铃铛"。

（　　）12. 细颈囊尾蚴病是由泡状带绦虫引起的寄生虫病。

（　　）13. 猪棘头虫的中间宿主为金龟子，当虫卵被中间宿主食入后发育为棘头囊。

（　　）14. 猪棘头虫病多发生于后备猪，而仔猪感染率低。

（　）15. 疥螨寄生于动物体时，可引起剧痒、湿疹性皮炎，具有高度的传染性。

（　）16. 疥螨的发育属于完全变态，包括 4 个发育阶段。

（　）17. 疥螨病多发生于阴湿寒冷的秋、冬季节。

（　）18. 猪蛔虫成虫寄生于小肠，夺取大量营养，影响猪的发育和饲料转化。

（　）19. 猪蛔虫在动物体内进行 3 次蜕皮。

（　）20. 猪从食入感染性虫卵到在小肠内发育为成虫需要 3～5 个月的时间。

四、分析题

某猪场育肥猪排出的粪便中带有虫体，虫体为淡红色或淡黄色，虫体呈中间稍粗，两端较细的圆柱形。虫体长 15～40cm，头端有 3 个唇片，呈"品"字形排列，是猪场常见的一种寄生虫。请你根据所学知识分析该猪场最有可能发生了哪种寄生虫病？该寄生虫从虫卵发育为成虫的生活史是如何完成的？应采用什么药物来进行驱虫？

（项目三参考答案见 37 页）

禽寄生虫病的防治

知识目标

1. 能够列举禽的寄生虫种类。

2. 能够画出禽寄生虫的形态结构和生活史。

3. 能够描述禽寄生虫病的诊断要点和防治措施。

能力目标

1. 根据不同的禽寄生虫，能够合理选择应用抗寄生虫药。

2. 根据不同的禽寄生虫，制定合理、有效的综合防治方案。

素质目标

1. 社会责任感　通过解释寄生虫的生活史和危害以及药物防治，能够逐步建立关爱动物健康，减少药物残留，保证食品安全，维护人类健康的社会责任感。

2. 职业道德　根据不同的禽寄生虫，合理选择应用驱虫药，制定合理、有效的药物治疗方案，能够践行执业兽医职业道德行为规范。

3. 科学素养　通过寄生虫的实验室诊断，培养科学、严谨和精益求精的精神。

4. 团队合作　通过制定合理、有效的联合用药方案，提高团队合作意识。

任务一　禽吸虫病的防治

子任务　前殖吸虫病的防治

【思维导图】

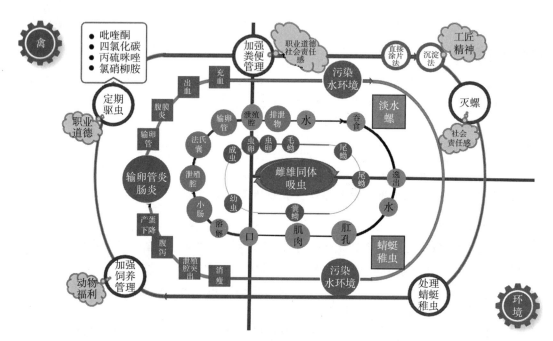

前殖吸虫病是由前殖科前殖属前殖吸虫寄生于家禽及鸟类的输卵管、法氏囊（腔上囊）、泄殖腔及直肠所引起的疾病。常引起输卵管炎，病禽产畸形蛋，有的继发腹膜炎。

【案例】

2015 年 7 月，普兰店区城子坦办事处金山村农户潘某电话求诊，家养 50 只蛋鸡，鸡群出现产无壳蛋和软壳蛋的现象。整个鸡群为初产的小母鸡。鸡表现食欲减退、精神沉郁、消瘦、羽毛粗乱、腹围增大、步态失常、体温升高、泄殖腔突出、肛门边缘潮红、腹部及肛门周围羽毛脱落，有 2 只已经死亡。将 2 只死鸡解剖，发现输卵管发炎，黏膜增厚、充血、出血，腹膜发炎，输卵管和泄殖腔内发现大量虫体，镜检确诊为鸡前殖吸虫感染。

【临诊症状】

病鸡食欲、产蛋和活动均正常，有时产薄壳蛋且易破，随后产蛋率下降，逐渐产畸形蛋或流出石灰样的液体。后期病鸡食欲减退，消瘦，羽毛蓬乱、脱落，腹部膨大，下垂，产蛋停止，体温升高，渴欲增加，全身乏力，腹部压痛，泄殖腔突出，肛门潮红，腹部及肛门周围羽毛脱落，严重者可致死。

图 4-1 彩图

【病理变化】

输卵管黏膜充血，极度增厚，在黏膜上可找到虫体（图 4-1）。腹膜炎时腹腔内有大量黄色混浊的液体，腹腔器官粘连。脏器被干酪样物黏着在一起，肠管间可见到浓缩的卵黄，浆膜呈现明显的充血和出血。有时出现干性腹膜炎。

【诊断】

根据临诊症状和剖检所见病变，并发现虫卵或用水洗沉淀法检查粪便发现虫卵，便可确诊。

【检查技术】

直接涂片法和沉淀法参见"项目七 畜禽寄生虫检查技术"。

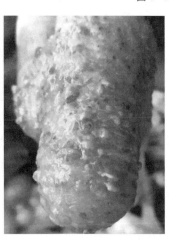

图 4-1　输卵管病程变化

【病原】

1. 形态结构

（1）卵圆前殖吸虫。虫体前端狭窄，后端钝圆，呈梨形，体表有小刺。大小为（3～6）×（1～2）mm。口吸盘小，呈椭圆形，位于虫体前端，腹吸盘位于虫体前 1/3 处。睾丸不分叶呈椭圆形，并列于虫体中部。卵巢分叶，位于腹吸盘的背面。子宫盘曲于睾丸和腹吸盘前后。卵黄腺在虫体中部两侧。生殖孔开口于口吸盘的左前方。虫卵呈棕褐色椭圆形，大小为（22～24）μm×（13～16）μm，一端有卵盖，另一端有小刺，内含卵细胞。

（2）透明前殖吸虫。前端稍尖，后端钝圆，体表前半部有小棘。大小为（6.5～8.2）mm×（2.5～4.2）mm。口吸盘近圆形，位于虫体前端，腹吸盘呈圆形，位于虫体前 1/3 处。睾丸卵圆形，并列于虫体中央两侧。卵巢多分叶，位于腹吸盘与睾丸之间。卵黄腺起于腹吸盘后缘终于睾丸之后。生殖孔开口于口吸盘的左前方。虫卵与卵圆前殖吸虫卵基本相似，大小为（26～32）μm×（10～15）μm。

（3）其他。还有楔形前殖吸虫、鲁氏前殖吸虫和家鸭前殖吸虫。

2. 生活史

（1）中间宿主。淡水螺类。

（2）补充宿主。蜻蜓及其稚虫。

（3）终末宿主。家鸡、鸭、鹅、野鸭及其他鸟类。

（4）发育史。前殖吸虫的发育均需两个中间宿主，第一中间宿主为淡水螺类，第二中间宿主为各种蜻蜓及其稚虫。成虫在终末宿主的寄生部位产卵，虫卵随终末宿主粪便和排泄物排出体外，虫卵被第一中间宿主吞食（或遇水孵出毛蚴）发育为毛蚴，毛蚴在螺体内发育为胞蚴和尾蚴，无雷蚴阶段。尾蚴成熟后逸出螺体，游于水中，遇到第二中间宿主蜻蜓或稚虫时，由其肛孔进入肌肉形成囊蚴。当蜻蜓稚虫越冬或变为成虫时，囊蚴在其体内仍保持生命力。

家禽由于啄食了含有囊蚴的蜻蜓稚虫或成虫而遭到感染。在消化道内囊蚴壁被消化，幼虫逸出后经肠进入泄殖腔，再转入输卵管或法氏囊发育为成虫。

（5）发育时间。侵入蜻蜓稚虫的尾蚴发育为囊蚴约需 70d，进入鸡体内的囊蚴发育为成虫需 1～2 周，在鸭体内约需 3 周。

（6）成虫寿命。在鸡体内 3～6 周，在鸭体内 18 周。

【流行病学】

1. **感染源**　患病或带虫鸡、鸭、鹅等，虫卵存在于患病或带虫动物的粪便和排泄物中。
2. **感染途径**　终末宿主经口感染。
3. **易感动物**　家鸡、鸭、鹅、野鸭和鸟类。
4. **流行特点**　前殖吸虫病多呈地方性流行，流行季节与蜻蜓的出现季节相一致。家禽的感染多因到水池岸边放牧，捕食蜻蜓所引起。

【治疗】

1. **四氯化碳**　吸取药液 2～3mL，胃管投入或嗉囊注射。
2. **阿苯达唑**　每千克体重 120mg，一次口服。
3. **吡喹酮**　每千克体重 60mg，一次口服。
4. **氯硝柳胺**　每千克体重 100～2 000mg，一次口服。

【防治措施】

1. **定期驱虫**　在流行区根据该病的季节动态进行有计划的驱虫。
2. **消灭第一中间宿主**　消灭淡水螺类。
3. **加强粪便管理**　驱出的虫体以及排出的粪便应堆积发酵处理后再利用。
4. **加强饲养管理**　避免在蜻蜓出现的时间（早、晚和雨后）或到其稚虫栖息的池塘岸边放牧，以防感染。

任务二　禽线虫病的防治

子任务一　鸡蛔虫病的防治

鸡蛔虫病是由禽蛔科禽蛔属的鸡蛔虫寄生于鸡小肠内引起的疾病。主要特征为引起小肠黏膜发炎、下痢、生长缓慢和产蛋率下降。

【思维导图】

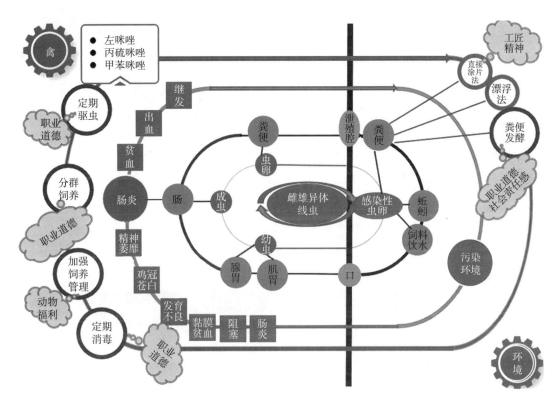

【案例】

2020年5月15日，武夷山市程某在茶山中散养的300羽本地土鸡相继出现食欲减退、腹泻等，陆续有鸡死亡。程某自行用诺氟沙星饮水、白头翁复方颗粒制剂拌料治疗，效果不佳，患鸡数量不断增加，遂来求诊。经了解，这批鸡为3月龄，5d内发病114羽，死亡17羽；曾对鸡群接种过鸡新城疫、鸡传染性支气管炎、鸡痘、禽流感等疫苗，未使用过驱虫药。现场可见鸡舍搭建在山中，舍外地面坑洼不平，有积水，舍内垫料潮湿，空气污浊，饮水器及料槽粘满污秽。根据临诊症状和剖检所见病变，漂浮法检查发现大量虫卵确诊为鸡蛔虫病。

【临诊症状】

鸡蛔虫对雏鸡危害严重，由于虫体机械性刺激和毒素作用并夺取大量营养物质，雏鸡表现为生长发育不良，精神萎靡，行动迟缓，常呆立不动，翅膀下垂，羽毛松乱，鸡冠苍白，黏膜贫血，消化机能障碍，逐渐衰弱而死亡。成虫寄生数量多时常引起肠阻塞，甚至肠破裂。成鸡症状不明显。

【病理变化】

幼虫破坏肠黏膜、肠绒毛和肠腺，造成出血和发炎，并易导致病原菌继发感染，此时在肠壁上常见颗粒状化脓灶或结节（图4-2）。

【诊断】

根据临诊症状和剖检所见病变，漂浮法粪便检查发现大量虫卵及剖检发现虫体即可确诊。

【检查技术】

漂浮法参见"项目七 畜禽寄生虫检查技术"。

图4-2　鸡蛔虫阻塞肠道，引起出血

图4-2～
图4-4彩图

【病原】

1. 形态构造　鸡蛔虫呈黄白色，头端有3个唇片。雄虫长2.7～7cm，尾端有明显的尾翼和尾乳突，有1个圆形或椭圆形的肛前吸盘，交合刺近于等长。雌虫长6.5～11cm，阴门开口于虫体中部（图4-3）。

虫卵椭圆形，壳厚而光滑，深灰色，内含单个胚细胞。虫卵大小为（70～90）μm×（47～51）μm（图4-4）。

图4-3　鸡蛔虫

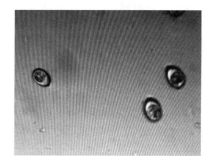

图4-4　虫卵

2. 生活史

（1）发育史。鸡蛔虫卵随鸡粪便排至外界，在空气充足及适宜的温度和湿度条件下，发育为感染性虫卵。鸡吞食感染性虫卵而感染，幼虫在肌胃和腺胃逸出，钻进肠黏膜发育一段时期后，重返肠腔发育为成虫。

（2）发育时间。虫卵在外界发育为感染性虫卵需17～18d，虫卵发育为成虫需35～50d。

【流行病学】

1. 感染源　患病鸡或带虫鸡排出带有虫卵的粪便；蚯蚓。

2. 感染途径　经口感染。蚯蚓是鸡蛔虫的贮藏宿主。

3. 易感动物　3～4月龄以内的雏鸡易感性强。

4. 抵抗力强　虫卵对外界的环境因素和消毒药有较强的抵抗力，在阴暗潮湿环境中可长期生存，但对于干燥和高温（50℃以上）敏感，特别是阳光直射、沸水处理和粪便堆沤时，虫卵可迅速死亡。

5. 流行特点　饲养管理条件与感染鸡蛔虫有极大关系，饲料中含丰富蛋白质、维生素 A 和 B 族维生素等时，可使鸡有较强的抵抗力。

【治疗】

1. 奥苯达唑 每千克体重 40mg，一次口服。

2. 左旋咪唑 每千克体重 30mg，一次口服。

3. 哌嗪 每千克体重 200～300mg，一次口服。

4. 阿苯达唑 每千克体重 10～20mg，一次口服。

5. 甲苯达唑 每千克体重 30mg，一次口服。

【防治措施】

1. 定期驱虫 在蛔虫病流行的鸡场，每年进行 2～3 次定期驱虫。雏鸡在 2 月龄左右进行第 1 次驱虫，第 2 次在冬季；成年鸡第 1 次驱虫在 10—11 月，第 2 次在春季产蛋前 1 个月进行。

2. 加强饲养管理 成年鸡和雏鸡应分群饲养；鸡舍和运动场上的粪便逐日清除，集中发酵处理；饲槽和用具定期消毒。

子任务二 鸡异刺线虫病的防治

【思维导图】

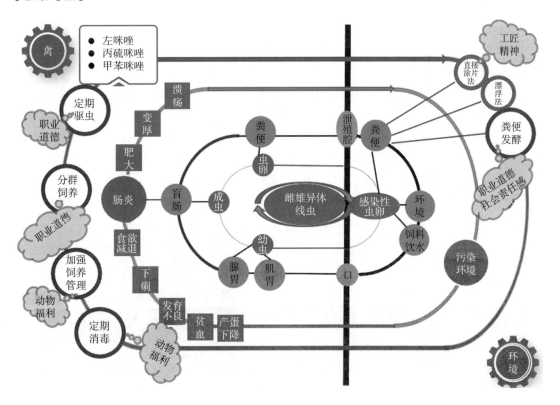

异刺线虫病又称盲肠虫病，是由异刺科异刺属的异刺线虫寄生于鸡、火鸡、鸭、鹅等禽类的盲肠内引起的一种线虫病。

【案例】

吉林省东丰县蚂蚁村张某家饲养芦花鸡 52 只，散养，48 日龄发现逐渐消瘦，采食量下降，腹泻，有 3 只鸡死亡，经解剖检查，尸体消瘦，盲肠发炎、肿大，肠壁增厚，黏膜上有结节，在盲肠尖部可查看到虫体。经实验室诊断确诊为异刺线虫感染。立即采用左旋咪唑拌入少量饲料中饲喂，之后该鸡群逐渐康复。

【临诊症状】

病鸡消化机能障碍，食欲不振或废绝，下痢，贫血，雏鸡发育停滞，消瘦，逐渐衰竭而死亡。蛋鸡患病后产蛋量下降。

【病理变化】

病变部位主要在盲肠，盲肠外观肥大、增粗、呈红色，切开后发现盲肠壁变厚，盲肠内壁有溃疡点，盲肠尾部有白色的线虫。

【诊断】

可用直接涂片法或漂浮法检查粪便，应注意与鸡蛔虫卵相区别。

【检查技术】

漂浮法参见"项目七 畜禽寄生虫检查技术"。

【病原】

1. 形态结构　异刺线虫的虫体较小，呈白色，头端弯曲至背侧；口周围生有相同大小的 3 片唇，口囊圆柱状，食道末端生有食道球，且非常发达，里面为食道瓣（图 4-5）。雄虫体长一般为 7～13mm，尾部直，末端尖细，共有 2 根形状各异的交合刺，肛前生有发达的吸盘，环壁明显角质化，且吸盘后缘存在一个较小的半圆形缺口。雌虫体长为 10～15mm，尾部尖而细长，阴门开口于虫体中部稍后方。虫卵呈灰褐色，椭圆形，大小为（65～80）$\mu m \times$（35～46）μm，卵壳厚，内含一个胚细胞，卵的一端较明亮，可区别于鸡蛔虫卵（图 4-6）。

图 4-5、
图 4-6 彩图

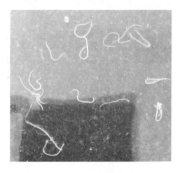

图 4-5　异刺线虫

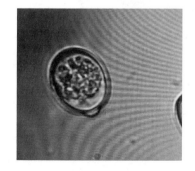

图 4-6　虫卵

2. 生活史　成熟雌虫在盲肠内产卵，卵随粪便排于外界，在适宜的温度和湿度条件下，约经 2 周发育为含幼虫的感染性虫卵，家禽吞食了被感染性虫卵污染的饲料和饮水或带有感染性虫卵的蚯蚓而感染，幼虫在小肠内脱掉卵壳并移行到盲肠而发育为成虫。从感染性虫卵被食入到在盲肠内发育为成虫需 24～30d。此外，异刺线虫还是鸡盲肠肝炎病原体的传播者，当一只鸡体内同时有异刺线虫和火鸡组织滴虫寄生时，组织滴虫可进入异刺线虫卵内，并随虫卵排到体外，当鸡吞食了这种虫卵时，便可同时感染这两种寄生虫。

【治疗】

1. **奥苯达唑**　每千克体重 40mg，一次口服。
2. **左旋咪唑**　每千克体重 30mg，一次口服。
3. **哌嗪**　每千克体重 200～300mg，一次口服。
4. **阿苯达唑**　每千克体重 10～20mg，一次口服。
5. **甲苯达唑**　每千克体重 30mg，一次口服。

【防治措施】

1. **定期驱虫**　在异刺线虫病流行的鸡场，每年进行 2～3 次定期驱虫。雏鸡在 2 月龄左右进行第 1 次驱虫，第 2 次在冬季；成年鸡第 1 次驱虫在 10—11 月，第 2 次在春季产蛋前 1 个月进行。

2. **加强饲养管理**　成年鸡和雏鸡应分群饲养；鸡舍和运动场上的粪便逐日清除，集中发酵处理；饲槽和用具定期消毒。

任务三　禽绦虫病的防治

子任务　　**鸡绦虫病的防治**

鸡绦虫病是由赖利属的多种绦虫寄生于鸡的十二指肠引起的一种寄生虫病。

【案例】

2021 年 8 月，汝南县王岗镇某养鸡户饲养幼龄鸡，发生了一种以食欲下降、排血样粪便、头颈扭曲以及极度消瘦等为特征的疾病，使用多种抗生素等药物治疗均无明显特效。发病鸡可视黏膜苍白和黄染、消瘦明显、发育迟缓，其他外观无明显异样。剖检可见肠内有大量虫体，肠腔黏膜增厚，且肠黏膜有出血点和出血性炎症，肠腔内有大量黏液且发臭等病变特征，其他内脏器官病变不明显。经实验室检查确诊为鸡绦虫感染。立即采用吡喹酮治疗，之后该鸡群逐渐康复。

【思维导图】

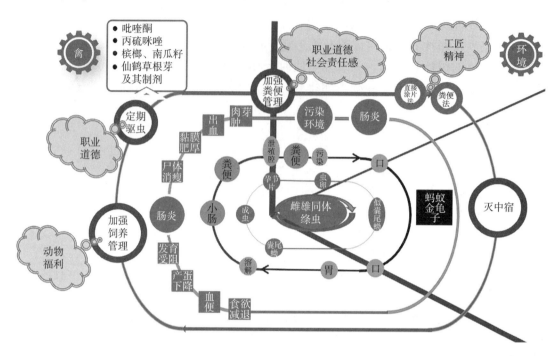

【临诊症状】

　　轻度感染时可能没有明显症状。当严重感染时，特别是雏鸡，呈现消化功能紊乱，食欲减退，饮欲增加。常有下痢，粪便可混有淡黄色血样黏液，有时发生便秘。精神沉郁、不爱活动；两翅下垂、羽毛蓬乱，黏膜初呈苍白继则黄染，而后变蓝色。蛋鸡产蛋量显著减少甚至停产。雏鸡生长发育受阻。常见雏鸡因体弱消瘦或伴发其他疾病而死亡，有时可突然引起死亡并伴有抽搐。

图4-7彩图

【病理变化】

　　剖检时除可在肠道发现虫体外，还可见尸体消瘦、肠黏膜肥厚，有时肠黏膜上有出血点。肠管内有多量恶臭黏液。棘沟赖利绦虫感染时，十二指肠黏膜有肉芽肿性结节，其中央有粟粒大小呈火山口状的凹陷。

【诊断】

　　检查粪便中的绦虫节片及虫卵。对疑有感染的鸡群，可剖检患禽以资诊断。剖检时除注意肠黏膜的病变之外，应用水漂洗肠黏膜看是否有虫体存在。也可对鸡群尤其是开产前的蛋鸡群进行诊断性驱虫（图4-7）。

图4-7　肠道解剖发现虫体

【检查技术】

漂浮法参见"项目七 畜禽寄生虫检查技术"。

【病原】

1. 形态结构 禽赖利绦虫病的病原主要是四角赖利绦虫、棘沟赖利绦虫和有轮赖利绦虫。

（1）四角赖利绦虫。成虫可寄生于鸡、火鸡、孔雀等的小肠，为大型绦虫。虫体长98～250mm，最大体宽约4mm。头节类球形，上有四个长椭圆形的吸盘，吸盘上有8～10圈小钩。顶突小，上有90～130个小钩，排成1～3圈。颈部明显。节片宽而短。有睾丸18～37个，分布于卵巢两侧。生殖孔位于单侧。卵巢如花朵样分瓣，位于节片中央。卵黄腺呈豆状，位于卵巢下方。每个孕节内含34～103个卵袋，每个卵袋内含6～12个虫卵。

（2）棘沟赖利绦虫。成虫寄生于鸡、火鸡等的小肠。虫体长85～240mm，最大宽度约3mm。头节上有四个圆形吸盘，吸盘上有8～10圈小钩。顶突上有两圈小钩，有198～244个。颈部肥而短，几乎与头节一样宽大。生殖孔多位于节片单侧，少数呈左右交叉。睾丸28～35个，分布于卵巢两侧和卵黄腺之后缘。卵巢瓣状分叶如花朵或扇叶状，位于节片中央，其后有肾形的卵黄腺。每个孕节内含90～150个卵袋，每个卵袋内含6～12个虫卵。虫卵直径25～40μm，六钩蚴大小约21μm×22μm。

（3）有轮赖利绦虫。成虫寄生于鸡、火鸡、雉和珠鸡的小肠。虫体一般不超过40mm，也有的可达150mm。头节大，上有四个不具小棘的吸盘。顶突呈轮盘状，突出于前端，上有400～500个小钩，排成两圈。生殖孔不规则地交替开口于节片侧缘。睾丸15～29个，分布于节片中央的后半部。孕节中有许多卵袋，每个卵袋中只有一个虫卵。虫卵直径75～88μm。

2. 生活史（图4-8）

（1）中间宿主。蚂蚁、金龟子等。中间宿主种类较多，分布广泛。

（2）终末宿主。鸡、火鸡等。

（3）发育史。成虫寄生在小肠，孕节脱落后随粪便排出，节片在外界破裂，虫卵逸出，四处散播。当虫卵被蚂蚁等中间宿主吞食后，在其体内经2周发育为似囊尾蚴。禽啄食了带有似囊尾蚴的中间宿主而感染。中间宿主被禽消化后，逸出的似囊尾蚴进入小肠，以吸盘和顶突固着于小肠壁上，经2～3周发育为成虫。

【流行病学】

1. 感染源 患病鸡或带虫鸡排出带有虫卵的粪便。

2. 感染途径 经口感染。

3. 易感动物 各种年龄的鸡均能感染，但2周龄左右的雏鸡最易感。

4. 流行特点 感染鸡排孕节（虫卵）的持续期较长，且发育周期较短，在适宜温度下，从六钩蚴感染到似囊尾蚴在中间宿主体内发育成熟，再感染鸡至成虫排卵，前后只不过一个月左右。饲养条件及环境不良，使用低劣饲料的鸡群，最易发生暴发流行。饲养管

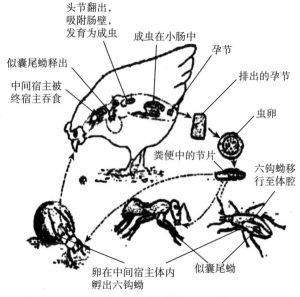

图 4-8　赖利绦虫生活史

理条件好的鸡群，由于不易啄食到中间宿主，一般不易发生本病。

【治疗】

1. **氢溴酸槟榔素**　每千克饲料 3mg 或配成 0.1％水溶液，口服。
2. **硫氯酚**　每千克饲料 150mg 拌入饲料中喂服。
3. **丙硫苯咪唑**　每千克饲料 20mg 拌入饲料中喂服。
4. **甲苯达唑**　每千克饲料 30mg 拌入饲料中喂服。
5. **吡喹酮**　每千克饲料 20mg 拌入饲料中喂服。

【防治措施】

　　鸡舍和运动场要保持洁净干燥，运动场要定期翻耕，多施含钾肥料，以制止软体动物滋生。有本病流行的鸡场，每年应进行 2～3 次定期驱虫。

任务四　禽原虫病的防治

子任务一　鸡球虫病的防治

　　鸡球虫病是由艾美耳科艾美耳属的球虫寄生于鸡的肠上皮细胞内所引起的一种原虫病。10～40 日龄左右的雏鸡最容易感染，受害严重，死亡率可达 80％以上。病愈的雏鸡，生长发育受阻，长期不易复原。成年鸡多为带虫者，但增重和产卵能力降低。

【思维导图】

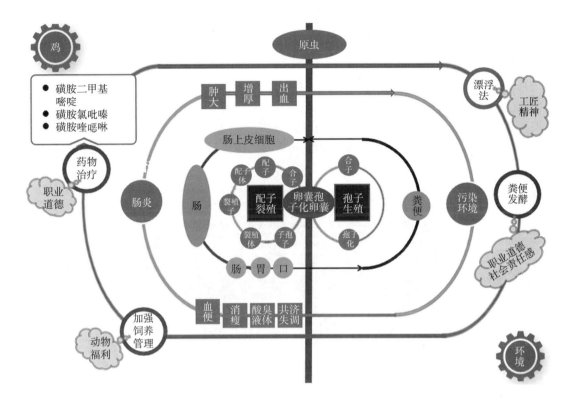

【案例】

2020 年 4 月，福安市社口镇某养殖户饲养的 15～50 日龄 2 000 羽鸡，发现部分鸡食欲不振，喜挤堆，羽毛竖立，缩颈，呆立，嗉囊充满液体，腹泻带血。立刻用药物混料投喂，3d 后鸡病情没有好转反而发病数量逐渐增多，并出现零星死亡。剖检发现盲肠有炎症，出现不同程度出血和肿胀，比正常肿大 1～3 倍，肠道可以看到细小出血点，肠内有凝血和干酪样物质。涂片镜检有大量球虫卵囊。根据发病情况、临诊症状、剖检病理变化和实验室检查确诊为鸡球虫病。

【临诊症状】

1. 急性型 病鸡精神不好，羽毛耸立，头卷缩，呆立一隅，食欲减少，泄殖孔周围羽毛被液体排泄物所污染、粘连。后期出现共济失调，翅膀轻瘫，渴欲增加，食欲废绝，嗉囊内充满液体，黏膜与鸡冠苍白，迅速消瘦。粪呈水样或带血。在柔嫩艾美耳球虫引起的盲肠球虫病，开始粪便为咖啡色，以后完全变为血便（图 4-9）。末期发生痉挛和昏迷，不久即死

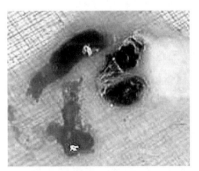

图 4-9 血便

亡，如不及时采取措施，死亡率可达50％～100％。

2. 慢性型　病程约数周到数日。多发生于4～6个月的鸡或成年鸡。症状与急性型相似，但不明显。病鸡逐渐消瘦，足翅轻瘫，有间歇性下痢，产卵量减少，死亡较少。

【病理变化】

　　鸡体消瘦，鸡冠与黏膜苍白或发青，泄殖腔周围羽毛被粪、血污染，羽毛逆立凌乱。体内变化主要发生在肠管，其程度、性质与病变部位和球虫的种别有关。柔嫩艾美耳球虫主要侵害盲肠，在急性型，一侧或两侧盲肠显著肿大，可为正常的3～5倍，其中充满凝固的或新鲜的暗红色血液，盲肠上皮增厚，有严重的糜烂甚至坏死脱落，与盲肠内容物、血凝块混合，形成坚硬的"肠栓"（图4-10）。

图4-9～
图4-12彩图

图4-10　小肠、盲肠出血

　　毒害艾美耳球虫损害小肠中段，可使肠壁扩张、松弛、肥厚和严重坏死。肠黏膜上有明显的灰白色斑点状坏死病灶和小出血点。肠壁深部及肠管中均有凝固的血液，使肠外观呈淡红色或黑色。

　　堆型艾美耳球虫多损害十二指肠和小肠前段，受损部位可见大量淡灰白色斑点，汇合成带状横过肠管。

　　巨型艾美耳球虫损害小肠中段，肠壁肥厚，肠管扩大，内容物黏稠，呈淡灰色、淡褐色或淡红色，有时混有很小的血块，肠壁上有溢血点。

　　布氏艾美耳球虫损害小肠下段，通常在卵黄蒂至盲肠连接处。黏膜受损，凝固性坏死，呈干酪样，粪便中出现凝固的血液和黏膜碎片。

　　早熟艾美耳球虫和和缓艾美耳球虫致病力弱，病变一般不明显，引起增重减少，色素消失，严重脱水和饲料报酬下降。

【诊断】

　　成年鸡和雏鸡带虫现象极为普遍，所以不能只根据在粪便和肠壁刮取物中发现卵囊就确诊为球虫病。正确的诊断必须根据粪便检查、临诊症状、流行病学材料和病理变化等方面因素加以综合判断。鉴定球虫种类可依据卵囊形态做出初步鉴定。

【检查技术】

漂浮法或直接涂片法参见"项目七 畜禽寄生虫检查技术"。

【病原】

1. 形态特征　寄生于鸡的艾美耳球虫，全世界报道的有 14 种，但为世界公认的有 9 种。这 9 种在我国均已见报道，分别为柔嫩艾美耳球虫、巨型艾美耳球虫、堆型艾美耳球虫、和缓艾美耳球虫、早熟艾美耳球虫、毒害艾美耳球虫、布氏艾美耳球虫、哈氏艾美耳球虫和变位艾美耳球虫。其中以柔嫩艾美耳球虫和毒害艾美耳球虫致病性最强（表 4 - 1）。

表 4 - 1　鸡各种球虫的特征

种类	卵囊				25℃形成子孢子需要的时间（h）	从子孢子进入宿主体内到卵囊出现的时间（d）	寄生部位	病变	致病力
	大小（μm²）		形状	颜色					
	范围	平均							
柔嫩艾美耳球虫	(25～20)×(20～15)	22.62×18.05	卵圆	囊壁淡绿，原生质淡褐	19.5～30.5，平均27	7	盲肠	盲肠高度肿大，出血	++++
巨型艾美耳球虫	(21.75～40)×(17.5～33)	30.76×23.90	卵圆	黄褐	48	6	小肠	肠壁增厚，肠道出血	++
堆形艾美耳球虫	(17.5～22.5)×(12.5～16.75)	18.8×14.5	卵圆	无色	19.5～24	4	十二指肠小肠前段	肠壁增厚，肠道出血	+
和缓艾美耳球虫	(12.75～19.5)×(12.5～1)	15.34×14.3	近于圆形	无色	23.5～26.0，平均24～24.5	5	小肠前段	不明显	+
哈氏艾美耳球虫	(15.5～20)×(14.5～18.5)	17.68×15.78	宽卵圆	无色	23.5～27	6	小肠前段	肠黏膜卡他性炎，肠壁浆膜有针头大出血点	++
早熟艾美耳球虫	(20～25)×(17.5～18.5)	21.75×17.33	椭圆	无色	23.5～38.5	4	小肠前1/3 段	不明显	+
毒害艾美耳球虫	20.1×16.9	—	长卵圆	—	—	7	小肠中1/3 前段	肠壁增厚、坏死，肠道出血，浆膜层有圆形白色斑点	++++
布氏艾美耳球虫	(20.7～30.3)×(18.1～24.2)	26.8×21.7	卵圆	—	—	7	小肠下段，盲肠	小肠有斑点状出血，黏液增多	+++
变位艾美耳球虫	(11.1～19.9)×(10.5～16.2)	15.6×13.4	椭圆宽卵圆	无色	—	4	小肠前段（延伸到直肠和盲肠）	灰白色圆形卵囊斑，严重感染斑块融合，肠壁增厚	++

注：致病力从"＋"至"＋＋＋＋"依次增强。

2. 生活史　艾美耳球虫的生活史属于直接发育型，不需要中间宿主（图 4 - 11）。

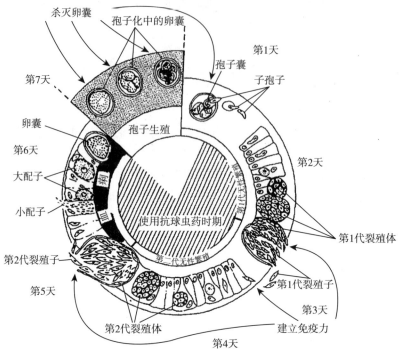

图 4-11 艾美耳球虫生活史

（1）无性生殖阶段。在其寄生部位的上皮细胞内以裂殖生殖法进行。

（2）有性生殖阶段。以配子生殖法形成雌性细胞，即大配子；雄性细胞，即小配子。两性相互结合为合子，这一阶段也是在宿主上皮细胞内进行的。

（3）孢子生殖阶段。指合子变为卵囊后，在卵囊内发育形成孢子囊和子孢子的阶段，含有成熟子孢子的卵囊称为感染性卵囊。裂殖生殖和配子生殖在宿主体内进行，称为内生性发育；孢子生殖在外界环境中完成，称为外生性发育。鸡食入感染性卵囊（孢子化卵囊）后，囊壁被消化液所溶解，子孢子逸出，钻入肠上皮细胞，发育为圆形的裂殖体，裂殖体经过裂殖生殖形成许多裂殖子，裂殖子随上皮细胞破裂而逸出，又重新侵入新的未感染的上皮细胞，再次进行裂殖生殖，如此反复，使肠上皮细胞遭受严重破坏，引起疾病发作。鸡球虫可以在肠上皮细胞中进行多达4次裂殖生殖，不同虫种裂殖生殖代数不同，经过一定代数裂殖生殖后产生的裂殖子进入上皮细胞后不再发育为裂殖体，而发育为配子体进行有性生殖，先形成大配子体和小配子体，继而再形成大配子和小配子。小配子为雄性细胞，大配子为雌性细胞，大小配子发生接合过程融合为合子，合子迅速形成一层被膜，即成为平常粪检时见到的卵囊。卵囊排入外界环境中，在适宜的温度、湿度和有充足氧气条件下，卵囊内形成4个孢子囊，每个孢子囊内有2个子孢子，即成为感染性卵囊（孢子化卵囊）（图4-12）。

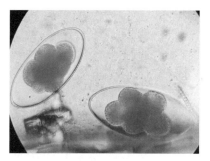

图 4-12　卵囊（艾美耳球虫）

【流行病学】

1. 感染途径　食入孢子化卵囊。凡被病鸡或带虫鸡粪便污染过的饲料、饮水、土壤、用具等都有孢子化卵囊存在。其他如鸟类、家畜、昆虫以及饲养管理人员均可机械性地传播卵囊。

2. 发病与品种年龄的关系　各种鸡均可感染，但引入品种鸡比土种鸡更为易感，多发生于 15～50 日龄，3 个月龄以上鸡较少发病。成年鸡几乎不发病。

3. 发病季节　多发生于温暖潮湿的季节。但在规模化饲养条件下全年都可发生。

4. 抵抗力　卵囊对不良环境及常用消毒药抵抗力强大。在土壤中可生存 4～9 个月，在有树荫的运动场可生存 15～18 个月。卵囊对高温、低温冰冻及干燥抵抗力较小，55℃或冰冻可以很快杀死卵囊。常用消毒药物均不能杀灭卵囊。

5. 饲养管理　饲养管理不良时促进本病的发生。当鸡舍潮湿、拥挤、饲养管理不当或卫生条件恶劣，最易发病，往往波及全群。

【治疗】

球虫病的治疗越早越好，因为球虫的危害主要是在裂殖生殖阶段，若不晚于感染后 96h，则可降低雏鸡的死亡率。

1. 磺胺二甲基嘧啶（SM$_2$）　0.1％混入水中，连用 2d，或 0.05％混入饮水，连用 4d，休药期为 10d。

2. 磺胺喹噁啉（SQ）　0.1％混入饲料，喂 2～3d，停药 3d 后用 0.05％混入饲料，喂药 2d，停药 3d，再给药 2d，无休药期。

3. 氨丙啉　0.03％混入饮水，连用 3d，休药期为 5d。

4. 磺胺氯吡嗪（为三字球虫粉）　0.012％～0.024％混入饮水，连用 3d，无休药期。

5. 百球清　2.5％溶液按 0.025％混入饮水，即 1L 水中加百球清 1mL。在后备母鸡群可用此剂量混饲或饮水 3d。

【防治措施】

1. 药物预防　药物预防球虫病是防治球虫病的首要手段，不但可使球虫的感染处于最低水平，而且可使鸡保持一定的免疫力，这样可确保鸡球虫病免于暴发。目前所有的肉鸡场都应进行药物预防，而且应从雏鸡出壳后第 1 天开始。

（1）氨丙啉。0.012 5％混入饲料，全程无休药期。

（2）尼卡巴嗪。0.012 5％混入饲料，休药朗 4d。

（3）球痢灵。0.012 5％混入饲料，休药期 5d。

（4）克球多。0.012 5％混入饲料，无休药期；0.025％混入饲料，休药期 5d。

（5）氯苯胍。0.003 3％混入饲料，休药期 5d。

（6）常山酮。0.000 3％混入饲料，休药期 5d。

（7）地克珠利。0.000 1％混入饲料，无休药期。

（8）莫能菌素。0.01％～0.121％混入饲料，无休药期。

（9）盐霉素。0.005%～0.006%混入饲料，无休药期。

（10）马杜拉霉素。0.000 5%～0.000 6%混入饲料，无休药期。

2. 交换和联合用药　在生产中，球虫对任何一种连续使用药物均会产生抗药性，为了避免或延缓此问题的发生，可以轮换用药和穿梭用药。

（1）轮换用药。在一年的不同时间段里交换使用不同的抗球虫药。例如，在春季和秋季变换药物可避免抗药性的产生，从而可改善鸡群的生产性能。

（2）穿梭用药。在鸡的一个生产周期的不同阶段使用不同的药物。

生长初期用效力中等的抑制性抗球虫药物，使雏鸡能带有少量球虫以产生免疫力，生长中后期用强效抗球虫药物。

3. 疫苗免疫　为了避免药物残留，现已研制了数种球虫活疫苗，一种是利用少量强毒的活卵囊制成的活虫苗，包装在藻珠中，混入饲料或饮水中使用；另一种是连续传代选育的早熟虫株制成的虫苗（如 Paracox）。

子任务二　禽组织滴虫病的防治

【思维导图】

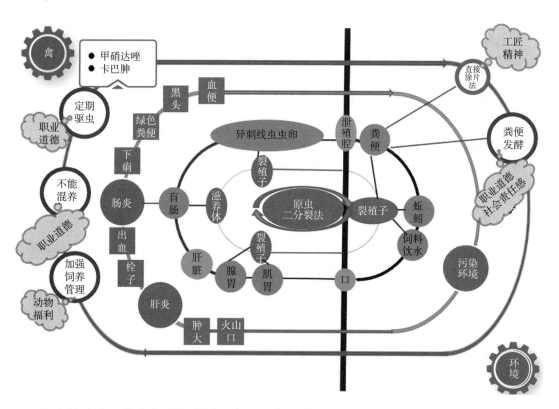

组织滴虫病又称盲肠肝炎或黑头病，是由火鸡组织滴虫寄生于禽类盲肠和肝引起的。多发于火鸡和雏鸡，成年鸡也能感染。本病的主要特征为盲肠发炎、溃疡和肝表面具有特征性的坏死病灶。

【案例】

河北省辛集市某个体养鸡户张某，于2008年6月购入500只肉用种鸡雏，入场4周后陆续发病。开始时少数鸡下痢，排黄白或暗绿色稀粪，而后病鸡逐渐增多。畜主怀疑为沙门菌感染，对全群鸡投喂环丙沙星饮水治疗，病情未见好转。3d后个别鸡排出粪便中带血，7d后排干酪样便，并相继出现死亡。10d内发病55只，死亡15只，病死率为27%。病鸡初期表现精神萎靡，食欲减退或废绝，羽毛蓬乱无光泽，双翅下垂，身体蜷缩畏寒，下痢；末期有的病鸡冠髯呈紫色或暗黑色，呈明显的"黑头"样。粪便初期呈淡黄色或浅绿色，带泡沫，有的粪便带有血丝，甚至大量便血，呈干酪样；后期病鸡排褐色恶臭稀便。根据发病情况、临诊症状、病理剖检、实验室检验等确诊为组织滴虫病。

【临诊症状】

病鸡表现精神不振，食欲减少以至停止，羽毛粗乱，翅膀下垂，身体蜷缩，怕冷，下痢，排淡黄色或淡绿色粪便。严重病例粪中带血，甚至排出大量血液。有的病雏不下痢，在粪中常可发现盲肠坏死组织碎片。疾病末期，由于血液循环障碍，鸡冠呈暗黑色，因而有黑头病之名。病程一般为1~3周，病愈康复鸡的体内仍有滴虫，带虫可达数周到数月。成年鸡很少出现症状。

【病理变化】

盲肠发生严重的出血性炎症，肠腔中含有血液，肠管异常膨大。典型病例可见盲肠肿大，肠壁肥厚坚实，盲肠黏膜发炎出血、坏死甚至形成溃疡，表面附有干酪样坏死物或形成硬的肠芯。这种溃疡可达到肠壁的深层，偶尔可发生肠壁穿孔引起腹膜炎而死亡，在此种病例，盲肠浆膜面常黏附多量灰白色纤维素性物，并与其他内脏器官粘连。

肝肿大并出现特征性的坏死病灶，这种病灶在肝表面呈圆形或不规则形，中央凹陷，边缘隆起，病灶颜色为淡黄色或淡绿色。病灶的大小和多少不一，自针尖大至蚕豆大，散在或密发于整个肝表面（图4-13）。

 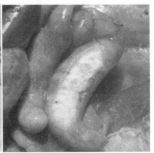

图4-13彩图

图4-13 盲肠肝炎

【诊断】

可根据流行病学、临诊症状及特征性病理变化进行综合性判断，尤其是肝与盲肠病变具有特征性，可作为诊断的依据。还可采取病禽新鲜盲肠内容物，以加温（40℃）生理盐水稀释后作成悬滴标本镜检虫体。

本病与鸡盲肠球虫病鉴别点在于本病查不到球虫卵囊，盲肠常一侧发生病变及后者无本病所见的肝病变。但这两种原虫病有时可以同时发生。

【检查技术】

悬滴标本法参见"项目七 畜禽寄生虫检查技术"。

【病原】

火鸡组织滴虫

1. 形态特征 火鸡组织滴虫为多形性虫体，大小不一，近圆形和变形虫样，伪足钝圆。无包囊阶段，有滋养体。在盲肠中的虫体与在培养基中相似，直径 $5\sim30\mu m$，常见有一根鞭毛，作钟摆样运动，核呈泡囊状。在组织细胞内的虫体，足有动基体，但无鞭毛，虫体单个或成堆存在，呈圆形、卵圆形或变形虫样，大小为 $4\sim21\mu m$。

2. 生活史 组织滴虫在鸡体内寄生以二分裂法繁殖。寄生于盲肠内的组织滴虫，可进入鸡异刺线虫体内，在卵巢中繁殖，并进入其卵内，卵随粪便排出体外，成为主要传染源。粪便污染了饲料、饮水、用具和土壤，健禽食后便可感染。蚯蚓吞食土壤中的异刺线虫卵时，火鸡组织滴虫可随虫卵生存于蚯蚓体内，当雏鸡吃了这种蚯蚓后，就会被感染（图 4-14）。

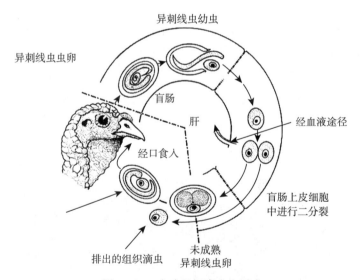

图 4-14 火鸡组织滴虫生活史

【流行病学】

1. 传染源 虫卵污染的饲料、饮水、用具和土壤以及吞噬了异刺线虫卵的蚯蚓。

2. 传播途径 消化道感染。

3. 易感动物 多发于火鸡和雏鸡，成年鸡也能感染。孔雀、珍珠鸡、鹌鹑、野鸭也有本病的流行。

4. 流行特点　两周龄至 4 月龄的幼火鸡易感性最强，死亡率常在感染后第 17 天达到高峰，第 4 周周末下降。8 周龄至 4 月龄的雏鸡也易感，成年鸡感染后症状不明显，常成为散布病原的带虫者。

本病的发生无明显季节性，但在温暖潮湿的夏季发生较多。本病常发生在卫生和管理条件不良的鸡场。鸡群过分拥挤，鸡舍和运动场不清洁，通风和光照不足，饲料缺乏营养，尤其是缺乏维生素 A，都是诱发和加重本病流行的重要因素。

【治疗】

1. 甲硝唑　250mg/kg 混于饲料中，有良好的效果。预防可用 200mg/kg 混于饲料中，连用 3d 为一个疗程，停药 3d，再用下一个疗程，连续 5 个疗程。

2. 卡巴肿　150～200mg/kg 混入饲料中，对预防本病有良效。

【防治措施】

定期驱除鸡异刺线虫。火鸡易感性强，而成年鸡又往往是本病的带虫者，因此火鸡与鸡不能同场饲养，也不应将原养鸡场改养火鸡。

子任务三　禽住白细胞原虫病的防治

【思维导图】

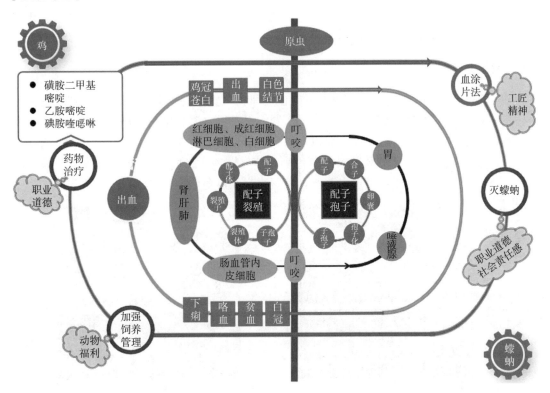

住白细胞原虫病是由卡氏住白虫和沙氏住白虫寄生于禽类血液和内脏器官组织细胞引起的一类疾病的总称，又称为白冠病。对雏鸡和童鸡危害严重，症状明显，发病率高，能引起大批死亡。青年鸡和成年鸡感染后病情较轻，常呈现贫血，鸡冠和肉髯苍白。

【案例】

山东省临沂市兰山区某乡镇一个养殖户共养殖蛋鸡 3 000 只，2017 年 7 月 13 日，该养殖户在饲喂时发现 169 日龄鸡群中突然出现精神萎靡、食欲减退的患病鸡，将患病鸡从鸡笼中挑选出来，单独隔离饲养，并对整个鸡舍进行一次全面消毒，在饲料中投放抗生素，但并没有取得明显的防治效果，病情在鸡群中进一步传播，同时陆续出现死亡现象。兽医到达养殖场后，一栋鸡舍的鸡群几乎全部发病。病鸡鸡冠和肉髯苍白、咯血，死前口流鲜血。观察发现，该养殖场地势低洼潮湿、通风不良、鸡舍卫生环境较差，同时在鸡舍上空和鸡舍内部存在大量蚊虫，鸡舍附近存在很多小水沟和池塘，内部存在大量蚊虫幼虫。根据发病情况、临诊症状、病理剖检、实验室检验等确诊为住白细胞原虫病。

【临诊症状】

3～6 周龄雏鸡发病严重。病初体温升高，食欲不振，精神沉郁，下痢，粪便呈绿色或白色水样。严重的病鸡内脏出血、咯血，死前口流鲜血，此为特征性症状。青年鸡和成年鸡感染后病情较轻，常呈现贫血，鸡冠和肉髯苍白。产蛋鸡产蛋量下降，软壳蛋、畸形蛋增多。肉鸡感染后，消瘦，增重减慢。

【病理变化】

鸡冠苍白（图 4-15），全身性皮下出血，肌肉（尤其是胸肌、腿肌、心肌）有大小不等的出血点；各内脏器官广泛出血，见于肾、肝和肺，其他器官如脾、腺胃、肌胃和肠黏膜也有出血。在胸肌、腿肌、心肌以及肝、脾等器官上有灰白色或稍带黄色的、针尖至粟粒大的、与周围组织有明显界限的白色小结节（图 4-16）。产蛋鸡卵泡发育不良，严重时卵泡变形或破裂，卵黄液进入腹腔，使腹水呈淡红色混合液体。

图 4-15、
图 4-16 彩图

图 4-15　鸡冠苍白

图 4-16　肌肉、内脏病理变化

【诊断】

根据流行特点、临诊症状和病理剖检变化即可做出初步确诊。也可以采鸡翅静脉或鸡冠血制备血涂片，用吉姆萨或瑞氏染色后镜检，可见几乎占据白细胞的大配子体，或在红细胞内呈红点状的小配子体。

【检查技术】

血涂片法参见"项目七　畜禽寄生虫检查技术"。

【病原】

1. 形态特征　感染鸡的有卡氏住白细胞虫和沙氏住白细胞虫两种，卡氏白细胞虫致病性强且危害严重。原虫寄生在家禽内脏器官的细胞内，进行裂殖生殖，裂殖体呈圆球形，外围一层薄膜，里面含有大量点状的裂殖子。

2. 生活史　住白细胞虫的生活史由3个阶段组成：孢子生殖在昆虫体内，卡氏住白细胞虫的发育在库蠓体内完成，沙氏住白细胞虫的发育在蚋体内完成；裂殖生殖在宿主的组织细胞中；配子生殖在宿主的红细胞或白细胞中。

（1）孢子生殖。孢子生殖发生在昆虫体内，可在3～4d内完成。进入昆虫胃中的大、小配子迅速长大，大配子和小配子结合成合子，逐渐增长为21.1μm×6.87μm的动合子，这种动合子可在昆虫吸血后12h的胃内发现。在昆虫的胃中，动合子发育为卵囊，并产生子孢子，子孢子从卵囊逸出后进入唾液腺。有活力的子孢子曾在末次吸血后18d的昆虫媒介体内发现。

（2）裂殖生殖。裂殖生殖发生在鸡的内脏器官（如肾、肝、肺、脑和脾）。感染卡氏住白细胞虫的库蠓叮咬鸡时，将成熟子孢子注入鸡体内。首先在血管内皮细胞繁殖，形成裂殖体，于感染后第9～10天，宿主细胞破裂，裂殖体随血流转移至其他寄生部位，如肾、肝和肺等。裂殖体在这些组织内继续发育，至第10～15天裂殖体破裂，释放出成熟的球形裂殖子。这些裂殖子进入肝实质细胞形成肝裂殖体，某些裂殖子可被巨噬细胞吞食而发育为巨型裂殖体或大裂殖体，而另一些裂殖子则进入红细胞或白细胞进行配子生殖。肝裂殖体和巨型裂殖体可重复繁殖2～3代。

（3）配子生殖。配子生殖是在鸡的末梢血液或组织中完成的，宿主细胞是红细胞、成红细胞、淋巴细胞和白细胞。配子生殖的后期，即大配子体和小配子体成熟后，释出大、小配子是在库蠓体内完成。

【流行病学】

1. 传染源　本病感染来源主要是病鸡及隐形感染的带虫鸡（成鸡），另外，栖息在鸡舍周围的鸟类如雀、鸦等也可能成为本病的感染来源。

2. 传播媒介　鸡住白细胞原虫以吸血昆虫为传播者，卡氏住白细胞原虫由库蠓传播，沙氏住白细胞原虫由蚋传播。

3. 易感动物　各种日龄的鸡都可感染本病，高产鸡群和种鸡群常见发生。

4. 流行特点　3～6周龄的雏鸡发病率和死亡率较高，育成鸡发病后死亡率低，产蛋鸡出现一定的死亡率。本病发生有明显的季节性，南方多发生于 4—10 月，北方多发生于 7—9 月。

【治疗】

应用乙胺嘧啶、磺胺喹噁啉、磺胺二甲氧嘧啶、二盐酸奎宁等进行防治。

【防治措施】

消灭蠓、蚋是预防本病的关键措施。在流行季节，在鸡舍周围要定期用杀虫剂喷洒，地面撒布石灰乳，要彻底清除杂草、垃圾和污水沟。

子任务四　鸡疟原虫病的防治

【思维导图】

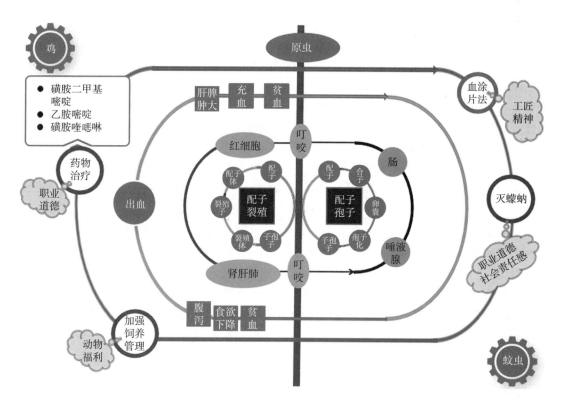

鸡疟原虫病是一种疟原虫引起家禽和野禽以贫血和呼吸道症状为主的疾病。本病会通过蚊子传播，造成更大范围感染。

【案例】

河北省邢台市某乡镇一个养殖户共养殖蛋鸡 3 000 只，2019 年 7 月 13 日，该养殖户在饲喂时发现 169 日龄鸡群中突然出现精神萎靡、食欲减退的患病鸡，将患病鸡从鸡笼中挑选出来，单独隔离饲养，并对整个鸡舍进行一次全面消毒，在饲料中投放抗生素，但并没有取得明显的防治效果，病情在鸡群中进一步传播，同时陆续出现死亡现象。兽医到达养殖场后，一栋鸡舍的鸡群几乎全部发病。病鸡出现肠炎、腹泻严重，剖检可见有高度贫血、肝和脾肿大。观察发现，该养殖场地势低洼潮湿、通风不良、鸡舍卫生环境较差，同时在鸡舍上空和鸡舍内部存在大量蚊虫。根据发病情况、临诊症状、病理剖检、实验室检验等确诊为疟原虫病。

【临诊症状】

该病的潜伏期为3～40d。其致病性和感染强度有密切关系，轻度感染时症状不明显。严重感染时血细胞染虫率达50%，可引起贫血，食欲下降，肺、肝、脾充血、肿大。此外，还出现肠炎、腹泻，严重时可导致死亡。

【病理变化】

剖检可见有高度贫血，肝和脾肿大。骨髓组织学检查时，可发现脂肪细胞减少、增生，静脉窦扩张，大量的单核细胞和幼稚型细胞浸润。脾的微血管内布满淋巴细胞和感染有虫体的红细胞。网状内皮细胞和巨噬细胞含有带色素的核。

【诊断】

根据临诊症状再结合血片检查发现虫体时即可确诊。

【检查技术】

血涂片法参见"项目七　畜禽寄生虫检查技术"。

【病原】

1. 形态结构　成熟的配子体为腊肠形或新月状，位于红细胞核的侧方，有的两端呈弯曲状，部分围绕红细胞核，吉姆萨染色后，大配子体胞质呈深蓝色，核为紫红色，色素颗粒为黑褐色10～46粒，散布于虫体的胞质内，胞质内常有空泡出现。虫体大小为（11～16）μm×（2.5～5.0）μm，核呈圆形或半弧形，位于虫体中部。小配子体形状和大配子体一样，吉姆萨染色后，胞质淡蓝色，大小为（11～24）μm×（2～3.5）μm，核粉红色，疏松（图4-17）。

2. 生活史
（1）中间宿主。库蚊、伊蚊（图4-18）。
（2）终末宿主。鸡。
（3）发育史。蚊吸血时，子孢子进入鸡体内，先在皮肤巨噬细胞进行两代裂殖生殖，而后第2代裂殖子侵入红细胞和内皮细胞，分别进入裂殖生殖，红细胞裂殖子也可以进入另外的红细胞内重复裂殖生殖，也可进入内皮细胞进行红细胞外的裂殖生殖，同样内皮细胞中所产裂殖子也可以转为红细胞内的裂殖生殖，最后裂殖子在红细胞内形成大、小配子体。蚊吸食血液时，将带有配子体的红细胞吸入体内，在肠道内形成大配子和小配子，两者结合形成动合子，进而发育为卵囊，卵囊经孢子生殖形成子孢子，子孢子经移行到达蚊的唾液腺内，当再次吸血对，使鸡感染。

图 4 - 17、
图 4 - 18彩图

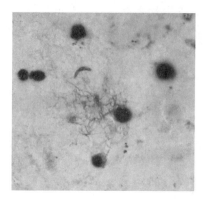

图 4 - 17　疟原虫配子体（新月形）

图 4 - 18　伊蚊

【防治措施】

在流行季节，应用菊酯类杀虫剂杀灭蚊虫可有效地防止该病的流行。

子任务五　鸭球虫病的防治

【思维导图】

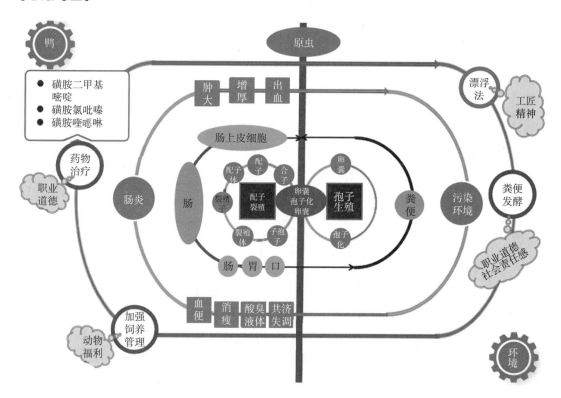

鸭球虫病是常见的球虫病，其发病率 30%～90%，死亡率 29%～70%，耐过的病鸭生长受阻，增重缓慢，对养鸭业危害巨大。

【案例】

某镇一养鸭专业户饲养 1 200 羽番鸭，150 日龄，2018 年 3 月 6 日进行鸭瘟、禽流感免疫。3 月 8 日开始发现部分鸭精神沉郁，采食减少，并有少量死亡。3 月 9 日起发病和死亡数大量增加，已有 60 多羽死亡。由于发病急，尚未用药。病鸭精神不振，缩颈不食，喜卧，饮水增加，刚发病时腹泻，后发现地上有明显的暗红色血便。发病第 3天有急性死亡。解剖了 3 羽病死鸭，肉眼仅见小肠肿胀出血，黏膜脱落，肠内充满泡沫状红色黏液，十二指肠出血，刮去黏液，可见明显的出血点和出血斑。盲肠未见明显病变，其他脏器也未见明显病变。根据以上临诊症状和病理变化，初步诊断为鸭球虫病。在小肠比较有特征性的病变处刮取少许黏膜涂片镜检，见到大量球虫卵囊和裂殖体而确诊。

【临诊症状】

病鸭精神委顿，缩颈，喜卧不食，渴欲增加，排暗红色血便等，此时常出现急性死亡。随后病鸭逐渐恢复食欲，死亡停止。耐过的病鸭，生长受阻，增重缓慢。慢性则一般不显症状，偶见有腹泻，成为散播鸭球虫病的来源。

【病理变化】

肉眼可见小肠呈泛发性出血性肠炎，尤以小肠中段更为严重。肠壁肿胀、出血，黏膜上密布针尖大小的出血点，有的黏膜上覆盖着一层麸糠样或奶酪状黏液，或有淡红色或深红色胶冻状血样黏液，但不形成肠芯。有的仅在回肠后部和直肠呈现轻度充血，偶尔在回肠后部黏膜上有散在的出血点，直肠黏膜红肿。

【诊断】

成年鸭和雏鸭带虫现象极为普遍，所以不能仅根据粪便中有无卵囊做出诊断。必须依据临诊症状、流行病学材料和病理变化等进行综合判断。急性死亡病例可根据病理变化和镜检肠黏膜涂片做出诊断。以病变部位刮取少量黏膜，制成涂片，可在显微镜下观察到大量裂殖体和裂殖子。用饱和硫酸镁溶液漂浮可发现大量卵囊。

【检查技术】

饱和硫酸镁溶液漂浮法参见"项目七 畜禽寄生虫检查技术"。

【病原】

1. 形态结构

（1）毁灭泰泽球虫。寄生于小肠。卵囊小，短椭圆形，呈浅绿色，无卵膜孔。大小为（9.2～13.2）μm×（7.2～9.9）μm，平均为 $11\mu m$×$8.8\mu m$，卵囊指数为 1.2。孢子化卵囊中不形成孢子囊，8个香蕉形子孢于游离子卵囊中。有一个大的卵囊残体。

（2）菲莱氏温扬球虫。寄生于小肠。卵囊较大，卵圆形，有卵膜孔。卵囊的大小为 $(13.3\sim22)$ $\mu m\times(10\sim12)$ μm，平均 $17.2\mu m\times11.4\mu m$。卵囊指数为1.5。孢子化卵囊内有4个呈瓜子形的孢子囊，每个孢子囊内含4个子孢子。无卵囊残体。

2. 生活史　参考鸡球虫病。

【流行病学】

本病的发生和气温及雨量密切有关，北京地区流行于4—11月，以9—10月发病率最高。各种年龄鸭均有易感性，以2～6周龄由网上饲养转为地面饲养的雏鸭发病率高，死亡率高。

【治疗】

1. 磺胺甲基异噁唑（SMZ）　0.02％比例混入饲料，连喂4～5d。

2. 复方新诺明　0.02％比例混入饲料，连喂4～5d。

3. 磺胺间甲氧嘧啶（SMM）　0.1％比例混入饲料，连喂4～5d。

4. 杀球灵　1mg/kg体重混入饲料，连喂4～5d。

【防治措施】

在本病流行季节，当雏鸭由网上转为地面饲养时，或已在地面饲养2周龄时，可用以上药物混入饲料，连喂4～5d。当发现地面污染的卵囊过多时，或有个别鸭发病时，应立即对全群进行药物预防。

任务五　禽节肢昆虫病的防治

子任务一　禽羽虱病的防治

禽羽虱是鸡、鸭、鹅的常见体外寄生虫，其寄生于禽的体表或附于羽毛、绒毛上，严重影响禽群健康和生产性能，造成较大的经济损失。

【案例】

2014年12月16日，普兰店区农户潘某家养10 000只蛋鸡，整个鸡群出现消瘦、脱毛、不爱下蛋的现象。观察整个鸡群发现所有鸡表现不安、奇痒，蛋鸡啄破皮肤。鸡舍整体环境潮湿、卫生环境差，粪便未及时清除，鸡体羽毛、绒毛粘连在一起，且粘有粪便等污秽物。对潘某家的鸡进行皮肤寄生虫显微镜检查，发现有1mm左右的大量虫体，有的呈扁而短宽的，也有细长形的，头部比胸宽，咀嚼式口器，触角由3～5节组成，确诊为鸡羽虱。

【思维导图】

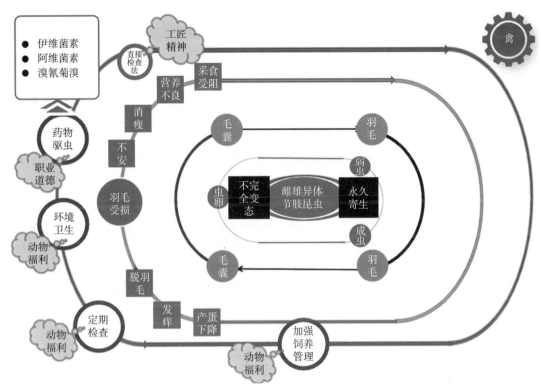

【临诊症状】

禽羽虱大量寄生时，禽体奇痒，因啄痒造成羽毛断折、脱落，影响休息，病鸡瘦弱，生长发育受阻，产蛋量下降，皮肤上有损伤，严重时可见皮下有出血块。

图4-19彩图

【诊断】

在禽皮肤和羽毛上查见禽羽虱或虱卵即可确诊（图4-19）。

【病原】

1. 形态结构 禽羽虱个体较小，一般体长1～2mm，呈淡黄色或淡灰色，由头、胸、腹三部组成，咀嚼式口器，头部一般比胸部宽，上有一对触角，分3～5节。有3对足，无翅。

2. 生活史 禽羽虱的一生均在禽体上度过，属永久性寄生虫，其发育为不完全变态，所产虫卵常簇结成块，黏附于

图4-19 禽羽虱

羽毛上，经5～8d孵化为若虫，外形与成虫相似，在2～3周内经3～5次蜕皮变为成虫。它的寿命只有几个月，一旦离开宿主，它们只能存活数天。

【流行病学】

1. 传染源 病鸡。

2. 传播途径 健康鸡与患有羽虱的鸡或污染的鸡舍、用具接触而感染。

3. 流行特点 一年四季均可发生，但冬季较为严重。

【防治措施】

用药物杀灭禽体上的羽虱，同时根据季节、药物制剂及禽群受侵袭程度等不同情况，对禽舍及饲槽、饮水槽等用具和环境进行彻底杀虫和消毒。

1. 烟雾法 20％杀灭菊酯乳油，按每立方米空间0.02mL，用带有烟雾发生装置的喷雾机喷雾。喷雾后鸡舍需密闭2～3h。

2. 喷雾或药浴法 20％杀灭菊酯乳油按3 000～4 000倍用水稀释，或2.5％溴氰菊酯按400～500倍用水稀释，或10％二氯苯醚菊酯乳油按4 000～5 000倍用水稀释，速灭杀丁、除虫菊酯，直接向禽体上喷洒或药浴，均有良好效果。一般间隔7～10d再用药一次，效果更好。用上述混合药液对鸡逆毛喷雾，使鸡的全身都被喷到，然后再喷鸡舍。

3. 沙浴法 在沙中加入0.05％蝇毒磷或10％硫黄粉，充分混匀后，铺成10～20cm的厚度，让禽自行沙浴。

4. 伊维菌素 每千克体重0.2mg，混饲或皮下注射，均有良效。

子任务二 **禽软蜱病的防治**

【思维导图】

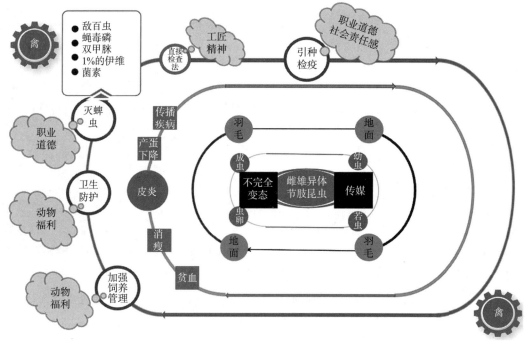

禽软蜱病是由软蜱科的有乳突钝缘蜱、波斯锐缘蜱等蜱虫引起的一种体外寄生虫病，对禽的危害很大。

【案例】

2018年8月16日，邢台市隆尧县潘某家养10 000只蛋鸡，整个鸡群出现消瘦、脱毛、不爱下蛋的现象。观察整个鸡群发现所有鸡表现不安。鸡舍整体环境潮湿、卫生环境差，粪便未及时清除，鸡体羽毛、绒毛粘连在一起，且粘有粪便等污秽物。对潘某家的鸡进行皮肤寄生虫检查，发现软蜱而确诊。

【临诊症状】

软蜱吸血量大，可使禽类贫血，消瘦，衰弱，生长缓慢，产蛋量下降，还能造成蜱性麻痹，甚至引起死亡。软蜱在其各个发育期都是鸡、鸭、鹅螺旋体病病原体的传播媒介，还是布鲁菌病、炭疽和麻风病等人畜共患病病原体的传播媒介。

【诊断】

在禽皮肤和羽毛上查见软蜱即可确诊。

【病原】

1. 形态结构　雌、雄蜱外观相似，虫体扁平，卵圆形，前端狭窄。颚体小，隐于躯体腹面前部，近似正方形。螯肢与硬蜱的相似，口下板齿较小。须肢长。躯体背面无背板，体表为皱纹状或颗粒状，或有乳状突或有圆形凹陷。多数无眼（图4-20）。

2. 生活史　软蜱的发育经虫卵、幼虫、若虫和成虫四个阶段。由虫卵孵出幼虫，在温暖季节需6~10d，凉爽季节约需3个月。幼虫寻找宿主吸血，然后离开宿主，蜕皮变为第一期

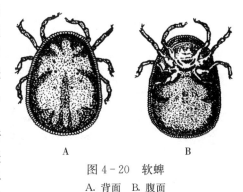

图4-20　软蜱
A. 背面　B. 腹面

若虫，反复2~6次蜕化为成虫。大约1周后，雌虫和雄虫交配，在3~5d后雌虫产卵。整个生活史需7~8周，寿命5~20年。

【流行病学】

软蜱宿主广泛，主要寄生于鸡、鸭、鹅和野鸟，也见于牛、羊、犬和人。软蜱白天藏匿于家禽的圈舍、洞穴的砖石下或林木的间隙等隐蔽场所，夜间活动和侵袭动物吸血，不过幼虫的活动不受昼夜限制。软蜱吸血时间短，一般数分钟至1h，吸完血即离开宿主。

【防治措施】

用药物杀灭禽体上和禽栖居、活动场所中的软蜱。鸡舍灭蜱要注意安全，采用敌敌畏

块状烟剂熏杀，用量为 0.5g/m³，熏后马上关闭门窗 1～2h，之后通风排烟。敌敌畏块状烟剂的制作：氯酸钾 20%、硫酸铵 15%、敌敌畏 20%、白陶土（或黄土）25%、细锯末屑（干）20%，研细混匀，压制成块备用。

任务六　鸭棘头虫病的防治

【思维导图】

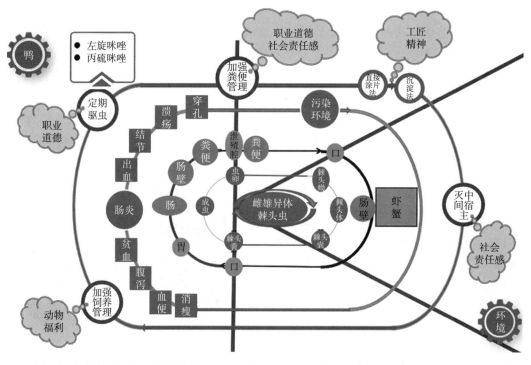

鸭棘头虫病是由多形科多形属和细颈科细颈属的棘头虫寄生于鸭小肠内引起的疾病。主要特征为肠炎、血便。

【案例】

2014 年 7 月 30 日大冷乡张某饲养大白鸭 480 只，120 日龄，体重 1.75～2kg。张某家附近有池塘，每天鸭子在池塘游泳、觅食，在家中补饲少量玉米面。近半个月共发病 65 只，其中死亡 42 只。病鸭表现精神不振，叫声沙哑，走路缓慢，排水样、白色或草绿色粪便。病鸭刚发病时采食量减少，3d 后饮食废绝，逐渐消瘦，经 5～6d 死亡，鸭喙苍白。剖检死鸭 3 只，濒死鸭 2 只，发现每只鸭的空肠中下段有 6～20 条大多形棘头虫而确诊。

【临诊症状】

表现为肠炎、下痢、消瘦、生长发育受阻。当继发细菌感染时，出现化脓性肠炎，雏鸭表现明显，严重感染者可引起死亡。

【病理变化】

肠壁浆膜可见肉芽组织增生的结节，黏膜面上可见虫体和不同程度的创伤。有时吻突深入黏膜下层，甚至穿透肠壁，造成出血、溃疡，严重者可穿孔。

【诊断】

根据流行病学、临诊症状、粪便检查发现虫卵或剖检发现虫体确诊。

【检查技术】

粪便检查法参见"项目七 畜禽寄生虫检查技术"。

【病原】

1. 形态构造

（1）多形科。虫体体表有刺，吻突为卵圆形，吻囊壁双层，黏液腺为管状。

①大多形棘头虫。虫体橘红色，呈前端大、后端狭细的纺锤形，吻突小。雄虫长9.2～11mm，交合伞呈钟形，内有小的阴茎。雌虫长 12.4～14.7mm。卵呈长纺锤形，虫卵大小为（113～129）$\mu m×$（17～22）μm。

②小多形棘头虫。新鲜虫体橘红色，纺锤形。雄虫长约 3mm，雌虫长约 10mm。吻部卵圆形，吻囊发达。虫卵细长，具有 3 层卵膜，大小为（107～111）$\mu m×18\mu m$。

③腊肠状多形棘头虫。虫体纺锤形，吻突球状。雄虫长 13～14.6mm。雌虫长 15.4～16mm。虫卵呈长椭圆形，有 3 层同心圆的外壳，大小为（71～83）$\mu m×30\mu m$。

④四川多形棘头虫。虫体短钝圆柱形，吻突类球形。雄虫长 7～9.6mm。雌虫长8.8～14mm。虫卵呈椭圆形，内含幼虫。虫卵大小为（78～86）$\mu m×$（24～32）μm。

（2）细颈科虫体。虫体颈细长，黏液腺梨状、肾状或管状。

鸭细颈棘头虫。呈纺锤形，前部有小刺，吻突上吻钩细小，体壁薄而呈膜状。雄虫白色，长 4～6mm，吻突椭圆形。雌虫黄白色，长 10～25mm，吻突膨大呈球形。虫卵呈卵圆形，卵膜 3 层，棘头蚴全身有小棘。虫卵大小为（62～75）$\mu m×$（20～25）μm。

2. 生活史

（1）中间宿主。大多形棘头虫的中间宿主为湖沼钩虾，小多形棘头虫为蚤形钩虾、河虾和罗氏钩虾，腊肠状多形棘头虫为岸蟹，鸭细颈棘头虫为栉水蚤。

（2）发育史。虫卵随终末宿主粪便排出，被中间宿主吞食后发育为具有感染性的棘头囊，鸭吞食含有棘头囊的中间宿主感染，棘头囊在鸭的消化道中脱囊，通过吻突附着于肠壁上发育为成虫。

（3）发育时间。被吞食的虫卵在中间宿主体内发育为棘头囊需 54～60d；棘头囊在鸭体内发育为成虫需 27～30d。

【流行病学】

1. 传染源 主要为患病或带虫鸭，虫卵存在于粪便中。

2. 传播途径　经口感染。

3. 易感动物　鸭易感，鹅、天鹅和鸡也可成为其宿主。

4. 流行特点　不同种鸭棘头虫的地理分布不同，多为地方性流行。春、夏季流行，部分感染性幼虫可在钩虾体内越冬。

【治疗】

病鸭可用四氯化碳驱虫，每千克体重0.5mg，小胶管灌服，具有较好的疗效。

【防治措施】

对流行区的鸭进行预防性驱虫；雏鸭与成年鸭分开饲养；选择未受污染或没有中间宿主的水域放牧；加强饲养管理，饲喂全价饲料以增强抗病力。

任务七　规模化禽场寄生虫病的预防和控制

【思维导图】

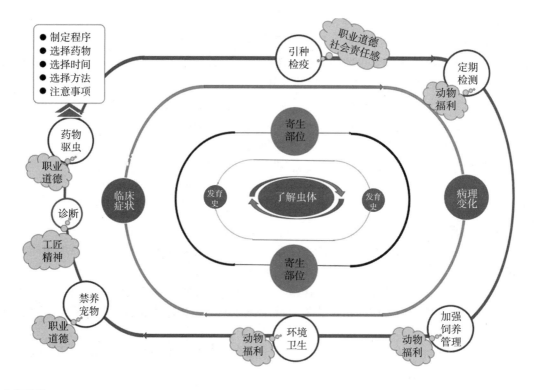

【案例】

2020年4月，福安市社口镇谢岭下村一养殖户饲养15～50日龄2 000羽鸡，从4月

1日起发现部分鸡食欲不振、喜挤堆、羽毛竖立、缩颈、呆立，嗉囊充满液体，腹泻带血。立刻用药物混料投喂，3d后鸡病情没有好转反而发病数量逐渐增多，并出现零星死亡。剖检发现盲肠有炎症，出现不同程度出血和肿胀，比正常肿大1～3倍，透过肠膜面可以看到细小的出血点，肠内有凝血和干酪样物质。涂片镜检发现大量球虫卵囊。根据发病情况、临诊症状以及剖检病理变化，结合实验室检查确诊为鸡球虫病。

发病鸡群采用饮水给药方法进行治疗，即将30%磺胺氯吡嗪钠可溶性粉投入饮水中，供患病鸡饮用，连饮5d，或每千克饲料中拌入氨丙啉140mg、维生素K 20mg、维生素A 6万IU、百球净100mg，连用5～7d。为控制继发感染，在每千克饮水中加入鸡球虫散（主要成分为青蒿、仙鹤草、苦参、白头翁、常山、地锦草）10g、3%水溶性氟哌酸2.5g，混合均匀后供给患病鸡群自由饮水，连饮5d。通过上述治疗3d后，鸡群病情有所好转，食欲逐步恢复正常，5d后发病鸡群症状基本消除，粪便正常，病情得到有效控制。

隔离发病鸡群，病死鸡进行深埋、烧毁等无害化处理，鸡场粪便进行堆积发酵消毒，避免病原体扩散传播；采用生石灰对饲养场地全面消毒，强化车辆、物品和人员的消毒工作，切断传播途径。

一、驱虫方法

寄生虫对各阶段鸡群的感染程度不尽相同，同阶段鸡群的寄生虫感染率从高到低的排列顺序是种鸡、商品蛋鸡、商品肉鸡。鸡场寄生虫存在较严重的混合感染现象。因此，根据鸡场寄生虫的感染流行情况，合理选用驱虫药以及科学做好驱虫工作至关重要。

（一）规模化鸡场常用驱虫药的种类和使用方法（表4-2）

表4-2 鸡场常用驱虫药物及使用方法

适用对象	药 物	用量和方法
驱吸虫	吡喹酮	每千克体重60mg，一次口服
	氯硝柳胺	每千克体重100～2 000mg，一次口服
	苯并咪唑类	每千克体重120mg，一次口服
驱绦虫	吡喹酮	每千克体重20mg，一次口服
	苯并咪唑类	阿苯达唑（抗蠕敏），每千克体重5～10mg 口服；缓释注射液每千克体重30mg 肌内注射；芬苯达唑，一次量每千克体重5～7.5mg 口服，每千克体重3mg分次口服给药，连用6d。
	丙硫咪唑	每千克体重20mg，一次口服
	硫氯酚	每千克饲料150mg拌入饲料中喂服
驱线虫	抗生素类	伊维菌素，每千克体重0.2～0.3mg 口服或皮下注射；多拉菌素，每千克体重0.2～0.3mg皮下或肌内注射；莫西菌素，每千克体重0.2mg 口服或皮下注射（安全性好）

（续）

适用对象	药　物	用量和方法
驱线虫	左旋咪唑	每千克体重 30mg，口服或注射
	苯并咪唑类	阿苯达唑（抗蠕敏），每千克体重 30mg，一次口服
	有机磷化合物类	敌百虫片剂，每千克体重 80～100mg 口服，或 0.5%～1%浓度药浴或喷淋
	驱蛔灵	每千克体重 250～300mg 口服
驱体外寄生虫	抗生素类	伊维菌素，每千克体重 0.2～0.3mg 口服或皮下注射
	拟除虫菊酯类	20%杀灭菊酯乳油，3 000～4 000 倍用水稀释，或 2.5%溴氰菊酯按 400～500 倍用水稀释，或 10%二氯苯醚菊酯乳油按 4 000～5 000 倍用水稀释，直接向禽体上喷洒或药浴
	有机磷化合物类	倍硫磷，喷淋每千克体重 5～10mg，重复用药应间隔 14d 以上，口服用量为每千克体重 1mg（每次），连用 6d；辛硫磷，药浴或喷淋，浓度为 0.1%的乳液；二嗪农（螨净），药浴或喷淋，治疗浓度为每升水 250mg
抗原虫	甲硝唑	每千克饲料 250mg 混于饲料中
	卡巴胂	每千克饲料 150～200mg 混入饲料中
	磺胺类	磺胺二甲基嘧啶，0.1%混入水中，连用 2d，或 0.05%混入饮水，连用 4d，休药期为 10d；磺胺喹噁啉，0.1%混入饲料，喂药 2～3d，停药 3d 后用 0.05%混入饲料，喂药 2d，停药 3d，再给药 2d，无休药期；氨丙啉，0.03%混入饮水，连用 3d，休药期为 5d；磺胺氯吡嗪，0.012%～0.024%混入饮水，连用 3d，无休药期

（二）具体的驱虫方案

了解虫情，选好驱虫药和驱虫方法可取得好效果。选好时间，全群覆盖驱虫，将寄生虫消灭于幼虫状态。做好鸡场寄生虫的监测，严禁饲养飞禽、猫、犬等宠物。

三、驱虫程序

1. 肉种鸡、蛋种鸡、商品蛋鸡

（1）蠕虫病。产蛋前一周驱虫一次，以后每隔三个月驱虫一次。

（2）螨虫病和羽虱病。发现病鸡，及时隔离，进行治疗，合理选择药淋、口服给药的方法，治疗两次，第 2 次治疗在第 1 次治疗后 8～10d 进行，在对鸡体螨虫病、羽虱病治疗的同时，还必须对鸡舍内环境及用具进行完全杀虫。

（3）球虫病。育雏时期和产蛋前进行两次预防性驱虫，产蛋期间按照发病状况适时进行药物治疗。

2. 商品肉鸡

（1）蠕虫病。15～20 日龄驱虫一次。

（2）螨虫病和羽虱病。发现病鸡，及时隔离，进行治疗，合理选择药淋、口服给药的方法，治疗两次，第 2 次治疗在第 1 次治疗后 8～10d 进行，在对鸡体螨虫病、羽虱病治疗的同时，还必须对鸡舍内环境及用具进行完全杀虫。

（3）球虫病。20～25 日龄预防性驱虫一次，35～40 日龄再预防性驱虫一次。

3. 驱治密度 对鸡蛔虫病和鸡球虫病实行全群全驱，对螨虫病和羽虱病按照发病状况和传染范围决定驱治数量。

4. 驱虫时间 驱虫时间最好选择在晚上，直接口服或把药片研成粉末，与饲料拌匀进行喂饲。第 2 天早晨要检查鸡粪，看看是否有虫体排出，然后要把鸡粪清除干净，以防鸡啄食。如发现鸡粪里有成虫，次日晚可用同等药量再驱虫 1 次，以求彻底将虫驱除。对投药后的鸡群应加强管理。对鸡投药后 5d 内排出的粪便应及时清扫，集中堆积发酵杀灭虫卵。在夏季最适发育的温湿度下，虫卵 6～7d 发育成感染性虫卵，如果每 5d 清除 1 次鸡粪，则鸡被感染的可能性就会大大减少。

⑦ 复习思考题

一、选择题

1. 球虫在外界环境中的生殖方式为（ ）。
   A. 裂殖生殖 　　 B. 配子生殖 　　 C. 孢子生殖 　　 D. 二分裂

2. 鸡球虫主要危害（ ）日龄的雏鸡。
   A. 10～20 　　 B. 15～50 　　 C. 50～90 　　 D. 80～120

3. 在我国北方，鸡球虫病发生最为严重的月份为（ ）。
   A. 3～5 　　 B. 5～7 　　 C. 7～8 　　 D. 8～10

4. 毒力最强的鸡球虫为（ ）。
   A. 毒害艾美耳球虫 　　　　　　 B. 柔嫩艾美耳球虫
   C. 堆型艾美耳球虫 　　　　　　 D. 和缓艾美耳球虫

5. 组织滴虫病是由火鸡组织滴虫引起的一种（ ）。
   A. 病毒病 　　 B. 原虫病 　　 C. 细菌病 　　 D. 接触性疾病

6. 鸡吞食鸡蛔虫感染性虫卵后经（ ）d 可在体内发育为成虫。
   A. 10～20 　　 B. 35～50 　　 C. 65～80 　　 D. 95～110

7. 鸡异刺线虫寄生于鸡（ ）内。
   A. 小肠 　　 B. 盲肠 　　 C. 直肠 　　 D. 囊膜

8. 鸡组织滴虫病的病变主要发生在（ ）。
   A. 食道与嗉囊 　　 B. 肌胃与腺胃 　　 C. 空肠与回肠 　　 D. 盲肠与肝

9. 目前鸡赖利绦虫病的确诊方法是（ ）。
   A. 血涂片检查 　　 B. 粪便检查 　　 C. 皮屑检查 　　 D. 抗原检查

10. 鸡柔嫩艾美耳球虫病的病变主要出现在（ ）。
    A. 十二指肠 　　 B. 空肠 　　 C. 回肠 　　 D. 盲肠

二、填空题

1. 前殖吸虫的第一中间宿主为_____，第二中间宿主为_____。

2. 卡氏住白细胞虫寄生于鸡的_____和_____。

3. 柔嫩艾美耳球虫寄生于鸡的_____上皮细胞。

4. 火鸡组织滴虫生殖方式为_____，寄生于_____。

5. 检查粪便中蠕虫虫卵的方式有直接涂片法、_____和_____。

三、判断题

（　　）1. 驱虫包括计划性驱虫和紧急驱虫。

（　　）2. 鸡异刺线虫可传播组织滴虫病。

（　　）3. 鸡异刺线虫寄生于鸡的盲肠内，引起肠黏膜发生结节。

（　　）4. 球虫病多发生于冬春季节。

（　　）5. 鸡球虫病是养鸡业中危害最小的寄生虫病，对肉鸡影响更小。

（　　）6. 阿苯达唑是不能用于治疗鸡球虫病的药物。

（　　）7. 软蜱发育史是完全变态发育。

（　　）8. 用刮取肠道病变处黏膜镜检可以用来确诊球虫病。

（　　）9. 二甲硝咪唑可以用来治疗组织滴虫病。

（　　）10. 鸡的前殖吸虫寄生于鸡的肝胆管内。

四、分析题

　　某市一个体养鸡户，2005 年 5 月底饲养草鸡 280 只，雏鸡 24 日龄时发病。主诉：雏鸡从出壳起一直养得很好，精神抖擞，可几天来雏鸡精神不振，打瞌睡，翅膀下垂，下痢，有的雏鸡排血便。病鸡贫血、消瘦，陆续死亡。现场检查：鸡舍简陋，垫草一直未更换，水槽与食槽设置不科学，地面湿度大。在现场取 6 只鸡进行了剖检发现：盲肠高度肿大，剪开盲肠其肠腔内充满血凝块和脱落的黏膜碎片；肝的病变不明显。经实验室诊断确诊为鸡球虫病。

　　请分析回答本病有哪些流行特点？请制定治疗和防治措施。

（项目四参考答案见 222 页）

牛、羊寄生虫病的防治

知识目标

1. 能够列举牛、羊寄生虫的种类。
2. 能够画出牛、羊寄生虫的形态结构和生活史。
3. 能够描述牛、羊寄生虫病的诊断要点和防治措施。

能力目标

1. 根据不同的牛、羊寄生虫，学生能够合理选择应用抗寄生虫药。
2. 根据不同的牛、羊寄生虫，制定合理、有效的综合防治方案。

素质目标

1. **社会责任感** 通过解释寄生虫的生活史和危害以及药物防治，逐步建立关爱动物健康，减少药物残留，保证食品安全，维护人类健康的社会责任感。
2. **职业道德** 根据不同的寄生虫，合理选择应用驱虫药，制定合理、有效的药物治疗方案，践行执业兽医职业道德行为规范。
3. **科学素养** 通过寄生虫的实验室诊断，培养科学、严谨和精益求精的精神。
4. **团队合作** 通过制定合理、有效的联合用药方案，提高团队合作意识。

任务一　牛、羊吸虫病的防治

子任务一　片形吸虫病的防治

【思维导图】

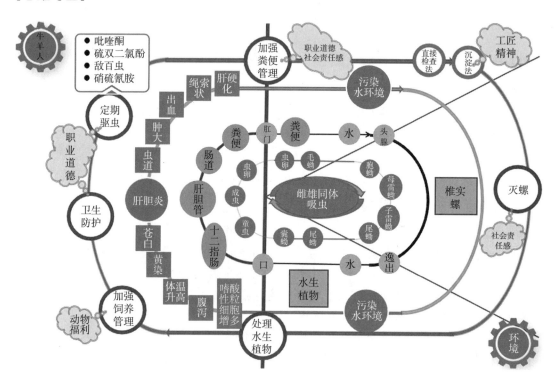

片形吸虫病又称为肝蛭，是由片形科片形属的片形吸虫寄生于牛、羊等反刍动物肝胆管中所引起的疾病，是牛、羊、骆驼的主要寄生虫病之一，人偶有感染。主要通过生吃水生植物或饮用生水传播。主要特征为能引起急性或慢性肝炎和胆管炎，并伴发全身性中毒和营养障碍，引起动物消瘦，发育障碍，生产力下降，危害相当严重，特别对绵羊及其他幼畜，可引起大批死亡。

【案例】

2017年12月底，八宿县郭庆乡恰顶自然村和拉交村持续发生牦牛死亡。病畜体格相对消瘦、食欲不振、被毛粗乱等，也存在眼睑、下颌及胸下水肿、食欲减退、虚弱以及容易疲倦等症状，少数出现腹泻、黄疸、腹膜炎等症状。现场解剖，在4头病死牦牛的肝、胆都发现了大量片状吸虫寄生。八宿县郭庆乡恰顶自然村和拉交村相邻，均属于纯牧区，两村牧民共同放牧，主要放牧区域为一片高山湿地草原。从2017年12月便开始陆续发现牦牛体质变弱及死亡等情况，初期并没有引起高度重视，直至牦牛死亡的情况持续发生，才上报病情。经实地查勘放牧草场，重点调查水坑、注地等椎实螺容易滋生的地域，结果在该湿地草原的干湖浅滩、水坑等地发现大量螺类外壳，根据病牛临诊症状、病死牛解剖、病牛粪便检测、发病区域流行病学调查结果，基本确诊为肝片形吸虫病。

【临诊症状】

1. 急性型 病畜表现体温升高，食欲减退或废绝，精神沉郁，可视黏膜苍白和黄染，触诊肝区有疼痛感。血红蛋白和红细胞数显著降低，嗜酸性粒细胞数显著增多。多发于夏末和秋季，多发生于绵羊。

2. 慢性型

（1）羊。主要表现为食欲不振，渐进性消瘦，贫血，被毛粗乱易脱落，眼睑、颌下水肿，有时波及胸、腹部，早晨水肿明显，运动后减轻。妊娠羊易流产。重者衰竭死亡。

（2）牛。多为慢性经过，犊牛症状明显，除上述症状外，常表现前胃弛缓、腹泻、周期性瘤胃臌胀，重者可引起死亡。

【病理变化】

1. 急性型 可见幼虫移行时引起的肠壁、肝组织和其他器官的组织损伤和出血，腹腔内和器官上的"虫道"内可发现童虫。

2. 慢性型 严重贫血，肝肿大，胆管呈绳索样凸出于肝表面，胆管壁发炎、增厚、内壁粗糙，胆管内有磷酸盐沉积，肝实质变硬。切开后在胆管内可见成虫或童虫，少数个体在胆囊中也可见到成虫。

【诊断】

根据是否存在中间宿主、发病季节等流行病学资料，结合临诊症状可做出初步诊断，用沉淀法进行粪便检查找到虫体和肝剖检发现虫体即可确诊。还可采用固相酶联免疫吸附试验、间接血凝试验等进行确诊，不但适用于诊断急、慢性肝片形吸虫病，也可用于对动物群体进行普查。另外，慢性病例时，γ-谷氨酰转移酶升高；急性病例时，谷氨酸脱氢酶（GDH）升高，可作为诊断本病的指标。

【检查技术】

沉淀法和免疫学诊断法参免疫学诊断法见"项目七 常规寄生虫检查技术"。

【病原】

1. 形态构造

（1）肝片形吸虫。虫体呈扁平叶状，大小为（21～41）mm×（9～14）mm，活体为棕红色，固定后为灰白色（图5-1）。虫体前端有1个三角形的锥状突起，称为头锥，其底部较宽似"肩"，从肩往后逐渐变窄。口吸盘位于锥状突起前端，腹吸盘略大于口吸盘，位于肩水平线中央稍后方。消化系统由口吸盘底部的口孔开始，其后为咽和食道及2条盲端肠管，肠管有许多外侧枝，内侧枝少而短。生殖孔在口吸盘和腹吸盘之间。1个鹿角状的卵巢位于腹吸盘后右侧，一端与生殖孔相连。2个高度分枝状的睾丸前后排列于虫体的中后部。无受精囊。体后部中央有纵行的排泄管。

图 5-1、
图 5-2 彩图

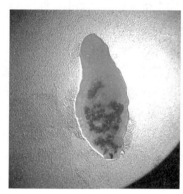

图 5-1　片形吸虫

虫卵较大，大小为（133～157）μm×（74～91）μm，为长椭圆形，呈黄色或黄褐色，前端较窄，后端较钝，卵盖不明显，卵壳薄而光滑，半透明，分两层，卵内充满卵黄细胞和 1 个胚细胞（图 5-2）。

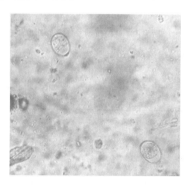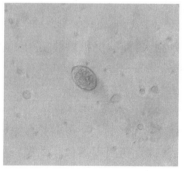

图 5-2　片形吸虫虫卵

（2）大片形吸虫。形似肝片形吸虫，大小（25～75）mm×（5～12）mm，呈长叶状，虫体两侧缘趋于平行，"肩"不明显，腹吸盘较大。

虫卵的大小为（150～190）μm×（70～90）μm，为长卵圆形，呈黄褐色。

2. 生活史

（1）中间宿主。椎实螺科的淡水螺：肝片形吸虫为小土窝螺和斯氏萝卜螺，大片形吸虫为耳萝卜螺和小土窝螺。

（2）终末宿主。牛、羊、鹿、骆驼等反刍动物，猪、马属动物、兔及一些野生动物也可感染，人也可感染。

（3）发育史。成虫寄生于终末宿主的肝胆管内产卵，虫卵随胆汁进入肠道后，随粪便排出体外。在适宜的温度（25～26℃）、氧气、水分和光线条件下孵化出毛蚴。毛蚴在水中游动，钻入中间宿主体内进行无性繁殖，经胞蚴、母雷蚴、子雷蚴等三个阶段，发育为尾蚴。尾蚴离开螺体，进入水中，在水中或水生植物上脱掉尾部，形成囊蚴。终末宿主饮水或吃草时，吞食囊蚴而感染。囊蚴在十二指肠中脱囊，然后发育为童虫。童虫进入肝胆管有3种途径：从胆管开口处直接进入肝；钻入肠黏膜，经肠系膜静脉进入肝；穿过肠壁进入腹腔，由肝包膜钻入肝。童虫进入肝胆管发育为成虫（图5-3）。

（4）发育时间。在外界的虫卵发育为毛蚴需10~20d。外界环境中的毛蚴一般只能存活6~36h，若不能进入中间宿主体内则逐渐死亡。毛蚴侵入中间宿主体内经35~50d发育为尾蚴，囊蚴进入终末宿主体内发育为成虫需2~3个月。

（5）成虫寿命。成虫寄生于终末宿主体内可存活3~5年。

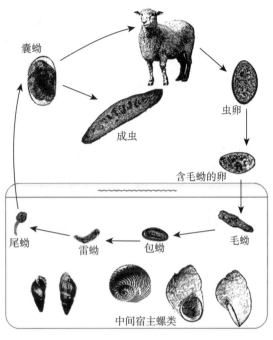

【流行病学】

1. 感染源 患病或带虫牛、羊、骆驼等反刍动物以及含虫卵的粪便。

2. 感染途径 终末宿主经口感染。

3. 易感动物 牛、羊、鹿、骆驼等反刍动物易感染，绵羊最敏感。猪、马属动物、兔及一些野生动物也可感染，人也可感染。

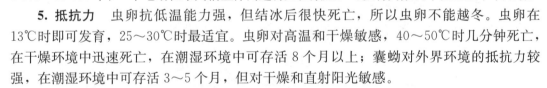

图5-3 片形吸虫生活史

4. 繁殖力强 1条成虫1昼夜可产卵8 000~13 000个；1个毛蚴在中间宿主体内进行无性繁殖，可发育为数百个甚至上千个尾蚴。

5. 抵抗力 虫卵抗低温能力强，但结冰后很快死亡，所以虫卵不能越冬。虫卵在13℃时即可发育，25~30℃时最适宜。虫卵对高温和干燥敏感，40~50℃时几分钟死亡，在干燥环境中迅速死亡，在潮湿环境中可存活8个月以上；囊蚴对外界环境的抵抗力较强，在潮湿环境中可存活3~5个月，但对干燥和直射阳光敏感。

6. 流行特点

（1）地理分布。片形吸虫病呈世界性分布，在我国分布广泛。多发生在地势低洼、潮湿、多沼泽及水源丰富的放牧地区。

（2）流行季节。春末、夏、秋季节适宜幼虫及螺的生长发育，感染季节决定了发病季节，幼虫引起的急性发病多在夏、秋季节；成虫引起的慢性发病多在冬、春季节。南方温暖季节较长，降水量高，感染季节也较长。

【治疗】

1. 三氯苯唑（肝蛭净） 牛每千克体重10mg，羊每千克体重12mg，一次口服，对成虫和童虫都有较高的杀灭效果，休药期14d。

2. 阿苯达唑 牛每千克体重10mg，羊每千克体重15mg，一次口服，对成虫效果良好，但对童虫效果较差。

3. 溴酚磷（蛭得净）　牛每千克体重 12mg，羊每千克体重 16mg，一次口服，对成虫和童虫均有良好效果。

4. 硝氯酚（拜耳 9015）　硝氯酚可用来驱杀体内成虫，但对童虫无效。用量为牛每千克体重 3～4mg，羊每千克体重 4～5mg，一次口服。应用针剂时，牛每千克体重 0.5～1.0mg，羊每千克体重 0.75～1.0mg，深部肌内注射。

【防治措施】

1. 定期预防性驱虫　驱虫时间和次数可根据当地流行情况而定。

2. 消灭中间宿主　可通过喷洒药物、兴修水利、改造低洼地、饲养水禽等措施消灭中间宿主椎实螺。

3. 科学放牧　尽量不到低洼、潮湿地方放牧，在低洼湿地收割的牧草晒干后再用作饲料。避免饮用非流动水。牧区实行划区轮牧，每月轮换一块草场。

4. 粪便无害化处理　对家畜粪便应集中堆放进行生物发酵处理。

子任务二　**阔盘吸虫病的防治**

【思维导图】

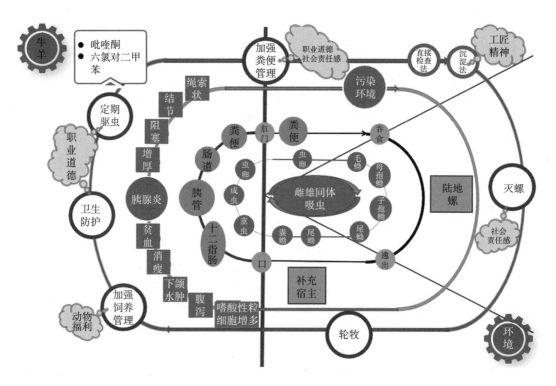

阔盘吸虫病又称胰吸虫病，本病是由双（歧）腔科阔盘属的阔盘吸虫寄生于牛、羊等反刍动物胰管内引起的疾病。偶尔寄生于胆管和十二指肠。主要特征为轻度感染时不显症状，严重感染时表现营养障碍、腹泻、消瘦、贫血、水肿。

【案例】

牛群中多头患畜呈现衰弱，营养不良，下痢，颈部和胸部水肿及消瘦等临诊症状。对病牛的胰进行病理观察，显示胰表面不平，色调不匀，有的部位见有结缔组织瘢痕和点状出血。胰管壁肥厚，管腔缩小，管黏膜不平呈小结节状并有点状出血。组织学检查有黏膜脱落，有些部位可见深入到黏膜固有层的增生的上皮细胞。在充满虫体的胰管内常见虫卵侵入管壁，产生炎症反应和结缔组织增生。反应较强烈，有嗜酸粒细胞浸润，也有腺实质的坏死，或因虫卵深入胰实质引起结缔组织增生，将腺体挤向一边，使胰呈萎缩状态。在结缔组织压迫下，腺小叶的结构破坏，致胰腺功能紊乱，胰岛呈营养不良变化。严重的慢性感染常因结缔组织增生导致胰硬化。在本次诊治过程中，通过临诊症状与病理剖检相结合的方式确定该病病原为胰阔盘吸虫。

【临诊症状】

症状取决于虫体寄生强度和动物体况。轻度感染时症状不明显。严重感染时，牛、羊发生代谢失调和营养障碍，表现为消化不良，精神沉郁，消瘦，贫血，下颌及前胸水肿，腹泻，粪便中带有黏液。严重者可因恶病质导致死亡。

【病理变化】

胰管发生慢性增生性炎症，胰管增厚，管腔狭小，严重感染时，可导致管腔堵塞，胰液排出障碍。胰肿大，其内有紫黑色斑块或条索，胰管增厚，增生性炎症，胰管黏膜有乳头状小结节。切开可见大量虫体。引起消化不良，动物表现为消瘦，下痢，粪便常含有黏液，毛干，易脱落，贫血，颌下、胸前出现水肿，严重时可导致死亡。

【诊断】

根据流行病学特点、临诊症状、病理变化、粪便检查和剖检发现虫体等进行综合诊断。

【检查技术】

沉淀法参见"项目七 常规寄生虫检查技术"。

【病原】

1. 形态结构 阔盘吸虫虫体呈棕红色，长椭圆形，扁平、稍透明，吸盘发达，其大小为（4.5~16.0）mm×（2.2~5.8）mm。

（1）胰阔盘吸虫。胰阔盘吸虫较大，呈长椭圆形，长 8~16mm，宽 5.0~5.8mm，口吸盘大于腹吸盘，睾丸并列在腹吸盘后缘两侧，呈圆形，边缘有缺刻或有小分叶。卵巢分叶 3~6 瓣，位于睾丸之后。受精囊呈圆形，靠近卵巢。子宫有许多弯曲，位于虫体后半部，内充满棕色虫卵。卵黄腺呈颗粒状，位于虫体中部两侧。寄生于羊、牛、人（图 5-4）。

（2）腔阔盘吸虫。腔阔盘吸虫短小，呈短椭圆形，体后端中央有明显的尾突。大小为

（7～8）mm×（3～5）mm，口吸盘小于或等于腹吸盘。睾丸大都为圆形或椭圆形，少数的有不整齐的缺刻。卵巢大多边缘完整，少数有缺刻或分叶。寄生于牛、羊。

（3）枝睾阔盘吸虫。枝睾阔盘吸虫体形呈前尖后钝的瓜子形。口吸盘明显地小于腹吸盘。睾丸较大而分枝，卵巢有5～6个分叶。寄生于牛、羊、鹿、麋。

阔盘吸虫的虫卵大小为（34～52）μm×（26～34）μm，呈棕色椭圆形，两侧稍不对称，一端有卵盖。成熟的卵内含有毛蚴，透过卵壳可以看到其前端有一条锥刺，后部有两个圆形的排泄泡，在锥刺的后方有一横椭圆形的神经团（图5-5）。

图5-4、
图5-5彩图

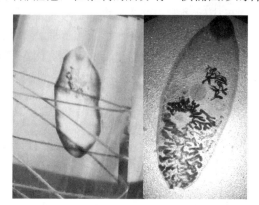

图5-4　胰阔盘吸虫

图5-5　胰阔盘吸虫虫卵

2. 生活史

（1）中间宿主。陆地螺，主要为条纹蜗牛、枝小丽螺、中华灰蜗牛等。

（2）补充宿主。中华草螽（胰阔盘吸虫）、红脊草螽、尖头草螽（腔阔盘吸虫）、针蟋（枝睾阔盘吸虫）。

（3）发育史。胰阔盘吸虫在终末宿主胰管内产卵，虫卵随胰液进入肠道，再随粪便排出体外，被中间宿主吞食后，在其体内孵出毛蚴，发育为母胞蚴、子胞蚴。成熟的子胞蚴体内含有许多尾蚴，尾蚴逸出螺体，被补充宿主吞食，发育为囊蚴。终末宿主吞食含有囊蚴的补充宿主而感染，囊蚴在十二指肠内脱囊，由胰管开口进入胰管内发育为成虫（图5-6）。

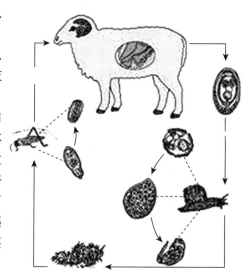

图5-6　阔盘吸虫生活史

（4）发育时间。进入中间宿主体内的虫卵发育为尾蚴需5～6个月，补充宿主体内的子胞蚴发育为囊蚴需23～30d，终末宿主体内的囊蚴发育为成虫需80～100d，整个发育期为10～16个月。

【流行病学】

1. 感染源　患病或带虫反刍动物，虫卵随粪便排出体外，污染周围环境。

2. 感染途径　经口感染。

3. 易感动物　牛、羊等反刍动物以及兔、猪和人。

4. 流行特点　7—10月草螽最为活跃，感染后活动能力降低，故同期被牛、羊随草一起吞食，多在冬、春季节发病。

【治疗】

1. 吡喹酮　牛每千克体重35～45mg，羊每千克体重60～70mg，一次口服，或牛、羊均按每千克体重30～50mg，用液体石蜡或植物油配成灭菌油剂，腹腔注射。

2. 六氯对二甲苯　牛每千克体重300mg，羊每千克体重400～600mg，口服，隔天1次，3次为一个疗程。

【防治措施】

1. 定期驱虫　及时诊断和治疗患病动物，驱除成虫，消灭其病原；定期预防性驱虫。

2. 消灭中间宿主　根据陆地螺的生态学特点，因地制宜，结合农牧业生产，采取有效措施，改变陆地螺的生存环境条件，进行灭螺。

3. 加强粪便管理　将粪便堆积发酵，以杀灭虫卵。

4. 加强饲养卫生管理　避免到补充宿主活跃地带放牧，放牧地区实行轮牧。

子任务三　前后盘吸虫病的防治

【思维导图】

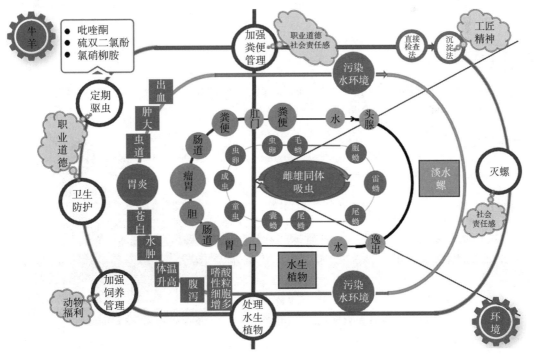

前后盘吸虫病是由前后盘科的各属虫体寄生于反刍动物瘤胃所引起的疾病的总称。除平腹属的成虫寄生于盲肠和结肠外，其他各属成虫均寄生于瘤胃。本病的主要特征为感染强度很大，症状较轻。大量童虫在移行过程中有较强的致病作用，甚至引起死亡。

【案例】

云南省某牛场短角牛自2000年以来，每年均出现以顽固性腹泻、渐进性消瘦、贫血、衰竭而死为特征的病例。且一旦出现此病例，采用抗菌、消炎、止泻、补充营养等措施，效果均不理想，使用常规驱虫药，也未见效果。2008年11月20日对死亡牛进行剖检发现，该牛瘤胃、网胃结合部有500～600只红色虫体，经鉴定为前后盘吸虫，由此确诊出顽固性腹泻病原为前后盘吸虫。

【临诊症状】

1. 急性型 童虫大量入侵十二指肠，因童虫的移行和寄生引起严重的临诊症状，多见于幼畜。表现精神沉郁，食欲降低，体温升高，顽固性下痢，粪便带血、恶臭，有时可见幼虫。重者消瘦、贫血，体温升高，嗜中性粒细胞增多且核左移，嗜酸性粒细胞和淋巴细胞增多，可衰竭死亡。

2. 慢性型 由成虫寄生而引起。主要表现为食欲减退、消瘦、贫血、颌下水肿、腹泻等消耗性症状。

【病理变化】

小肠、皱胃、胆囊和腹腔等处有"虫道"（童虫移行），其黏膜和器官有出血点，肝淤血，胆汁稀薄，病变处见有大量幼吸虫。慢性病例可见瘤胃壁黏膜肿胀，其上有大量成虫。

【诊断】

根据流行病学、临诊症状、病理变化、粪便检查（排出的粪便中常混有虫体）
图5-7彩图 和剖检发现虫体综合诊断。

【检查技术】

沉淀法参见"项目七 常规寄生虫检查技术"。

【病原】

1. 形态结构 虫体肥厚，呈圆锥状或圆柱状，口吸盘在虫体前端，另一吸盘较大，在虫体后端（图5-7）。

（1）鹿前后盘吸虫。呈圆锥形，活体为粉红色，固定后为灰白色，大小为（5～11）mm×（2～4）mm，背面稍拱起，腹面略凹陷，有口吸盘和后

图5-7 前后盘吸虫（寄生在瘤胃）

吸盘各一。后吸盘位于虫体后端，吸附在反刍动物的胃壁上。口吸盘内有口孔，无咽，直通食道。有盲肠两条，经3～4个弯曲伸达虫体后部。有两个椭圆形略分叶的睾丸，前后排列于虫体的中部。睾丸后部有圆形卵巢。子宫弯曲，内充满虫卵。卵黄腺呈颗粒状，散布于虫体两侧，从口吸盘延伸到后吸盘。

虫卵的形状与肝片吸虫很相似，灰白色，椭圆形，有卵盖，卵黄细胞不充满整个虫卵。虫卵大小为（125～132）μm×（70～80）μm。

（2）长菲策吸虫。虫体前端稍尖，呈长圆筒形，为深红色，固定后为灰白色，大小为（10～23）mm×（3～5）mm。体腹面具有楔状大腹袋。两分叉的盲管仅达体中部。有分叶状的两个睾丸，斜列在后吸盘前方。圆形的卵巢位于两侧睾丸之间。卵黄腺呈小颗粒状，散布在虫体的两侧。子宫沿虫体中线向前通到生殖孔，开口于肠管分叉处的前方。虫卵和鹿前后盘吸虫虫卵相似。

2. 生活史

（1）中间宿主。淡水螺类，主要为扁卷螺和椎实螺。

（2）终末宿主。主要为牛、羊、鹿、骆驼等反刍动物。

（3）发育史。成虫在反刍动物瘤胃内产卵，虫卵随粪便排出体外，在适宜条件下孵出毛蚴。毛蚴在水中游动，遇到中间宿主即钻入其体内，逐渐发育为胞蚴、雷蚴和尾蚴。尾蚴大约在螺体感染后43d开始逸出螺体，附着在水草上很快形成囊蚴。牛、羊等反刍动物吞食含有囊蚴的水草而感染。囊蚴在肠道内脱囊，童虫在小肠、皱胃和其鼓膜下以及胆囊、胆管和腹腔等处移行，经数十天后到达瘤胃，在瘤胃内发育为成虫。

（4）发育时间。在外界的虫卵孵出毛蚴约需14d，侵入中间宿主体内的毛蚴约经43d发育为尾蚴，囊蚴进入终末宿主体内到达瘤胃约经3个月发育为成虫。

【流行病学】

1. 感染源　患病或带虫牛、羊等反刍动物。

2. 传播途径　终末宿主经口感染。虫卵粪便排除，污染水体。

3. 易感动物　牛、羊、鹿、骆驼等反刍动物。

4. 流行特点　多流行于江河流域、低洼潮湿等水源丰富地区。南方可常年感染，北方主要在5—10月感染。幼虫引起的急性病例多发生于夏、秋季节，成虫引起的慢性病例多发生于冬、春季节。多雨年份易造成流行。

【治疗】

1. 氯硝柳胺（灭绦灵）　牛每千克体重50～60mg，羊每千克体重70～80mg，一次口服。

2. 硫氯酚　牛每千克体重40～50mg，羊每千克体重86～100mg，一次口服。

【防治措施】

1. 定期预防性驱虫　驱虫时间和次数可根据当地流行情况而定。

2. 消灭中间宿主　可通过喷洒药物、兴修水利、改造低洼地、饲养水禽等措施消灭中间宿主淡水螺。

3. 科学放牧 尽量不到低洼、潮湿地方放牧，在低洼湿地收割的牧草晒干后再作饲料。避免饮用非流动水。牧区实行划区轮牧，每月轮换一块草场。

4. 粪便无害化处理 对家畜粪便应集中堆放进行生物发酵处理。

子任务四　双腔吸虫病的防治

【思维导图】

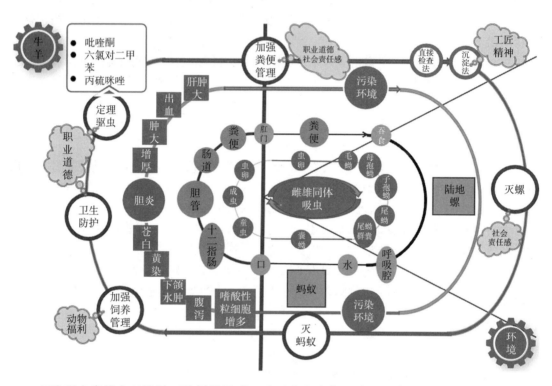

双腔吸虫病是由双腔科双腔属的矛形双腔吸虫和中华双腔吸虫寄生于牛、羊、鹿和骆驼等反刍动物的肝胆管和胆囊内所引起的一种吸虫病。在我国西北、东北、华东地区最为常见。主要特征为胆管炎、肝硬变及代谢、营养障碍，常与肝片形吸虫混合感染。

【案例】

辽宁一绒山羊场，病羊表现出慢性消耗性疾病的症状，表现为精神沉郁、食欲不振、渐进性消瘦、下颌水肿、轻度结膜黄染、消化不良、腹泻、腹胀、喜卧等症状。剖检时出现病变的脏器主要是肝。肝色泽变淡黄色或出现水肿，表面粗糙，胆管显露，特别是在肝的边缘部更明显。胆管扩张，内皮细胞易脱落，黏膜面出现出血点、溃疡斑，管壁增生、增厚。胆囊和胆管内有大量虫体。结合临诊症状和粪便检查方法可确诊为感染矛形双腔吸虫。

【临诊症状】

病畜精神沉郁，食欲不振，逐渐消瘦，可视黏膜苍白、黄染，下颌水肿，腹泻，行动迟缓，喜卧等。本病常与肝片形吸虫混合感染，症状加剧，并可致死亡。

【病理变化】

胆管卡他性炎症，胆管壁增厚，肝肿大，肝被膜肥厚（图 5-8）。严重感染的患畜，可见到黏膜黄染，逐渐消瘦，颌下和胸下水肿，下痢，并可致死亡。

【诊断】

根据流行病学资料，结合临诊症状、粪便检查和剖检发现虫体综合诊断。

【检查技术】

沉淀法参见"项目七 常规寄生虫检查技术"。

【病原】

1. 形态结构

（1）矛形双腔吸虫。虫体扁平而透明，呈棕红色，可见到内部器官，表面光滑，窄长呈"矛形"。前端较尖锐，体后半部稍宽（图 5-9）。虫体大小为（6.7～8.3）mm×（1.6～2.1）mm，长宽比例为（3～5）:1。腹吸盘大于口吸盘。口吸盘位于前端，腹吸盘位于体前 1/5 处，消化系统有口、咽、食道和两条简单的肠管。两睾丸前后排列或斜列在腹吸盘后方成四块状，边缘不整齐或分叶。睾丸后方偏右为卵巢及受精囊，卵巢分叶或呈圆形。子宫弯曲，充满虫体后半部，生殖孔开口于腹吸盘前方肠管分叉处。卵黄腺呈细小颗粒状位于虫体中部两侧。

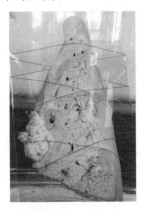

图 5-8、
图 5-9彩图

图 5-8 肝病理变化 　　　图 5-9 矛形双腔吸虫

虫卵呈卵圆形，黄褐色，一端有卵盖，左右不对称，内含毛蚴。虫卵大小为（34～44）μm×（29～33）μm。

（2）中华双腔吸虫。虫体较宽，腹吸盘前方部分呈头锥状，其后两侧作肩样突起。体较宽扁，两个睾丸呈圆形，边缘不整齐或稍分叶，并列于腹吸盘之后。卵巢在一睾丸之后略靠体中线。虫体大小为（3.5～9.0）mm×（2.0～3.1）mm，长宽之比为（1.5～3.1）:1。两个睾丸边缘不整齐，左右并列于腹吸盘后。

2. 生活史

（1）中间宿主。陆地螺，主要为条纹蜗牛、枝小丽螺等。

（2）补充宿主。蚂蚁。

（3）终末宿主。主要是牛、羊、鹿和骆驼等反刍动物。

（4）发育史。成虫在终末宿主胆管及胆囊内产卵，虫卵随胆汁进入肠道，再随粪便排出体外。虫卵被中间宿主吞食后，在其体内孵出毛蚴，经过母胞蚴、子胞蚴发育为尾蚴。众多尾蚴聚集形成尾蚴群囊，外被黏性物质包裹成为黏性球，从螺的呼吸腔排出，黏附于植物叶及其他物体上，被蚂蚁吞食后，很快在其体内形成囊蚴。终末宿主吞食了含有囊蚴的蚂蚁而感染，囊蚴脱囊后，由十二指肠经胆总管进入胆管及胆囊内发育为成虫（图5-10）。

（5）发育时间。进入中间宿主体内的虫卵发育为尾蚴需82～150d，进入终末宿主体内的囊蚴发育为成虫需72～85d。整个发育期为160～240d。

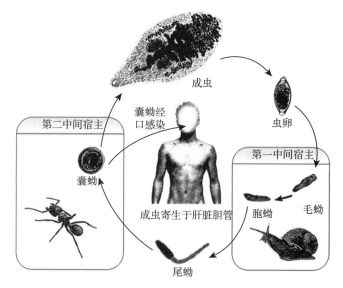

图5-10 双腔吸虫生活史

【流行病学】

1. 感染源　患病或带虫牛、羊等反刍动物，虫卵存在于粪便中。

2. 感染途径　经口感染。

3. 易感动物　主要感染牛、羊、鹿、骆驼等反刍动物，马属动物、猪、犬、兔、猴等也可感染，偶见于人。

4. 流行特点　本病遍及世界各地，呈地方流行。我国主要分布于东北、华北、西北和西南各地。以西北地区和内蒙古较为严重。宿主范围广，哺乳动物达70余种。在温暖潮湿的南方地区，第一、二中间宿主蜗牛和蚂蚁可全年活动，因此，动物几乎全年都可感染；而在寒冷干燥的北方地区，动物发病多在冬、春季节。动物随年龄的增长，其感染率和感染强度也逐渐增加。虫卵对外界环境抵抗力较强，在土壤和粪便中可存活数月，仍具感染性。

【治疗】

1. 三氯丙酰嗪　牛每千克体重 30～40mg，羊每千克体重 40～50mg，配成 2% 混悬液，经口灌服。

2. 阿苯达唑　牛每千克体重 10～15mg，羊每千克体重 30～40mg，一次口服。用其油剂腹腔注射，效果良好。

3. 六氯对二甲苯　牛、羊均按每千克体重 200～300mg，一次口服，连用 2 次。

4. 吡喹酮　牛每千克体重 35～45mg，羊每千克体重 60～70mg，一次口服。

【防治措施】

1. 定期驱虫　最好在每年的秋后和冬季驱虫，以防虫卵污染牧地；在同一牧地上放牧的所有患畜都要同时驱虫，坚持 2～3 年后可达到净化草场的目的。

2. 消灭中间宿主　灭螺灭蚁，因地制宜，结合开荒种草，消灭灌木丛或烧荒等措施消灭中间宿主。

3. 加强粪便管理　粪便进行生物热发酵，以杀死虫卵。

4. 加强饲养管理　尽量不要在低洼潮湿的牧地放牧，以减少感染的机会。

子任务五　　东毕吸虫病的防治

【思维导图】

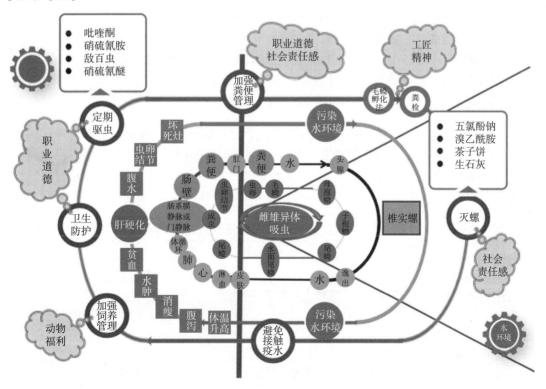

东毕吸虫病是由分体科东毕属的各种吸虫寄生于动物门静脉、肠系膜静脉血管中所引起的一类疾病。主要感染牛、羊、鹿、骆驼等反刍兽，其次是马、驴等单蹄兽。人患此病是尾蚴侵入皮肤而引起皮炎，故称稻田皮炎、游泳皮炎或尾蚴性皮炎。在我国分布极其广泛，主要分布于地势低洼、江河沿岸、水稻种植区等水源较丰富的地区，以内蒙古和西北地区较为严重，可引起动物的死亡。

【案例】

吉林某羊场病羊表现出精神萎靡、食欲不振、贫血、日渐消瘦、步态不稳，颌下发生水肿，将眼睑翻开发现眼结膜苍白，伴有腹泻，排出稀粪，且散发腥臭味。病程后期，病羊由于严重衰竭而发生死亡。部分症状严重的妊娠母羊会发生流产或者早产。整个羊群明显缺乏营养，机体瘦骨嶙峋，被毛粗乱，且附着粪便等污物。对于自然死亡的病死羊呈背侧卧进行剖检，发现肝表面粗糙、质地略硬，散布有灰白色的虫卵结节；小肠中主要是十二指肠黏膜发生充血、肿胀，且由于沉积虫卵会形成肠溃疡，加之明显肥厚而形成黏膜的乳样结节以及斑痕组织，其中发生病变最明显的部位是直肠部分，肠系膜淋巴结基本都发生水肿变性，且出现坏死，肠系膜存在胶样浸润，提起肠系膜并展开，将血污清洗干净，在光照下进行观察，发现静脉内存在乳白色虫体，特别是十二指肠段的肠系膜静脉中寄生数量最多。实验室粪便检查确定病羊感染东毕吸虫。

【临诊症状】

患畜表现精神不振、食欲减退、贫血、水肿、消瘦、发育不良、长期腹泻，粪便中混有黏液、黏膜和血丝。如饲养管理不善，可因恶病质而死亡。犊牛和羔羊发育不良，妊娠牛易流产，乳牛产乳量下降。严重感染的畜群，可引起急性发作，体温上升到40℃以上，精神沉郁、食欲减退、呼吸促迫、腹泻，直至死亡。

人感染后几小时，皮肤出现米粒大红色丘疹，1～2d内发展成绿豆大，周围有红晕及水肿，有时可连成风疹团，剧痒。注意挠痒破溃后继发感染。

【病理变化】

尸体消瘦、贫血，腹腔内有大量积水。肠系膜淋巴结肿大，肝表面凸凹不平、质硬，上有大小不等散在的灰白色虫卵结节。肝在病的初期呈现肿大，后期萎缩、硬化。小肠壁肥厚，黏膜上有出血点或坏死灶。

【诊断】

根据流行病学、临诊症状及粪便检查确诊。粪便检查用毛蚴孵化法。

【检查技术】

毛蚴孵化法参见"项目七 常规寄生虫检查技术"。

【病原】

1. 形态结构

（1）土耳其斯坦东毕吸虫。雌雄异体，但雌雄经常呈合抱状态。虫体呈线状。雄虫为乳白色，大小为（3~9）mm×（0.4~0.5）mm；体表光滑无结节，呈C形，腹面有抱雌沟；睾丸数目78~80个，呈颗粒状，位于腹吸盘下方，呈不规则的双行排列；生殖孔开口于腹吸盘后方。雌虫比雄虫纤细，略长，大小为（3.9~5.7）mm×（0.07~0.116）mm；卵巢呈螺旋状扭曲，位于两肠管合并处之前；卵黄腺在肠单管两侧；子宫短，在卵巢前方，子宫内通常只有一个虫卵。虫卵椭圆形，无色，无卵盖，一端有一钮状物，另一端有一小刺，内含毛蚴。虫卵大小为（72~74）μm×（22~26）μm。

（2）程氏东毕吸虫。体表有结节。雄虫粗大，大小为（3.12~4.99）mm×（0.23~0.34）mm，抱雌沟明显。雌虫比雄虫细短，大小为（2.63~3.00）mm×（0.09~0.14）mm。雄虫睾丸较大，数目为53~99个，拥挤重叠，单行排列。虫卵大小为（80~130）μm×（30~50）μm。

2. 生活史

（1）中间宿主。椎实螺类：耳萝卜螺、卵萝卜螺、小土蜗螺。它们栖息于水田、池塘、水流缓慢及杂草丛生的河滩、死水注、草塘和水溪等处。

（2）终末宿主。牛、羊、鹿、骆驼等反刍兽和马、驴等单蹄兽以及人。

（3）发育史。成虫寄生于牛、羊等哺乳动物的肠系膜静脉及门脉中产卵，虫卵在肠壁黏膜或被血流冲积到肝内形成虫卵结节，结节在肠壁处可破溃而使虫卵进入肠腔；在肝处的虫卵或被结缔组织包埋，钙化而死亡；或破坏结节随血流或胆汁而注入小肠，后随粪便排出体外。虫卵在适宜的条件下，经10d左右孵出毛蚴。毛蚴在水中遇到适宜的中间宿主淡水螺，迅速钻入其体内，经过母胞蚴、子胞蚴发育至尾蚴。尾蚴自螺体逸出，在水中遇到牛、羊等即经皮肤侵入，移行至肠系膜血管内发育为成虫。

（4）发育时间。毛蚴侵入螺体发育至尾蚴约需1个月。在终末宿主体内发育为成虫需2~3个月。

【流行病学】

1. 感染源 病畜或带虫家畜，虫卵随粪便排出体外。

2. 感染途径 终末宿主经口感染。

3. 易感动物 牛、羊、鹿、骆驼等反刍兽和马、驴等单蹄兽。

4. 流行特点。东毕吸虫在我国各地分布相当广泛，呈地方性流行，在青海和内蒙古地区十分严重，感染强度往往很高，引起不少羊死亡。

本病具有一定的季节性，一般从5—10月感染流行，北方地区多于6—9月牛、羊在牧地放牧时，在水中吃草或饮水时经皮肤感染。成年牛、羊的感染率往往比幼龄畜高，黄牛和羊的感染率又比水牛为高。

【治疗】

1. 硝硫氰胺 绵羊每千克体重50mg，一次口服；牛每千克体重20mg，连用3d为一疗程；也可用2%混悬液静脉注射，绵羊每千克体重2~3mg，牛每千克体重1.5~2mg。

2. 六氯对二甲苯 绵羊每千克体重100mg，一次口服；牛每千克体重350mg，一次口服，连用3d。

3. 吡喹酮 牛、羊每千克体重 30～40mg，一次口服，每天一次，连用 2d。

【防治措施】

1. 定期驱虫 一般应在尾蚴停止感染的秋后进行冬季驱虫，既可治疗病畜，又可消灭感染源。

2. 消灭中间宿主 根据椎实螺的生态学特点，因地制宜，结合农牧业生产，采取有效措施，改变淡水螺的生存环境条件，进行灭螺；也可用杀螺剂，如五氯酚钠、氯硝柳胺、氯乙酰胺等灭螺。

3. 加强饲养管理 严禁接触和饮用"疫水"，特别在流行区里不得饮用池塘、水田、沟渠、沼泽、湖泊里的水，最好饮用井水或自来水。

4. 加强粪便管理 将粪便堆积发酵，以杀灭虫卵。

任务二　牛、羊线虫病的防治

子任务一　犊新蛔虫病的防治

【思维导图】

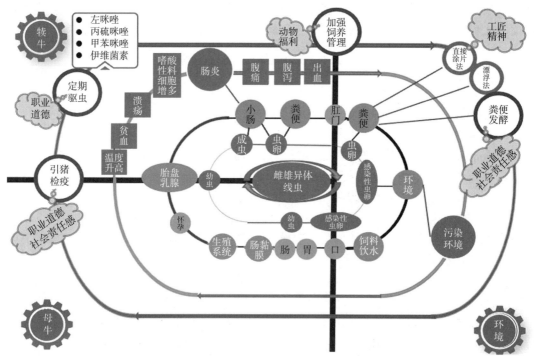

犊新蛔虫病是由弓首科新蛔属的牛新蛔虫寄生于犊牛小肠内引起的疾病。主要特征为肠炎、腹泻、腹部膨大和腹痛。初生牛犊大量感染时可引起死亡。

【案例】

六德乡施某家 1 头两月龄水牛犊 4d 前不吮乳，粪便呈灰白色泥样，带少量血丝，喜卧，回头顾腹，精神倦怠。该村兽医按肠炎治疗，病情加重。患畜消瘦，精神沉郁，回头顾腹，时而下卧，被毛粗乱，眼球凹陷，口腔恶臭，腹痛，粪便灰白如膏泥样，经粪便检查出虫卵而确诊为犊牛新蛔虫病。

【临诊症状】

被感染的犊牛表现精神沉郁，食欲不振，吮乳无力，贫血。虫体损伤引起小肠黏膜出血和溃疡，继发细菌感染而导致肠炎，出现腹泻、腹痛、便中带血或黏液，腹部膨胀，站立不稳。虫体毒素作用可引起过敏、阵发性痉挛等。成虫寄生数量多时，可致肠阻塞或肠破裂引起死亡。出生后犊牛吞食感染性虫卵，由于幼虫移行损伤肺，因而出现咳嗽、呼吸困难等，但可自愈。

【病理变化】

小肠黏膜出血、溃疡。大量寄生时可引起肠阻塞或肠穿孔。犊牛感染可见肠壁、肝、肺等组织损伤，有点状出血、炎症。血液中嗜酸性粒细胞明显增多。

【诊断】

根据 5 月龄以下犊牛多发等流行病学资料和临诊症状初诊。通过粪便检查和剖检发现虫体确诊。

【检查技术】

漂浮法参见"项目七　常规寄生虫检查技术"。

【病原】

1. 形态构造　牛新蛔虫虫体粗大，活体呈淡黄色，固定后为灰白色。头端有 3 片唇。食道呈圆柱形，后端有 1 个小胃与肠管相接。雄虫长 11～26cm，尾部有一个小锥突，弯向腹面，交合刺 1 对。雌虫长 14～30cm，尾直（图 5-11）。

图 5-11 彩图

图 5-11　牛新蛔虫

虫卵近似圆形，淡黄色，卵壳厚，外层呈蜂窝状，内含1个胚细胞。虫卵大小为（70～80）μm×（60～66）μm。

2. 生活史

（1）发育史。成虫寄生于犊牛小肠内，雌虫产出的虫卵随粪便排出体外，在适宜的条件下发育为感染性虫卵，母牛吞食后，虫卵在小肠内孵出幼虫，穿过肠黏膜移行至母牛的生殖系统组织中。母牛怀孕后，幼虫通过胎盘进入胎儿体内。犊牛出生后，幼虫在小肠发育为成虫。幼虫在母牛体内移行时，有一部分可经血液循环到达乳腺，使哺乳犊牛吸吮乳汁而感染，在小肠内发育为成虫。犊牛在外界吞食感染性虫卵后，幼虫可随血液循环在肝、肺等移行后经支气管、气管、口腔、咽进入消化道后随粪便排出体外，但不能在小肠内发育。

（2）发育时间。在外界的虫卵发育为感染性虫卵需20～30d（27℃）；侵入犊牛体内的幼虫发育为成虫约需1个月。

（3）成虫寿命。成虫在犊牛小肠内可寄生2～5个月，以后逐渐从体内排出。

【流行病学】

1. 易感动物　主要发生于5月龄以内的犊牛。成年牛只在内部器官组织中有移行阶段的幼虫，而无成虫寄生。

2. 抵抗力　虫卵对一般化学药物抵抗力较强，2%福尔马林中仍可正常发育，29℃时在2%来苏儿中可存活约20h。虫卵对干燥、阳光、高温等因素敏感。对直射阳光抵抗力差，地表面阳光直射下4h全部死亡，干燥环境中48～72h死亡。感染期虫卵需80%的相对湿度才能存活。

3. 流行特点　本病多呈地方性流行，以南方多见，北方较少。

【治疗】

1. 驱蛔灵　每千克体重250mg，一次口服。

2. 丙硫苯咪唑　每千克体重10mg，一次口服。

3. 敌百虫　每千克体重40～50mg，一次口服。

4. 左旋咪唑　每千克体重7mg，一次口服；或左旋咪唑注射液每千克体重5mg肌内注射。

【防治措施】

1. 定期驱虫　15～30日龄是成虫寄生的高峰期，这时应进行驱虫处理。

2. 加强饲养管理　注意牛舍清洁卫生，垫草和粪便应进行生物发酵处理，母牛和小牛最好隔离饲养。

子任务二　**牛、羊胃肠道线虫病的防治**

牛、羊胃肠道线虫病是由不同科属线虫寄生于牛、羊等反刍动物消化道内引起各种线虫病的总称。这些线虫分布广泛，且多为混合感染，对牛、羊危害极大。主要特征为贫血、消瘦，可造成牛、羊大批死亡。

【案例】

某羊场病羊表现高度营养不良，渐进性消瘦，贫血，可视黏膜苍白，下颌及腹下水肿，腹泻，精神沉郁，食欲不振，部分病羊因衰竭而死亡。尤其羔羊和犊牛发育受阻，死亡率高。剖检病羊可见幼虫移行经过的器官出现淤血性出血和小出血点。胃、肠黏膜发炎有出血点，肠内容物呈褐色或血红色，肠壁有结节，在胃、肠道内发现大量虫体。粪便检查结合临诊症状可以确诊为羊胃肠道线虫病。

【临诊症状】

病畜贫血，胃、肠组织损伤，消化、吸收功能降低。表现高度营养不良，渐进性消瘦，贫血，可视黏膜苍白，下颌及腹下水肿，腹泻或顽固性下痢，有时便中带血，有时便秘与腹泻交替，精神沉郁，食欲不振，可因衰竭而死亡。尤其羔羊和犊牛发育受阻，死亡率高。死亡多发生在"春季高潮"时期。

【病理变化】

尸体消瘦、贫血、水肿。器官出现淤血性出血和小出血点。胃、肠黏膜发炎，有出血点，肠内容物呈褐色或血红色。食道口线虫可引起肠壁结节，新结节中常有幼虫。在胃、肠道内发现大量虫体。

【诊断】

应根据流行病学、临诊症状、粪便检查和剖检发现虫体进行综合诊断。粪便检查用漂浮法。因牛羊带虫现象极为普遍，故发现大量虫卵时才能确诊。

【检查技术】

漂浮法参见"项目七 常规寄生虫检查技术"。

【病原】

1. 形态构造 如表5-1所示。

表5-1 牛、羊胃肠道线虫形态结构比较

目 科 属	名称	寄生部位	形态结构			
			形态	雄虫	雌虫	虫卵
圆 毛 血 线 圆 矛 虫 科 属 目	捻转血 矛线虫	皱胃 小肠	呈毛发状，淡红色； 颈乳突明显，头端尖 细，口囊小，口囊内有 1个背侧矛形小齿	长15~19mm 交合伞发达 交合刺短而粗，末端 有小钩，有引器	长27~30mm 外观红白相间 阴门位于后半部 有一个阴门盖	椭圆形 灰白色或无色 (75~95) μm× (40~50) μm

（续）

目	科	属	名称	寄生部位	形态结构			
					形态	雄虫	雌虫	虫卵
		毛圆属	蛇形毛圆线虫	小肠皱胃	虫体细小	长 4～6mm 交合伞侧叶大 1 对交合刺粗而短，近于等长，远端具有明显的三角突，引器呈梭形	长 5～6mm 阴门位于后半部	（79～101）μm×（39～47）μm
		长刺属	指形长刺线虫	皱胃		长 25～31mm 交合刺纤长	长 30～45mm 阴门盖为两片 阴门位于肛门附近	（105～120）μm×（51～57）μm
		奥斯特属	环形奥斯特线虫三叉奥斯特线虫	皱胃小肠	虫体呈棕褐色，长 10～12mm，口囊浅而宽	有生殖锥和生殖前锥 交合刺短，末端分 2 叉或 3 叉	尾端常有环纹 阴门在体后部	
圆线目	毛圆科	马歇尔属	蒙古马歇尔线虫	皱胃十二指肠		不具引器 交合刺分成 3 枝，末端尖	阴门位于后半部	长椭圆形 灰白色或无色 （173～205）μm×（73～99）μm
		古柏属	等侧古柏线虫叶氏古柏线虫	小肠胰	虫体小于 9mm。前方有小的头泡，食道区有横纹，口囊很小	交合刺短，末端钝 生殖锥和交合伞发达 无引器		
		细颈属	尖刺细颈线虫	小肠	头前端角皮有横纹，多数有头泡，颈部常弯曲	交合伞侧叶大 交合刺细长，远端融合	尾端有一个小刺	长椭圆形 灰白色或无色 （150～230）μm×（80～110）μm
		似细颈属	长刺似细颈线虫驼似细颈线虫	小肠		交合刺很长，可达全虫的 1/2	前呈线形，后粗大 阴门位于前 1/4～1/3 处	
	盅口科	食道口属	哥伦比亚食道口线虫、微管食道口线虫、粗纹食道口线虫	结肠	口囊小而浅，有明显的口领，口缘有叶冠颈乳突位于食道附近两侧，有或无侧翼膜	交合伞发达，有一对等长的交合刺	阴门位于肛门前方附近 排卵器发达 呈肾形	椭圆形 灰白色或无色 8～16 个深色胚细胞 （70～74）μm×（45～57）μm

（续）

目	科	属	名称	寄生部位	形态结构			
					形态	雄虫	雌虫	虫卵
圆线目	钩口科	仰口属	羊仰口线虫 牛仰口线虫	小肠	头端向背面弯曲 口囊呈漏斗状 口孔腹缘有1对切板	雄虫交合伞外背肋不对称	雌虫阴门在虫体中部之前，虫卵具有特征性	钝椭圆形，两侧平直，壳薄 灰白或无色 胚细胞大而少，内含暗色颗粒 （82～97）μm×（47～57）μm
	圆线科	夏伯特属	绵羊夏伯特线虫 叶氏夏伯特线虫	大肠	口孔开口于前腹侧，有两圈不发达的叶冠；口囊呈亚球形，底部无齿	交合伞发达 交合刺等长且较细 有引器	阴门靠近肛门	椭圆形 灰白或无色 壳较厚，含10多个胚细胞 （83～110）μm×（47～59）μm
毛尾目	毛尾科	毛尾属	鞭虫	盲肠	呈乳白色 外形似鞭	雄虫尾部卷曲，有1根交合刺，有交合刺鞘	尾部稍弯曲，后端钝圆 阴门位于粗细交界处	褐色或棕色 腰鼓状 （70～75）μm×（31～35）μm

2. 生活史 毛尾线虫的感染期为感染性虫卵，其余消化道线虫的感染期均为感染性幼虫。均属直接发育型。

毛圆科线虫产出的虫卵随粪便排出体外，在适宜的条件下，约需1周，逸出的幼虫经2次蜕皮发育为感染性幼虫。幼虫移动到牧草的茎叶上，牛、羊吃草或饮水时吞食而感染，幼虫在皱胃或小肠黏膜内进行第3次蜕皮，第4期幼虫返回皱胃和肠腔，附着在黏膜上进行最后1次蜕皮，逐渐发育为成虫。

仰口线虫经皮肤感染后，幼虫进入血液循环到达肺，进入肺泡进行第3次蜕皮，发育为第4期幼虫，再移行至支气管、气管、咽，被咽下后进入小肠，进行第4次蜕皮发育为第5期幼虫，最后发育为成虫。此过程需50～60d。

食道口线虫的感染性幼虫感染牛、羊后，大部分幼虫钻入结肠固有层形成结节，在其中进行第3次蜕皮变为第4期幼虫，再返回结肠中经第4次蜕皮发育为第5期幼虫，最后发育为成虫。幼虫在结节内停留的时间，与牛、羊的年龄和抵抗力有关，短则6～8d，长则1～3个月或更长，甚至不能发育为成虫。

微管食道口线虫很少造成肠壁结节。

毛尾线虫的虫卵随粪便排出体外，在适宜的条件下经2周或数月发育为感染性虫卵，牛、羊经口感染后，卵内幼虫在肠道孵出，以细长的头部固着在肠壁内，约经12周发育为成虫。

【流行病学】

1. 感染途径 消化道线虫均经口感染。但仰口线虫也可经皮肤感染，而且幼虫发育率可达80%以上，而经口感染时，发育率仅为10%左右。

2. 易感动物 羔羊和犊牛对多数线虫易感，但食道口线虫往往对 3 月龄以内的羔羊和犊牛感染力低。

3. 抵抗力 第 3 期幼虫很活跃，虽不采食，但在外界可以长时间保持其生命力。可抵抗干燥、低温和高温等不利因素的影响，许多种线虫在牧场可越冬。在一般情况下，第 3 期幼虫可生存 3 个月。牛、羊粪和土壤是幼虫的隐蔽所，感染性幼虫有背地性和向光性反应，在温度、湿度和光照适宜时，幼虫就从牛、羊粪或土壤中爬到牧草上；环境不利时又回到土壤中隐蔽，故牧草受幼虫污染时，土壤为主要来源。

牛、羊消化道线虫，因虫种不同，其感染性幼虫对外界环境的抵抗力也有差异，因此具有一定的地区性。细颈线虫病、马歇尔线虫病、奥斯特线虫病和夏伯特线虫病一般在高寒地带多发，而血矛线虫病、仰口线虫病和食道口线虫病在气候比较温暖的地区较为多见。

4. 流行特点 "春季高潮"是指每年春季（4—5 月）牛、羊消化道线虫病发病出现高峰期。以西北地区明显。

【治疗】

1. 左旋咪唑 牛、羊每千克体重 6～10mg，一次口服，奶牛、奶羊休药期不少于 3d。

2. 阿苯达唑 牛、羊每千克体重 10～15mg，一次口服。

3. 甲苯达唑 牛、羊每千克体重 10～15mg，一次口服。

4. 伊维菌素 牛、羊每千克体重 0.2mg，一次口服或皮下注射。

【防治措施】

1. 定期驱虫 一般应在春、秋两季各进行 1 次驱虫。北方地区可在冬末、春初进行驱虫，可有效防止"春季高潮"。

2. 粪便处理 对计划性驱虫和治疗性驱虫后排出的粪便应及时清理，进行发酵，以杀死其中的病原体，消除感染源。

3. 提高机体抵抗力 注意饲料、饮水清洁卫生，尤其在冬、春季，牛、羊要合理地补充精料、矿物质、多种维生素，以增强抗病力。

4. 科学放牧 放牧牛、羊尽量避开潮湿地及幼虫活跃时间，以减少感染机会。有条件的地方实行划区轮牧或畜种间轮牧。

任务三　牛、羊绦虫病的防治

子任务一　牛、羊莫尼茨绦虫病的防治

莫尼茨绦虫病是由裸头科莫尼茨属的扩展莫尼茨绦虫和贝氏莫尼茨绦虫寄生于牛、羊、骆驼等反刍动物的小肠内而引起的一种重要寄生虫病。本病分布于世界各地，多呈地方性流行。主要危害羔羊和犊牛，影响幼畜生长发育，严重感染时，可导致大批死亡。

【思维导图】

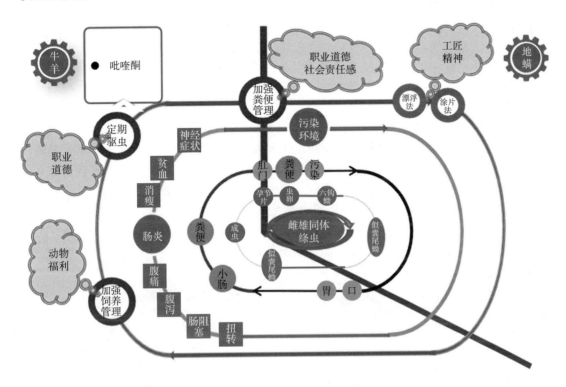

【案例】

近几年在江苏省泰州市每年夏秋季节都有大批羔羊死亡。幼年羊最初的表现是精神不振、消瘦、离群、贫血、粪便变软，后发展为腹泻，粪中含黏液和孕节片。有的病畜有明显的神经症状。剖检发现肠有时发生阻塞或扭转。肠黏膜出血，小肠内有虫体。结合临诊症状和粪便检查确诊为感染羊莫尼茨绦虫。

【临诊症状】

幼畜表现精神不振、消瘦、离群、粪便变软，后发展为腹泻，粪中含黏液和孕节片，进而衰弱、贫血。有的病畜有明显的神经症状，如无目的的运动，步履蹒跚，时有震颤。神经型的莫尼茨绦虫病羊往往以死亡告终。

【病理变化】

尸体贫血，消瘦，黏膜苍白。胸腹腔有多量渗出液。肠有时发生阻塞或扭转。肠黏膜出血，小肠内有虫体。

【诊断】

根据患病犊牛或羔羊粪球表面有黄白色的孕节片，形似煮熟的米粒，孕节涂片检查时，可见到大量灰白色的虫卵。或用饱和盐水浮集法检查粪便，发现虫卵，结合临诊症状和流行病学资料等分析即可确诊。或死后剖检，在小肠内发现虫体亦可确诊。

【检查技术】

饱和盐水漂浮法参见"项目七 常规寄生虫检查技术"。

【病原】

1. 形态结构 扩展莫尼茨绦虫和贝氏莫尼茨绦虫均为大型绦虫，外观相似，头节小，近似球形，上有4个吸盘，无顶突和小钩。体节宽而短，成节内有两套生殖器官，每侧一套，生殖孔开口于节片的两侧。扇形的卵巢和块状的卵黄腺在体两侧构成花环状。睾丸数百个，分布于两纵排泄管间。子宫呈网状。两种虫体各节片的后缘均有横列的节间腺。虫卵直径56~67μm，内含梨形器，梨形器内含六钩蚴。

扩展莫尼茨绦虫长可达10m，宽可达1.6cm，呈乳白色。一排节间腺呈大囊泡状，沿节片后缘分布，范围大（图5-12）。虫卵近似三角形（图5-13）。

图5-12、
图5-13彩图

图5-12 莫尼茨绦虫标本

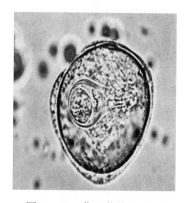

图5-13 莫尼茨绦虫虫卵

贝氏莫尼茨绦虫长可达4m，宽可达2.6cm，呈黄白色。节间腺呈小点密布的横带状，位于节片后缘的中央部位。虫卵为四角形。

2. 生活史

（1）中间宿主。地螨。

（2）终末宿主。牛、羊、鹿、骆驼等反刍动物。

（3）发育史。虫卵和孕节随终末宿主的粪便排至体外，虫卵被中间宿主吞食后，六钩蚴穿过消化道壁，进入体腔，发育成具有感染性的似囊尾蚴。动物吃草时吞食了含似囊尾蚴的地螨而受感染，在其体内经45~60d发育为成虫。成虫在动物体内的寿命为2~6个月，后自动排出体外。

【流行病学】

1. 感染源 含似囊尾蚴的地螨。地螨种类繁多，以肋甲螨和腹翼甲螨感染率较高。地螨在富含腐殖质的林区，潮湿的牧地及草原上数量较多，而在开阔的荒地及耕种的熟地里较少。地螨喜温暖与潮湿，在早晚或阴雨天气时经常爬至草叶上，干燥或日晒时便钻入土中。雨后牧场上，地螨数量显著增加。成螨在牧地上可存活 14～19 个月，因此，被污染的牧地可保持感染力达两年之久。地螨体内的似囊尾蚴可随地螨越冬，所以，动物在初春放牧一开始，即可遭受感染。

2. 感染途径　经口感染。

3. 易感动物　1.5～8 个月的羔羊和当年生的犊牛。

4. 流行特点　莫尼茨绦虫为世界性分布，在我国的东北、西北的牧区流行广泛；在华北、华东、中南及西南各地也经常发生。农区较不严重。

本病有明显的季节性，这与地螨的习性和分布密切相关。各地主要感染期有所不同，南方感染高峰在 4—6 月，北方主要在 5—8 月。

【治疗】

1. 硫氯酚　羊每千克体重 75～100mg，牛每千克体重 50mg，一次口服。

2. 氯硝柳胺　羊每千克体重 75～80mg，牛每千克体重 60～70mg，制成 10%水悬液灌服。

3. 阿苯达唑　牛、羊每千克体重 10～20mg，制成 1%水悬液灌服。

4. 吡喹酮　羊每千克体重 10～15mg，牛每千克体重 5～10mg，一次口服。

【防治措施】

1. 定期驱虫　鉴于幼畜在开春一放牧即可感染，故应在放牧后 4～5 周时进行成虫期前驱虫，间隔 2～3 周再进行第二次驱虫。驱虫的对象应是幼畜，但成年动物一般为带虫者，是重要的感染源，因此也应定期驱虫。

2. 科学放牧　污染的牧地，特别是潮湿和森林牧地空闲两年后可以净化。土地经过几年的耕作后，地螨量可大大减少，有利于莫尼茨绦虫的预防。

3. 加强饲养管理　避免在湿地放牧，避免在清晨、黄昏和雨天放牧，以减少感染的机会。

子任务二　脑多头蚴病的防治

脑多头蚴病是由带科带属的多头带绦虫的幼虫脑多头蚴寄生于牛、羊等反刍动物大脑内所引起的一种寄生虫病，俗称脑包虫病。成虫寄生于终末宿主犬、豺、狼、狐狸等的小肠内。幼虫主要寄生于绵羊、山羊、黄牛、牦牛等动物的大脑、延脑、脊髓等处，偶见于骆驼、猪、马及其他野生反刍动物，极少见于人，是危害羔羊和犊牛的一种重要的寄生虫，尤以两岁以下的绵羊易感。

【案例】

某养殖户饲养了 80 只绵羊，有 1 只羊开始离群独处，并有头颈弯曲等不正常情况，半个月后出现强烈情绪，时而极度亢奋，时而极度消沉，有时做回旋运动，行动过程中容易摔倒，后期有小便失禁现象，最终死亡。经过诊断分析，最终确诊为脑包虫病即羊脑多头蚴病。

【思维导图】

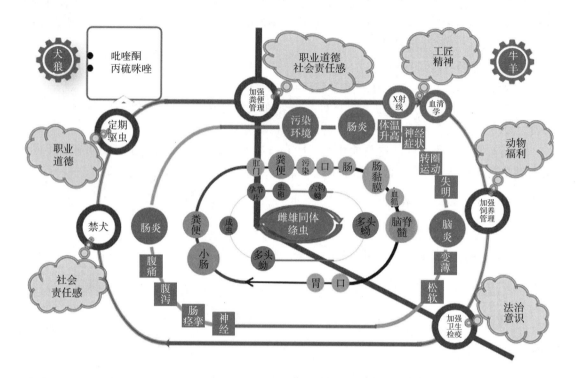

【临诊症状】

1. 前期症状 羔羊急性感染初期，六钩蚴移行引起脑炎，表现体温升高，脉搏、呼吸加快，甚至强烈兴奋，患畜作回旋、前冲或后退运动；有时沉郁，长期躺卧，脱离畜群。部分羊在5～7d内因急性脑膜炎而死，若耐过则转为慢性症状。

2. 后期症状 感染后2～7个月，逐渐产生明显的典型症状。但这种典型症状，也随囊体寄生部位不同而异。由于虫体寄生在大脑半球表面的出现率最多，其形成的典型症状为"转圈运动"。

（1）寄生在大脑半球。常向着被虫体压迫的一侧进行"转圈"运动（多头蚴囊体越大，动物转圈越小），对侧视神经乳突常有充血与萎缩，造成视力障碍以至失明。叩诊头骨，患区有浊音，患部头骨常萎缩变薄，甚至穿孔，该部皮肤隆起，有压痛。病畜精神沉郁，对声音刺激反应弱，严重时食欲消失，身体消瘦，卧地不起，终致死亡。

（2）寄生在大脑正前部。除有上述症状外，病畜脱离畜群（主要发生在绵羊），常不能自行回转，在碰到障碍物时，即把头抵在物体上呈呆立状。

（3）寄生在大脑后部。典型症状为头高举或做后退运动，甚至倒地不起，且头颈部肌肉痉挛，头向上仰，有时可致头背部相接；如果痉挛仅涉及一侧肌肉，头则偏向一侧。

（4）寄生在小脑。患畜神经过敏，易受惊，对任何喧哗，甚至极小的声音均表现不安，以致将头高举，向与声源相反的方向走。四肢作痉挛性或蹒跚的步态，无论站立或运动均常失去平衡，如站立时四肢常外展或内收，行走时步伐常加长，且易跌倒。

（5）寄生在脊髓。病畜步伐不稳，在转弯时更明显；囊体压力过大时可引起后肢麻痹。有时膀胱括约肌发生麻痹，使小便失禁。

【病理变化】

前期有脑膜炎和脑炎病变，后期可见囊体在表面或嵌入脑组织中。寄生部位的头骨变薄、松软和皮肤隆起。

【诊断】

根据多头蚴病特异的症状、流行病学、病史做出初步判断，但要注意与莫尼茨绦虫病、羊鼻蝇蚴病以及脑瘤或其他脑病相鉴别，这些疾病一般不会有头骨变薄、变软和皮肤隆起的现象。也可用 X 线或超声波进行诊断，尸体剖检时发现虫体即可确诊。此外还可用变态反应原（用多头蚴的囊液及原头蚴制成乳剂）注入羊的上眼睑内做诊断。感染多头蚴的羊于注射 1h 后，皮肤呈现肥厚肿大（1.75～4.2cm）并保持 6h 左右。近年来采用酶联免疫吸附试验（ELISA）诊断，有较强的特异性、敏感性，且没有交叉反应。

【检查技术】

变态反应法和酶联免疫吸附试验法参见"项目七 常规寄生虫检查技术"。

图 5-14 彩图

【病原】

1. 形态结构　脑多头蚴呈乳白色、半透明囊泡状，囊体由豌豆到鸡蛋大，囊内充满透明液体。囊壁由两层膜组成，外膜为角皮层，内膜为生发层。生发层上有 100～250 个直径为 2～3mm 的原头蚴（图 5-14）。

图 5-14　脑多头蚴

多头带绦虫体长 40～100cm，节片 150～250 个；头节上有 4 个吸盘，顶突上有 22～32 个小钩，分两圈排列。每个成熟节片内有一组生殖器官，生殖孔不规则地交替开口于节片侧缘稍后部。睾丸约 300 个。卵巢分两叶，孕节子宫内充满虫卵，子宫每侧有 14～26 个侧枝。卵为圆形，直径 29～37μm，内含六钩蚴。

2. 生活史　寄生在终末宿主体内的成虫，其孕节和虫卵随宿主粪便排出体外，牛、羊等中间宿主食入虫卵后，六钩蚴在消化道逸出，并钻入肠黏膜血管内，随血流被带到脑脊髓中，经 2～3 个月发育为多头蚴。如果被血流带到身体其他部位，则不能继续发育而迅速死亡。犬、狼、狐狸等食肉兽吞食了含有多头蚴的病畜的脑脊髓后，原头蚴附着在小肠壁上逐渐发育，经 41～73d 发育成熟。成虫在犬的小肠中可生存数年之久。

【流行病学】

本病为全球性分布。欧洲、美洲及非洲绵羊的脑多头蚴病均极为常见；我国北京、黑龙江、吉林、辽宁、新疆、内蒙古、宁夏、甘肃、青海、山西、陕西、江苏、四川、贵州、福建与云南等地均有绵羊多头蚴病分布。

多头蚴病的流行原因和棘球蚴病基本相似，特别在牧区，由于有牧羊犬，若在屠宰羊时将羊头喂犬，可能导致犬感染多头蚴病；犬排出的粪便，有可能带有病原而污染草场、饲料或饮水，造成多头蚴病的流行。在非牧区，只要有病原存在，有养犬的习惯，绵羊或牛也可能感染本病。多头带绦虫在犬的小肠中可以生存数年之久，所以一年四季牲畜都可能被感染。

【治疗】

多头蚴发育增大能被发现时，可根据包囊的所在位置，用外科手术将头骨开一圆口，先用注射器吸去囊中液体，使囊体缩小，而后摘除。但这种方法，一般只能应用于脑表面的虫体。在深部的囊体，如能采用 X 线或超声波诊断确定其部位，也有施行手术的可能。近年来用吡喹酮和阿苯达唑治疗获得了较好的效果。

【防治措施】

1. 禁犬 患畜的头颅、脊髓应予烧毁。禁止将病畜的脑、脊髓喂犬。

2. 定期驱虫 对犬定期驱虫，对患多头带绦虫的犬进行治疗，对犬粪便进行无害化处理。

3. 扑杀终末宿主 对野犬、豺、狐狸等终末宿主应予猎杀。

4. 卫生防护 人应养成良好的饮食习惯，尤其尽可能不用手抚摸犬，以免感染。

子任务三　　牛囊尾蚴病的防治

牛囊尾蚴病是由带吻属牛带绦虫的中绦期（牛囊尾蚴）寄生于牛的肌肉内而引起的一种寄生虫病。牛带绦虫又称无钩绦虫，寄生于人的小肠。牛囊尾蚴又称牛囊虫。本病在人和牛之间传播，属人畜共患病。

【案例】

检疫人员在都兰县牛羊定点屠宰场进行检疫过程中，在牛的舌肌、咬肌、心肌、膈肌、腰肌、臀肌等处，检出形状为黄豆大小的半透明囊泡。感染密度为在 10cm^2 面积内有囊尾蚴 8～10 个。确诊该牛感染囊尾蚴病。

【临诊症状】

牛囊尾蚴寄生在脑时，可引起神经障碍；寄生在肌肉时，一般不表现明显的致病作用；大量寄生时，可能造成生长迟缓、发育不良、贫血和肌肉肿胀；寄生于眼结膜下组织或舌部时，可见豆状肿胀。人患牛带绦虫病时表现肠炎、腹痛、肠痉挛和神经症状。

【思维导图】

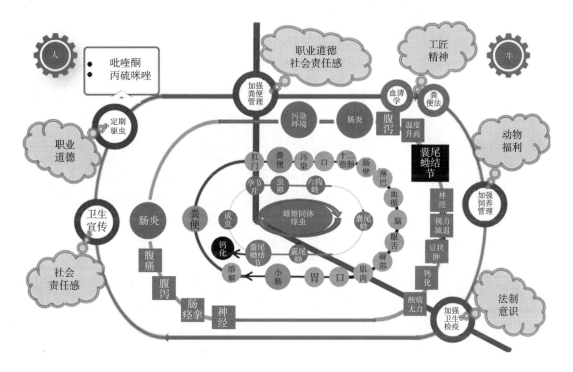

【病理变化】

剖检可见咬肌、腰肌、骨骼肌及心肌，有乳白色椭圆形的牛囊尾蚴。

【诊断】

生前诊断比较困难，检查眼结膜和舌根部有无因牛囊尾蚴引起的豆状肿胀，可作为生前诊断的依据。一般只有在宰后检验时才能确诊。牛带绦虫病可通过粪便检查发现孕卵节片和虫卵确诊。

【检查技术】

粪便检查法参见"项目七 常规寄生虫检查技术"。

【病原】

1. 形态结构 成熟的牛囊尾蚴呈卵圆形，黄豆大，有乳白色半透明包囊，大小为 $(7\sim10)$ mm $\times(4\sim6)$ mm，囊内充满液体，囊壁内肉眼可见白色小点状头节（图 5-15）。

成虫乳白色，长 4~8m，最长可达 25m（图 5-16）。虫体前端较细，逐渐向后变宽变扁。头节略成方形，直径 1.5~2.0mm，无顶突及小钩，顶端略凹入，常因含色素而呈灰色，有四个杯形的吸盘，直径 0.7~0.8mm，位于头节的四角。颈部细长，约为头节长度数倍。除头节外，牛带绦虫还有由千余个节片组成的链体，每一节片均有雌雄生殖器官各一套，孕卵节片约占节片总数10%，其子宫分支数为15～30个，呈分支状分布于节片两侧。排列整齐，内含大量虫卵。每一孕卵节片约含虫卵8万个。孕卵节片可自动脱落，随粪便排出，也可主动从肛门逸出。

虫卵圆形或近圆形（图5-17），直径36～42μm，黄褐色，胚膜3～3.8μm，表面有六角的网状纹理。胚膜内侧为幼胚外膜，薄而透明，紧包六钩蚴。

图5-15 牛囊尾蚴头节

图5-16 牛带绦虫

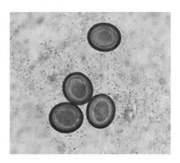
图5-17 虫卵

2. 生活史

（1）中间宿主。牛。

（2）终末宿主。人。

图5-15～
图5-17彩图

（3）发育史。牛带绦虫寄生在人体小肠上部，其虫卵与孕卵节片随粪便排出。虫卵污染饮水、饲料等环境。中间宿主吞食被污染的饲料后，六钩蚴在十二指肠内孵出并借其小钩及穿刺腺溶解黏膜而钻入肠壁，随血流到达身体各部肌肉内，尤其多见于头部咀嚼肌、舌肌、心肌及其他骨骼肌内，经过60～70d发育为有感染性的囊尾蚴。当人吞食有感染力的囊尾蚴后，在小肠受胆汁刺激，头节翻出并固着在肠黏膜上，长出节片，约经3个月发育为成虫（图5-18）。

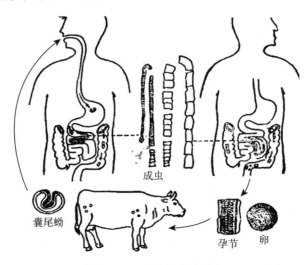
成虫

囊尾蚴

孕节

卵

图5-18 牛带绦虫生活史

（4）成虫寿命。成虫在人体内寿命很长，达30～60年。囊尾蚴在牛肉内也可存活3

年左右。

虫卵对外界环境抵抗力较强，在−4℃可存活168d，在粪便中也可存活数十天，通常处理污水的方法也不能完全杀死虫卵。

【流行病学】

1. 感染源 牛带绦虫病人和囊尾蚴病牛。

2. 感染途径 牛和人均经口感染。病人和带虫者粪便污染牧草和水源以及居民食用牛肉的方法不当，饮食习惯是决定牛带绦虫病感染率的最主要因素。

3. 易感动物 任何年龄均可患牛带绦虫病。人是牛带绦虫的终末宿主，但不能成为其中间宿主。

4. 流行特点 牛囊尾蚴病呈世界性分布，在多吃牛肉，尤其是有吃生的或不熟牛肉习惯的地区和民族中形成流行，一般地区仅散在发生。中国二十多个省都有散在分布的牛带绦虫病人，但在部分少数民族农牧区有地方性的流行。感染率高的可达到70%以上。

【治疗】

可用吡喹酮、阿苯达唑等进行治疗。处理脑水肿可用甘露醇、地塞米松等，处理癫痫发作可用巴比妥、苯巴比妥、氯丙嗪等。

【防治措施】

采取驱除人体绦虫，消灭传染源，切断传播途径的"查、驱、检、管、灭"的综合性对策和措施。

1. 驱除人体绦虫，消灭囊虫 在绦虫病发生地区以村为单位，逐户进行普查，对查出的绦虫病患者应及时进行驱虫治疗。以驱出完整绦虫虫体并有头节方为驱虫成功。

2. 加强肉类食品卫生检疫 定点集中屠宰，加强市场肉食品及集贸市场检疫工作，病牛肉必须经过严格的处理或销毁，杜绝进入市场销售。

3. 加强粪便管理 修建卫生厕所，实行牛圈养，防止牛吞食人粪中的虫卵。教育群众不随地大便，人畜粪便经厌氧或高温发酵无害化处理后再施肥，杀灭虫卵，切断感染途径。

4. 卫生防护 加强卫生宣传教育，增强群众的自我保健意识，注意个人卫生及饮食卫生，养成饭前便后洗手的习惯；肉制品应熟透后食用，切生肉及熟食的刀、板要分开使用。

子任务四 棘球蚴病的防治

棘球蚴是带科棘球属的棘球绦虫的中绦期寄生于牛、羊、猪、马、骆驼等家畜及多种野生动物和人的肝、肺及其他器官内引起的一种严重的人畜共患病。棘球绦虫寄生于犬、狼、狐狸等动物的小肠。在动物中，棘球蚴病对绵羊和骆驼的危害最为严重。该病呈世界性分布。

【思维导图】

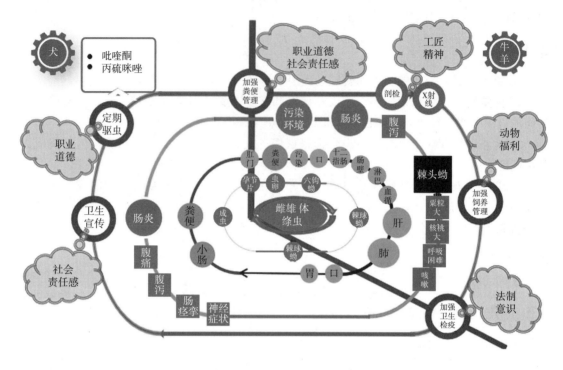

【案例】

某羊群，病羊表现消瘦、被毛逆立、脱毛、呼吸困难、咳嗽、倒地不起，死亡率较高。剖检可见肝等器官有囊泡，呈球形或不规则形，大小不等，由豌豆大到人头大，与周围组织有明显界限，触摸有波动感，囊壁紧张，有一定弹性，囊内充满无色透明液体，可以诊断为棘球蚴病。

【临诊症状】

病畜表现为消瘦、被毛逆立、脱毛、呼吸困难、咳嗽、倒地不起。牛严重感染时，常见消瘦、衰弱、呼吸困难或轻度咳嗽，剧烈运动时症状加重，产奶量下降。各种动物都可因囊泡破裂而产生严重的过敏反应，有的突然死亡。

【病理变化】

解剖病畜可见肝、肺等器官有粟粒大到核桃大，甚至更大的棘球蚴寄生。

棘球蚴对人的危害尤为明显，多房棘球蚴比细粒棘球蚴对人的危害更大。人体棘球蚴病以慢性消耗为主，往往使患者丧失劳动能力。

【诊断】

根据流行病学资料和临诊症状，采用皮内变态反应间接血凝试验（IHA）和酶联免疫吸附试验（ELISA）等方法对动物和人的棘球蚴病有较高的检出率。对动物尸体剖检时，在肝、肺等处发现棘球蚴可以确诊。对人和动物也可用 X 线和超声波诊断本病。

【检查技术】

皮内变态反应、IHA 和 ELISA 等方法参见"项目七　常规寄生虫检查技术"。

图 5-19 彩图

【病原】

1. 形态结构

棘球蚴的形状近似球形，直径为 5～10cm，小的仅有黄豆大，巨大的虫体直径可达 50cm，含囊液十余升。一个发育良好的棘球蚴内产生的原头节数可多达 200 万个。

（1）细粒棘球绦虫。虫体很小，全长 2～7mm，由一个头节和 3～4 个节片构成（图 5-19）。头节上有吸盘、顶突，顶突上有 36～40 个小钩。成节含雌雄生殖器官各一套，生殖孔位于节片侧缘后半部，睾丸 35～55 个；卵巢左右两瓣，孕节子宫膨大为盲囊状，内充满虫卵。虫卵直径为 30～36μm，外被一层辐射状的胚膜。

（2）多房棘球绦虫。虫体与细粒棘球绦虫相似，但更小，仅 1.2～4.5mm。顶突上有 14～34 个小钩。睾丸 14～35 个。生殖孔位于节片侧缘前半部。孕节内子宫呈袋状，无侧枝。虫卵大小为（30～38）μm×（29～34）μm。

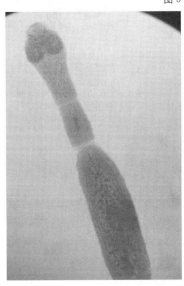

图 5-19　细粒棘球绦虫

2. 生活史　细粒棘球绦虫寄生于犬、狼、狐狸的小肠，虫卵和孕节随终末宿主的粪便排出体外，中间宿主因食入被虫卵污染的饲草、饲料、饮水而感染，虫卵内的六钩蚴在消化道逸出，钻入肠壁，随血流或淋巴散布到体内各处，以肝、肺最常见。经6～12 个月的发育为具有感染性的棘球蚴。犬等终末宿主吞食了含有棘球蚴的中间宿主的脏器而感染，经 40～50d 发育为细粒棘球绦虫。成虫在犬等体内的寿命为 5～6 个月（图 5-20）。

多房棘球蚴寄生于啮齿类动物的肝，在肝中发育很快。狐狸、犬等吞食含有棘球蚴的肝后经 30～33d 发育为成虫，成虫的寿命为 3～3.5 个月。

【流行病学】

细粒棘球蚴病呈世界性分布，尤以牧区为多。我国西北地区、西藏和四川流行严重，其中以新疆最为严重。绵羊感染率最高，受威胁最大。其他动物，如山羊、牛、马、猪、骆驼以及野生反刍动物也可感染。犬、狼、狐狸是散布虫卵的主要来源，尤其是牧区的牧羊犬。

多房棘球蚴在新疆、青海、宁夏、内蒙古、四川和西藏等地也有发生，以宁夏为多发

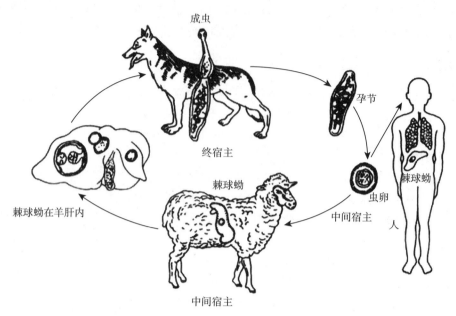

图 5-20　细粒棘球绦虫生活史

区。终末宿主有沙狐、红狐、狼和犬等，中间宿主有布氏田鼠、长爪沙鼠、黄鼠和中华鼢鼠等啮齿类。

两种棘球蚴均感染人，人的感染多因直接接触犬、狐狸，致使虫卵粘在手上而经口感染，或因吞食被虫卵污染的水、蔬菜等而感染，或在处理和加工狐狸、狼等的皮毛过程中而感染。

【治疗】

1. 阿苯达唑　绵羊剂量为每千克体重90mg，连服2次，对原头蚴的杀虫率为82%～100%。

2. 吡喹酮　剂量为每千克体重25～30mg（总剂量为每千克体重125～150mg），每天服一次，连用5d，有较好的疗效。

人体内的棘球蚴可通过外科手术摘除，也可用吡喹酮和阿苯达唑等治疗。

对犬棘球绦虫的治疗可采用吡喹酮每千克体重5mg、甲苯达唑每千克体重8mg或氢溴酸槟榔碱每千克体重2mg，一次口服。

【防治措施】

1. 禁犬　禁止用感染棘球蚴的动物肝、肺等器官组织喂犬。

2. 定期驱虫　对家犬和牧羊犬应定期驱虫，以根除感染源，驱虫后的犬粪，要进行无害化处理，杀灭其中的虫卵。

3. 加强饲养管理　保持畜舍、饲草、饲料和饮水卫生，防止被犬粪污染。

4. 卫生防护　人与犬等动物接触或加工毛皮时，应注意个人防护，以免感染。

任务四　牛、羊原虫病的防治

子任务一　牛、羊巴贝斯虫病的防治

【思维导图】

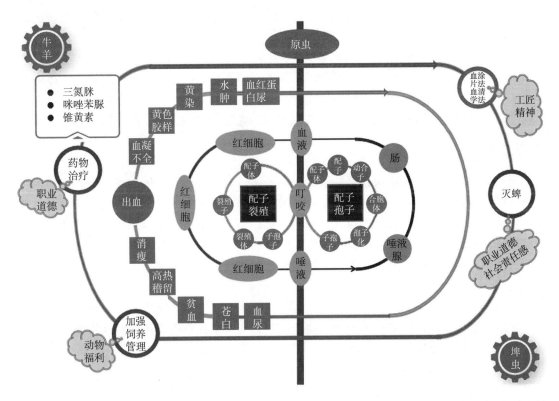

牛羊巴贝斯虫病是由巴贝斯科巴贝斯属的多种虫体寄生于牛、羊的血液引起的严重的寄生性原虫病。该病在热带和亚热带地区常呈地方性流行。临床上常出现血红蛋白尿。该病对牛的危害很大，各种牛均易感染，尤其是从非疫区引入的易感牛，如果得不到及时治疗，死亡率很高。

【案例】

2019 年 3 月，贵州省某牛场部分牛出现精神沉郁，食欲减退，体温 40℃以上，排血尿的症状，发病持续 3～5d，出现死亡。为了查明发病原因，对发病牛进行流行病学调查、临诊症状观察、病理解剖、细菌分离培养、支原体及巴贝斯虫 PCR 检测、牛病毒性腹泻/黏膜病 PCR 检测和血液涂片镜检等方法进行诊断。发现该牛场发病牛为牛巴贝斯虫感染，因而采取隔离发病牛，用三氮脒、青霉素钠治疗 4d，并对养殖场进行消毒，以杀灭蜱虫等传播媒介。同时加强营养，提高牛群抵抗力，防止其他病原微生物继发感染等措施。经过 4d 治疗，发病牛全部治愈。

【临诊症状】

病牛高热稽留，体温可升高到 40～42℃，脉搏和呼吸加快，精神沉郁，喜卧地，食欲大减或废绝，反刍迟缓或停止，便秘或腹泻，有的病牛还排出黑褐色、恶臭带有黏液的粪便。乳牛泌乳减少或停止，怀孕母牛常可发生流产。病牛迅速消瘦、贫血、黏膜苍白和黄染。最明显的症状是尿的颜色由淡红变为棕红色至黑红色。血液稀薄，红细胞数降至 $1.0×10^6$～$2.0×10^6$ 个/mm^3，血红蛋白量减少到 25％左右，血沉加快十余倍。红细胞大小不均，着色淡，有时还可见到幼稚型红细胞。白细胞在病初正常或减少，以后增到正常的 3～4 倍，淋巴细胞增长 15％～25％，嗜中性粒细胞减少，嗜酸性粒细胞降至 1％以下或消失。重症时如不治疗可在 4～8d 死亡，死亡率可达 50％～80％。慢性病例，体温波动于 40℃上下持续数周，食欲减退，渐进性贫血和消瘦，需经数周或数月才能康复。幼年病牛，中度发热仅数日，心跳加快，表现虚弱，黏膜苍白或微黄。热退后迅速康复。

【病理变化】

剖检可见尸体消瘦，血液稀薄如水，血凝不全。皮下组织、肌间结缔组织和脂肪均呈黄色胶样水肿状。各内脏器官被膜均黄染。皱胃和肠黏膜潮红并有点状出血。脾肿大，脾髓软化呈暗红色，白髓肿大呈颗粒状突出于切面。肝肿大，黄褐色，切面呈豆蔻状花纹。胆囊扩张，充满浓稠胆汁。肾肿大，淡红黄色，有点状出血。膀胱膨大，存有多量红色尿液，黏膜有出血点。肺淤血、水肿。心肌柔软，黄红色，心内外膜有出血斑。

【诊断】

根据临诊症状和病理变化，可做出初步诊断。实验室检查可应用血涂片检查法、血清学检查法及基因诊断法。

【检查技术】

血涂片检查法、血清学检查法参见"项目七 畜禽寄生虫检查技术"。

【病原】

1. 形态结构

（1）双芽巴贝斯虫。寄生于牛红细胞中，是一种大型的虫体，虫体长度大于红细胞半径，其形态有梨籽形、圆形、椭圆形及不规则形等。典型的形状是成双的梨籽形，尖端以锐角相连。每个虫体内有两团染色质块。虫体多位于红细胞的中央，每个红细胞内虫体数目为 1～2 个，很少有 3 个以上的。红细胞染虫率为 2％～15％。虫体经姬氏法染色后，细胞质呈浅蓝色，染色质呈紫红色。虫体形态随病的发展而有变化，虫体开始出现时以单个虫体为主，随后双梨籽形虫体所占比例逐渐增多（图 5 - 21）。

（2）牛巴贝斯虫。寄生于牛红细胞内，是一种小型的虫体，长度小于红细胞半径。形态有梨形、圆形、椭圆形、不规则形和圆点形等。典型形状为成双的梨籽形，尖端以钝角相连，位于红细胞边缘或偏中央，每个虫体内含有一团染色质块。每个红细胞内有 $1\sim3$ 个虫体。牛巴贝斯虫红细胞染虫率很低，一般不超过 1%，有的学者认为这是由于寄生牛巴贝斯虫的红细胞黏性很大，使其易黏附于血管壁，致使外周血涂片中观察到的感染红细胞很少，而在脑外膜毛细血管中堆集有大量感染红细胞（图 5-22）。

图 5-21、
图 5-22 彩图

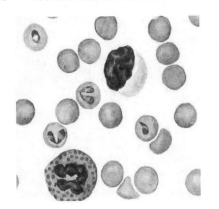
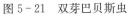

图 5-21　双芽巴贝斯虫

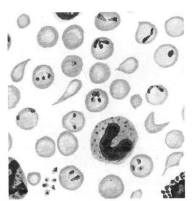

图 5-22　牛巴贝斯虫

2. 生活史　巴贝斯虫均需要通过两个宿主的转换才能完成其生活史，蜱是巴贝斯虫的传播者，且在蜱体内可以经卵传递。在蜱体内为有性繁殖（配子生殖）阶段，在牛的红细胞内进行无性繁殖。

带有子孢子的牛蜱叮咬牛时，子孢子随蜱的唾液进入牛体，虫体在牛的红细胞内以"成对出芽"的方式进行繁殖，产生裂殖子，当红细胞破裂后，虫体逸出，再侵入新的红细胞，反复分裂，最后形成配子体。当蜱吸血后，在蜱的肠内进行配子生殖，以后又在蜱的唾液腺等处进行孢子生殖，产生许多子孢子（图 5-23）。

牛巴贝斯虫的发育与双芽巴贝斯虫基本相似，虫体在侵入牛体后，子孢子首先侵入血管上皮细胞发育为裂殖体，裂殖子逸出后，有的再侵入血管上皮细胞，有的则进入红细胞内。

【流行病学】

1. 感染源　患病牛羊和带虫牛羊。

2. 传播途径　通过硬蜱叮咬、吸血传播，也可经胎盘感染胎儿。我国已查明微小牛蜱为双芽巴贝斯虫、牛巴贝斯虫的传播者，双芽巴贝斯虫以经卵传递方式，由次代若虫和成虫阶段传播，幼虫阶段无传播能力。在牛蜱体内可继代传递 3 个世代之久。牛巴贝斯虫以经卵传递方式，由次代幼虫传播，次代若虫和成虫阶段无传播能力。

3. 易感动物　牛、羊等。

4. 流行特点　巴贝斯虫病的流行与传播媒介蜱的消长、活动相一致，蜱活动季节主要为春末、夏、秋，而且蜱的分布有一定的地区性。因此，该病具有明显的地方性和季节性。由于微小牛蜱在野外发育繁殖，因此，该病多发生在放牧时期，舍饲牛发病较少。不同年龄和不同品种牛的易感性有差别，两岁内的犊牛发病率高，但症状较轻，死亡率低；

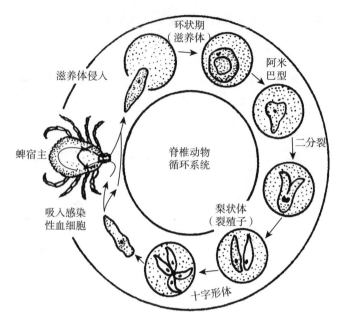

图 5 - 23　巴贝斯虫生活史

成年牛发病率低，但症状严重，死亡率高，尤其是老、弱及劳役过度的牛，病情更为严重；纯种牛和从外地引入的牛易感性高，容易发病，且死亡率高，当地牛对该病有抵抗力。

【治疗】

要及时确诊，尽早治疗，方能取得良好的效果。同时，还应结合对症、支持疗法，如强心、健胃、补液等。

1. 咪唑苯脲　对各种巴贝斯虫均有较好的治疗效果。治疗剂量为每千克体重 1～3mg，配成 10%溶液肌内注射。该药安全性较好，增大剂量至每千克体重 8mg，仅出现一过性的呼吸困难、流涎、肌肉颤抖、腹痛和排出稀便等副反应，约经 30min 后消失。

2. 三氮咪　每千克体重 3.5～3.8mg，配成 5%～7%溶液，深部肌内注射。黄牛偶尔出现起卧不安，肌肉震颤等不良反应，但很快消失。水牛对本药较敏感，一般用药一次较安全，连续使用易出现毒性反应，甚至死亡。

3. 锥黄素　每千克体重 3～4mg，配成 0.5%～1%溶液静脉注射，症状未减轻时，24h 后再注射一次，病牛在治疗后的数日内，避免烈日照射。

4. 喹啉脲　每千克体重 0.6～1mg，配成 5%溶液皮下注射。有时注射后数分钟出现起卧不安、肌肉震颤、流涎、出汗、呼吸困难等不良反应（妊娠牛可能流产），一般于 1～4h 后自行消失，严重者可皮下注射阿托品（每千克体重 10mg）。

【防治措施】

1. 灭蜱　灭蜱是关键预防措施。了解当地蜱的活动规律，有计划地采取有效措施，消灭牛体上及牛舍内的蜱。巴贝斯虫病的传播媒介多为野外蜱，牛群应避免到大量滋生蜱的草场放牧，必要时可改为舍饲。也应杜绝随饲草和用具将蜱带入牛舍。牛的调动最好选择无蜱活动的季节进行，调动前应用药物灭蜱。

2. 药物预防 当牛群中出现个别病例或向疫区引入敏感牛时，可用咪唑苯脲进行药物预防，对双芽巴贝斯虫和牛巴贝斯虫可分别产生 60d 和 21d 的保护作用。

3. 免疫预防 双芽巴贝斯虫、牛巴贝斯虫的弱毒疫苗已在临床上应用半个世纪，分泌抗原疫苗也已在多个国家应用。

子任务二   **牛、羊泰勒虫病的防治**

【思维导图】

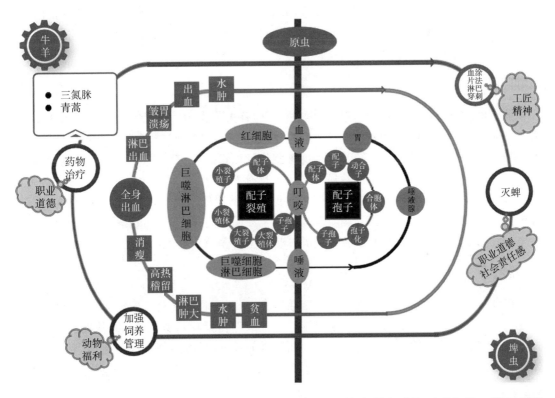

泰勒虫病是由泰勒科泰勒属的各种原虫寄生于牛、羊及野生动物巨噬细胞、淋巴细胞和红细胞内所引起的疾病。本病呈地方性流行，北方广泛流行，危害较大，传播媒介是璃眼蜱属的残缘璃眼蜱，对绵羊和山羊有较强的致病力。

【案例】

养殖户张某 2019 年 4 月初在吉林省珲春市购买 60 只绵羊，4 月中旬开始放牧，5 月初购自外地的绵羊陆续发病。病羊表现为精神不振，反刍减少，可视黏膜发黄，羊后肢大腿内侧有大量黄豆粒大小的血蜱。经抗生素治疗后未见好转，有 2 只羔羊死亡。经检查，羊群被毛无光泽，消瘦，鼻镜干燥，食欲减退，个别羊出现腹泻，尿液发黄，喜欢躺卧，起立困难。羊群腹部被毛较少处和后腿内侧发现大量黄豆粒大小蜱，静脉采血发现血液稀薄，严重贫血。经过涂片检查和 PCR 检查，最后确诊为羊泰勒虫病。

【临诊症状】

病牛高热稽留，体温上升到 40～42℃，精神沉郁，体表淋巴结（肩前和腹股沟浅淋巴结）肿大，有痛感。淋巴结穿刺涂片镜检，可在淋巴细胞和巨噬细胞内发现裂殖体，即柯赫氏蓝体，或称石榴体。呼吸加快（80～110 次/min），咳嗽，脉搏弱而频（80～120 次/min）。食欲大减或废绝，可视黏膜、肛门周围、尾根、阴囊等皮肤薄处出现出血点或溢血斑。有的在颌下、胸前或腹下发生水肿。病牛迅速消瘦，严重贫血，红细胞减少至 $2.0×10^6～3.0×10^6$ 个/mm³，血红蛋白降至 20%～30%，血沉加快，红细胞染虫率随病程发展而增高，红细胞大小不均，出现异形红细胞。可视黏膜轻微黄染。病牛磨牙、流涎，排少量干黑的粪便，常带有黏液或血丝。最后卧地不起，多在发病后 1～2 周死亡，耐过的牛成为带虫者。

【病理变化】

剖检可见全身皮下、肌间、黏膜和浆膜上均有大量出血点和出血斑。全身淋巴结肿大，切面多汁，有暗红色和灰白色大小不一的结节。皱胃黏膜肿胀，有许多针头至黄豆大，暗红色或黄白色的结节，结节部上皮细胞坏死后形成中央凹陷、边缘不整稍隆起的溃疡病灶，黏膜脱落是该病的特征性病理变化，具有诊断意义。小肠和膀胱黏膜有时也可见到结节和溃疡。脾明显肿大，被膜上有出血点，脾髓质软呈黑色泥糊状。肾肿大、质软，有粟粒大的暗红色病灶，外膜易剥离。肝肿大，质脆，色泽灰红，被膜有多量出血点或出血斑，肝门淋巴结肿大。肺有水肿和气肿，被膜上有多量出血点，肺门淋巴结肿大。

【诊断】

在分析流行病学资料（发病季节和传播媒介）、考虑临诊症状与病理变化（高热稽留、贫血、消瘦、全身性出血、全身性淋巴结肿大、皱胃黏膜有溃疡斑等）的基础上，早期进行淋巴结穿刺涂片镜检，以发现石榴体，而后耳静脉采血涂片镜检，可在红细胞内找到虫体以确诊。

【检查技术】

血涂片检查法参见"项目七 畜禽寄生虫检查技术"。

【病原】

1. 形态结构

（1）环形泰勒虫。寄生于红细胞内的虫体称为血液型虫体（配子体），虫体很小，形态多样。有圆环形、杆形、卵圆形、梨籽形、逗点形、圆点形、十字形、三叶形等各种形状。其中以圆环形和卵圆形为主，占总数的 70%～80%，染虫率达高峰时，所占比例最高，上升期和带虫期所占比例较低。杆形的比例为 1%～9%，梨籽形的为 4%～21%，其他形态所占比例很小，最高不超过 10%，一般维持在 5% 左右，甚至更小（图 5 - 24）。

（2）瑟氏泰勒虫。寄生于红细胞内的虫体，除有特别长的杆形外，其余与环形泰勒虫相似，也具有多型性，有杆形、梨籽形、圆环形、卵圆形、逗点形、圆点形、十字形和三叶形等各种形状。它与环形泰勒虫的主要区别在于以杆形和梨籽形为主，占 67%～90%，但随着病程不同这两种形态的虫体比例也有变化。在上升期，杆形为 60%～70%，梨籽形为 15%～20%。圆环形和卵圆形虫体在染虫率高峰期略高，但最高均不超过 15%。其余形态的虫体在下降期和带虫期稍有增加，但所占比例较小。

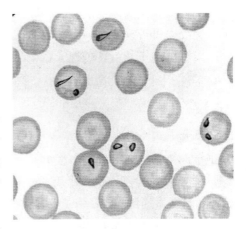

图 5 - 24　泰勒虫

2. 生活史　感染泰勒虫的蜱在牛体吸血时，子孢子随蜱的唾液进入牛体，首先侵入局部单核巨噬细胞系统的细胞（如巨噬细胞、淋巴细胞等）内进行裂体生殖，形成大裂殖体。大裂殖体发育形成后，产生许多大裂殖子，又侵入其他巨噬细胞和淋巴细胞内，重复上述裂体生殖过程。在这一过程中，虫体随淋巴和血液循环向全身扩散，并侵入其他脏器的巨噬细胞和淋巴细胞再进行裂体生殖。裂体生殖进行数代后，可形成小裂殖体，小裂殖体发育成熟后，释放出许多小裂殖子，进入红细胞内发育为配子体。

图 5 - 24 彩图

幼蜱或若蜱在病牛身上吸血时，把带有配子体的红细胞吸入胃内，配子体由红细胞逸出并变为大小配子，二者结合形成合子，进而发育成为杆状的动合子。当蜱完成其蜕化时，动合子进入蜱唾腺的腺细胞内变为圆形的合孢体（母孢子），开始孢子增殖，分裂产生许多子孢子。在蜱吸血时，子孢子被接种到牛体内，重新开始其在牛体内的发育和繁殖。

【流行病学】

1. 感染源　病牛和带虫牛。

2. 传播媒介　残缘璃眼蜱（环形泰勒虫），长角血蜱、青海血蜱（瑟氏泰勒虫）。

3. 易感动物　牛。

4. 流行特点　璃眼蜱是一种二宿主蜱，主要寄生在牛，它以期间传播方式传播环形泰勒虫，即幼蜱或若蜱吸食了带虫的血液后，泰勒虫在蜱体内发育繁殖，当蜱的下一个发育阶段（成虫）吸血时即可传播本病。泰勒虫不能经卵传递。璃眼蜱在各地的活动时间有差异，因此，各地环形泰勒虫病的发病时间也有所不同。在西北地区，本病主要流行在 5—8 月。陕西关中地区在 4 月初就有病例发现，以 6 月下旬到 7 月中旬发病最多。璃眼蜱是一种圈舍蜱，因此，该病主要在舍饲条件下发生。

长角血蜱为三宿主蜱，幼蜱或若蜱吸食带虫的血液后，瑟氏泰勒虫在蜱体内发育繁殖，当蜱的下一个发育阶段吸血时即可传播此病。瑟氏泰勒虫不能经卵传播。长角血蜱生活于山野或农区，因此，本病主要在放牧条件下发生。

在流行区，该病多发于 1～3 岁的牛，患过本病的牛可获得很强的免疫力，一般很少发病，免疫力可持续 2.5～6 年。从非疫区引入的牛，不论年龄、体质，都易发病，而且病情严重。纯种牛和改良杂种牛，即使红细胞的染虫率很低（2%），也可出现明显的临诊症状。

【治疗】

1. 三氮咪　每千克体重 7mg，配成 7% 的溶液肌内注射，每日 1 次，连用 3d，如红细胞染虫率不降，还可再用药 2 次。

2. 新鲜黄花青蒿　每头牛用 2～3kg/d，分 2 次口服。用法是将青蒿切碎，用冷水浸泡 1～2h，然后连渣灌服。2～3d 后，染虫率可明显下降。

3. 磷酸伯氨喹啉（PMQ）　每千克体重 0.75～1.5mg，每日口服一次，连用 3d。该药对环形泰勒虫的配子体有较好的杀灭作用，在疗程结束后 2～3d，可使红细胞染虫率明显下降。

4. 对症治疗和支持疗法　强心、补液、止血、健胃、缓泻等，还应考虑应用抗生素以防继发感染，对严重贫血的病例可进行输血。精心护理，对症治疗和支持疗法就显得比较重要。

【防治措施】

1. 灭蜱　在每年的 9—11 月和 3—4 月向圈舍内的墙缝喷洒药液，或用水泥等将圈舍内离地面 1m 高范围内的缝隙堵死，将蜱封闭在洞穴内。采取措施，在蜱的活动季节消灭牛体上的蜱，如人工捉蜱或在牛体上喷撒药液灭蜱。

2. 加强饲养管理　防止蜱接触牛体。如在有条件的地方，可定期离圈放牧（4—10月），以各地蜱活动的情况而定，可避免蜱侵袭牛。在引入牛时，防止将蜱带入无蜱的非疫区，以免传播病原。

3. 免疫预防　在该病的流行区，可应用环形泰勒虫裂殖体胶冻细胞疫苗对牛进行预防接种。接种后 20d 即可产生免疫力，免疫持续时间为 1 年以上。

子任务三　牛球虫病的防治

牛球虫病是由艾美耳科艾美耳属的球虫寄生于牛的肠道内所引起的一种原虫病。本病以犊牛最易感，且发病严重。主要特征为急性或慢性出血性肠炎，临诊表现为渐进性贫血、消瘦和血痢，常以季节性地方性流行或散发的形式出现。

【案例】

2020 年 5 月，榆树市某养牛户山上放养的牛有 3 头犊牛陆续出现腹泻的症状，用过一些抗菌消炎止泻的药，疗效甚微，遂就诊。根据临诊症状初步诊断为牛球虫病，为了进一步确诊，经采集病牛粪便做镜检，发现球虫卵囊，故确诊为牛球虫病，经治疗，病牛痊愈。

【思维导图】

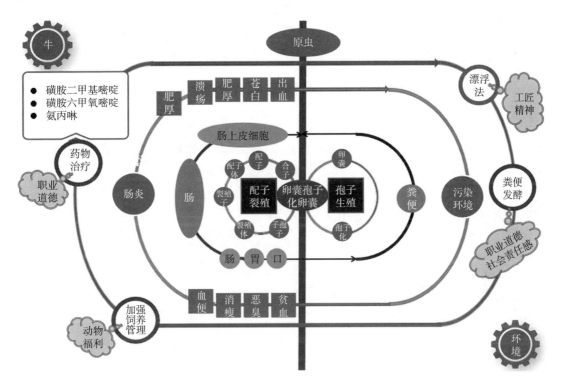

【临诊症状】

病牛精神沉郁，被毛粗乱无光泽，体温略高或正常，下痢，母牛产乳量减少。约 7d 后，牛精神更加沉郁，体温升高到 40～41℃。瘤胃蠕动和反刍停止，肠蠕动增强，排带血的稀粪，内混纤维素性薄膜，有恶臭。后肢及尾部被粪便污染。后期粪呈黑色，或全部便血，甚至排粪失禁，体温下降至 35～36℃，在恶病质和贫血状态下死亡。慢性型的病牛一般在发病后 3～6d 逐渐好转，但下痢和贫血症状持续存在，病程可能拖延数月，最后因极度消瘦、贫血而死亡。

【病理变化】

尸体消瘦，可视黏膜苍白，肛门松弛、外翻，后肢和肛门周围被血粪所污染。牛直肠黏膜肥厚，有出血性炎症变化。淋巴滤泡肿大突出，有白色和灰色小病灶，出现直径 4～15mm 的溃疡。其表面覆有凝乳样薄膜。直肠内容物呈褐色，带恶臭，有纤维素性薄膜和黏膜碎片。肠系膜淋巴结肿大发炎。

【诊断】

根据流行病学、临诊症状和病理剖检等方面作综合诊断，取粪便或直肠刮取物镜检，发现球虫卵囊即可以确诊。

本病需与牛的副结核性肠炎进行鉴别，后者有间断排出稀糊状或稀液状混有气泡和黏液的恶臭粪便的症状，病程很长，体温常不升高，且多发于较老的牛。本病与大肠杆菌病鉴别诊断的要点为后者多发于出生后数天内的犊牛，特征是脾肿大，而球虫病多发于一月龄以上的犊牛。

【检查技术】

漂浮法或直接涂片法参见"项目七 畜禽寄生虫检查技术"。

【病原】

1. 形态特征 寄生于牛的球虫很多。其中以邱氏艾美耳球虫、牛艾美耳球虫和奥博艾美耳球虫致病力最强。

（1）邱氏艾美耳球虫。致病力最强，寄生于整个大肠和小肠，可引起血痢。卵囊为亚球形或卵圆形，光滑，大小为 $18\mu m \times 15\mu m$。

（2）牛艾美耳球虫。致病力较强，寄生于小肠和大肠。卵囊卵圆形，光滑，大小为（27～29）$\mu m \times$（20～21）μm。

（3）奥博艾美耳球虫。致病力中等，寄生于小肠中部和后 1/3 处。卵囊细长，呈卵圆形，通常光滑，大小为（36～41）$\mu m \times$（22～26）μm。

2. 生活史 牛在采食或饮水时，吞入孢子化卵囊，卵囊在肠道中，在胆汁和胰酶作用下，子孢子从卵囊内逸出；并主动钻入肠（或胆管）上皮细胞，开始变为圆形的滋养体。而后经多次分裂变为多核体，最后发育为圆形的裂殖体，内含许多香蕉形的裂殖子。上述过程为第 1 代裂殖生殖。这些裂殖子又侵入肠（或胆管）上皮细胞，进行第 2 代、第 3 代，甚至第 4 代或第 5 代裂殖生殖。如此反复多次，大量破坏上皮细胞，致使牛发生严重的肠炎或肝炎。在裂殖生殖之后，部分裂殖子侵入上皮细胞分别形成大配子体和小配子体。大配子体发育为大配子，小配子体形成许多小配子。之后大配子与小配子结合形成合子。合子周围形成囊壁即变为卵囊。卵囊进入肠腔，并随粪便排到外界。在适宜的温度（20～28℃）和湿度（55%～60%）条件下，进行孢子生殖，即在卵囊内形成 4 个孢子囊，在每个孢子囊内形成 2 个子孢子。这种发育成熟的卵囊称为孢子化卵囊，具有感染性。

【流行病学】

1. 感染源 病牛和带虫牛。

2. 传播途径 本病的感染主要是通过采食和饮水。在低洼潮湿的地方放牧，以及卫生条件差的牛舍，都易使牛感染球虫。

3. 易感动物 各品种的牛都有易感性，两岁以内的犊牛发病率较高，患病严重。成年牛患病治愈或耐过者，多呈带虫状态而散播病原。

4. 流行特点 多发生于春、夏、秋三季，特别是多雨连阴季节。牛患其他疾病或使役过度及更换饲料时，其抵抗力下降易诱发本病。

【治疗】

1. 磺胺类 可减轻症状，抑制球虫病的发展恶化。

2. 氨丙啉　每千克体重 20～25mg 剂量口服，连用 4～5d 为一疗程。

3. 联合用药　以碘胺咪 1 份，次硝酸铋 1 份，干酵母 2 份，矽炭银 5 份的比例混合均匀，每 100kg 体重 70g 剂量口服，每日 1 次，连用 3～5 次。

4. 对症治疗　在使用抗球虫药的同时应结合止泻、强心、补液等对症方法。贫血严重时应考虑输血。

【防治措施】

1. 加强饲养管理　成年牛多系带虫者，故犊牛应与成年牛分群饲养。放牧场地也应分开。勤扫圈舍，将粪便等污物集中进行生物热处理。球虫病往往在更换饲料时突然发生，因此更换饲料应逐步过渡。

2. 隔离消毒　定期清理圈舍，可用开水或 3‰～5‰ 热碱水消毒地面、牛栏、饲槽、饮水槽，一般一周 1 次。母牛乳房应经常擦洗。

3. 药物预防　氨丙啉，每千克体重 5mg 混饲，连用 21d；或用莫能菌素，每千克体重 1mg 混饲，连用 33d。

子任务四　羊球虫病的防治

【思维导图】

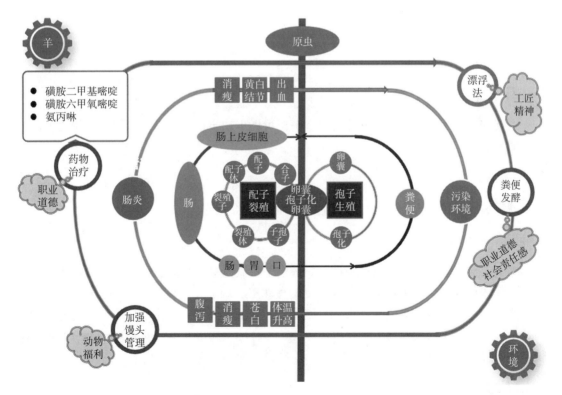

羊球虫病是由艾美耳科艾美耳属的球虫寄生于羊肠道所引起的一种原虫病，发病羊呈

现下痢、消瘦、贫血、发育不良等症状，严重者导致死亡，主要危害羔羊。本病呈世界性分布。

【案例】

新疆某养羊场发现 3 只羔羊出现腹泻、粪便变软等症状，养殖户误认为是细菌性肠炎，投喂青霉素、链霉素 2d 后有 2 只羊死亡，另外 1 只虽未死亡但病情严重。经兽医人员临诊观察和剖检确诊为羔羊球虫病。治疗时先将羔羊和成年羊分群饲养，给有球虫病症状的羔羊投喂药物磺胺二甲氧嘧啶 7d，对无症状的羔羊剂量减半投喂磺胺二甲氧嘧啶 5d，同时加强羔羊的饲养管理，用药后所有羔羊全部康复。

【临诊症状】

人工感染的潜伏期为 11～17d。本病可能依感染的种类、感染强度、年龄、抵抗力及饲养管理条件等不同而取急性或慢性过程。急性经过的病程为 2～7d，慢性经过的病程可长达数周。病羊精神不振，食欲减退或消失，体重下降，可视黏膜苍白，腹泻，粪便中常含有大量卵囊。体温上升到 40～41℃，严重者可导致死亡，死亡率常达 10%～25%，有时可达 80% 以上。

【病理变化】

小肠病变明显，肠黏膜上有淡白至黄白、圆形或卵圆形结节，如粟粒至豌豆大，常成簇分布，也能从浆膜面看到。十二指肠和回肠有卡他性炎症，有点状或带状出血。尸体消瘦，后肢及尾部污染有稀粪。

【诊断】

根据临诊表现、病理变化和流行病学情况可做出初步诊断，最终确诊需在粪便中检出大量的卵囊。

【检查技术】

漂浮法或直接涂片法参见"项目七 畜禽寄生虫检查技术"。

【病原】

寄生于绵羊和山羊的球虫种类很多，分别是阿撒他艾美耳球虫、阿氏艾美耳球虫、槌形艾美耳球虫、颗粒艾美耳球虫、浮氏艾美耳球虫、刻点艾美耳球虫、错乱艾美耳球虫、袋形艾美耳球虫、雅氏艾美耳球虫、小型艾美耳球虫、温布里吉艾美耳球虫、爱缪拉艾美耳球虫。寄生于羊的各种球虫中，以阿撒他艾美耳球虫和温布里吉艾美耳球虫的致病力比较强，而且最为常见。

【流行病学】

各种品种的绵羊、山羊对球虫均有易感性，但山羊感染率高于绵羊。1 岁以下的感染率高于 1 岁以上的，成年羊一般都是带虫者。据调查在内蒙古和河北地区，1～2 月龄羊羔的粪便中，常发现大量球虫卵囊。流行季节多为春、夏、秋三季，感染率和强度依不同球虫种类及各地的气候条件而异。冬季气温低，不利于卵囊发育，很少发生感染。

【防治措施】

参照牛的球虫病防治。使用氨丙啉每千克体重 25mg，连用 14～19d，可防治羊球虫的严重感染。磺胺类如磺胺喹噁啉（SQ）和磺胺二甲基嘧啶（SM₂）也具有良好的防治效果。

子任务五 牛胎毛滴虫病的防治

【思维导图】

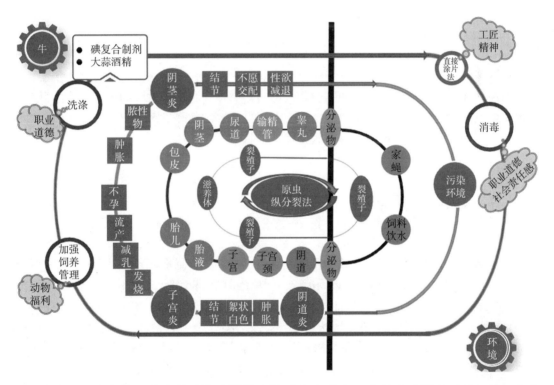

牛胎毛滴虫病是毛滴虫科毛滴虫属的牛胎毛滴虫寄生于牛的生殖器官而引起的。本病的主要特征是在奶牛群中引起早期流产、不孕和生殖系统炎症，给养牛业带来很大经济损失。该病分布于欧洲、北美、非洲、亚洲、澳大利亚等地区。

【案例】

2001 年 5 月 28 日，河北藁城市某奶牛场的一头奶牛于 3 月流产，之后长期不孕，曾按子宫炎用青霉素、链霉素等药物治疗，用生理盐水、高锰酸钾溶液清宫无效。诊治时发现奶牛阴道内有灰白色絮状物排出，用手分开阴道时发现阴道黏膜上有小疹样结节。探诊阴道内感觉黏膜粗糙，如同触及砂纸一般，阴门有"放屁"现象。经涂片镜检，发现长度略大于一般白细胞的虫体，波动膜及鞭毛清晰可见。根据临诊症状、实验室检验情况，诊断为奶牛胎毛滴虫病。

【临诊症状】

母牛感染后，经1～2d，阴道即发红肿胀，1～2周后，开始有带絮状的灰白色分泌物自阴道流出，同时在阴道黏膜上出现小疹样的毛滴虫结节。探诊阴道时，感觉黏膜粗糙，如同触及砂纸一般。当子宫发生化脓性炎症时，体温往往升高，泌乳量显著下降。怀孕后不久，胎儿死亡并流产，流产后，母牛发情期的间隔往往延长，并有不妊娠等后遗症。

公牛于感染后12d，包皮肿胀，分泌大量脓性物，阴茎黏膜上出现红色小结节，此时公牛有不愿交配的表现。上述症状不久消失，但虫体已侵入输精管、前列腺和睾丸等部位，临诊上不呈现症状。

【诊断】

根据临诊症状、流行病学调查和病原检查建立诊断。临诊症状要注意有无生殖器官炎症，脓性黏液分泌物，早期流产和不孕。流行病学调查应着重于牛群的历史，母牛群有无大批早期流产的现象及母牛群不孕的统计。对可疑病畜应采取阴道分泌物、包皮分泌物、胎液、胎儿胸腹腔液和皱胃内容物作病原检查。

【检查技术】

悬滴标本法参见"项目七 畜禽寄生虫检查技术"。

【病原】

1. 形态结构　牛胎毛滴虫呈瓜子形、纺锤形、梨形、卵圆形、圆形等各种形态，虫体长9～25μm，宽3～16μm。细胞核近圆形，位于虫体前半部，簇毛基体位于细胞核的前方，由毛基体伸出4根鞭毛，其中3根向前游离，即前鞭毛，长度大约与体长相等，另一根则沿波动膜边缘向后延伸，其游离的一段称后鞭毛。波动膜有3～6个弯曲。虫体中央有一条纵走的轴柱，起始于虫体前端，沿虫体中线向后，其末端突出于虫体后端之后。原生质常呈一种泡状结构。虫体前端与波动膜相对的一侧有半月状的胞口。在吉姆萨染色标本中，原生质呈淡蓝色，细胞核和毛基体呈红色，鞭毛则呈暗红色或黑色，轴柱的颜色比原生质浅。

2. 生活史　牛胎毛滴虫主要寄生在母牛的阴道、子宫，公牛的包皮腔、阴茎黏膜及输精管等处，重症病例生殖器官的其他部分也有寄生，母牛怀孕后在胎儿的胃和体腔内、胎盘和胎液中均有大量虫体。牛胎毛滴虫主要以纵分裂方式进行繁殖，以黏液、黏膜碎片、微生物、红细胞等为食物，经胞口摄入体内，或以内溶方式吸收营养。

【流行病学】

1. 感染源　病牛和带虫牛。

2. 传播途径　通过病牛与健康牛的直接交配，或在人工授精时使用带虫精液或粘染虫体的输精器械而传播。此外也可通过被病畜生殖器官分泌物污染的垫草和护理用具以及家蝇搬运而散播。

3. 易感动物 牛。

4. 流行特点 牛胎毛滴虫能在家蝇的肠道中存活 8h。本病虽多发生于性成熟的牛，但犊牛与病牛接触时，也有感染的可能。放牧及供给全价饲料（特别是富含维生素 A、B 族维生素和矿物质的饲料）时，可提高动物对本病的抵抗力。

牛胎毛滴虫对高温及消毒药的抵抗力很弱，在 50～55℃时经 2～3min，或在 3%过氧化氢内经 5min，或在 0.1%～0.2%福尔马林内经 1min，或在 40%大蒜液内经 25～40s 死亡。在 20～22℃室温中的病理材料内可存活 3～8d，在粪尿中存活 18d。能耐受较低温度，如在 0℃时可存活 2～18d，能耐受－12℃低温达一定时间。

【治疗】

以 0.2%碘溶液、1%钾肥皂、8%鱼石脂甘油溶液、2%红汞液或 0.1%黄色素液洗涤患部，在 30min 内，可使脓液中的牛胎毛滴虫死亡。1%大蒜酒精浸液、0.5%硝酸银溶液也很有效。

在 5～6d 之内，用上述浓度的药液洗涤 2～3 次为 1 个疗程。根据生殖道的情况，可按 5d 的间隔，再进行 2～3 个疗程。治疗公牛，要设法使药液停留在包皮腔内相当时间，并按摩包皮数分钟。隔日冲洗一次，整个疗程为 2～3 周。在治疗过程中禁止交配，以免影响效果及传播本病。

【防治措施】

在牛群中开展人工授精，是较有效的预防措施。应仔细检查公牛精液，确证无毛滴虫感染方可利用。对病公牛应严格隔离治疗，治疗后 5～7d，镜检其精液和包皮腔冲洗液两次，如未发现虫体，可使之先与健康母牛数头交配。对交配后的母牛观察 15d，每隔 1d 检查 1 次阴道分泌物，如无发病迹象，证明该公牛确已治愈。尚未完全消灭本病的不安全牧场，不得输出病牛或可疑牛。对新引进牛，须隔离检查有无毛滴虫病。严防母牛与来历不明的公牛自然交配。加强病牛群的卫生工作，一切用具均须与健康牛分开使用，并经常用来苏儿和克辽林溶液消毒。

任务五　牛、羊节肢昆虫病的防治

子任务一　牛、羊螨病的防治

牛、羊螨病是由疥螨科与痒螨科的螨类寄生于牛羊的体表或表皮内所致的慢性皮肤病。以接触感染并能使患畜发生剧烈的痒觉和各种类型的皮肤炎为特征。螨病能给畜牧业的发展造成巨大的经济损失。

【思维导图】

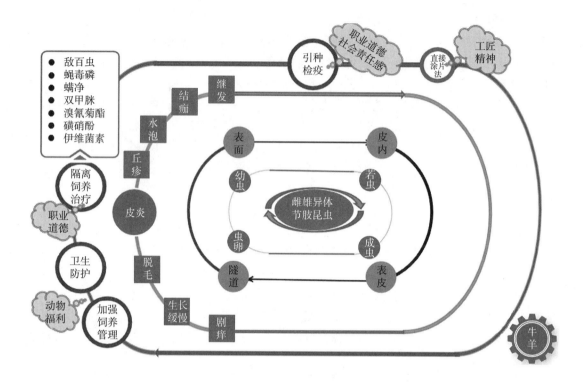

【案例】

2015 年 10 月 20 日，驻马店市泌阳县某规模山羊场山羊突然发生了一种以消瘦、贫血，皮肤出现痘疹脓疮为主要特征的疾病。发病后，该场的技术员按山羊痘治疗，连用 3d 疾病没有得到控制，山羊的发病数量呈增多趋势，10 月 24 日经兽医站确诊为山羊蠕形螨病，随即对发病山羊采取相应的综合防治措施，控制了该病。

【临诊症状】

1. 疥螨病 病牛开始发生于面部、颈部、背部、尾根等被毛较短的部位，严重时可由头角根、颈蔓延到全身，皮肤剧痒，呈不规则的秃斑，出现灰白色鳞屑，粗糙、枯裂、被毛易脱落。

绵羊主要在头部明显，嘴唇周围、口角两侧、鼻子边缘和耳根下面。发病后期病变部形成白色坚硬胶皮样痂皮。

山羊主要发生于嘴唇四周、眼圈、鼻背和耳根部，可蔓延到腋下、腹下和四肢等无毛及少毛部位，特别是头部，患部皮肤如干涸的石灰，形成灰白色干涸的痂块，故有"石灰头"之名。皮肤皲裂、化脓、脓肿。严重时口唇皮肤皲裂，采食困难。

2. 痒螨病 牛早期见于颈、肩或尾根部，严重时蔓延到全身。奇痒，常在墙、树桩等物体上摩擦或用舌舔患部。患部脱毛、结痂、皮肤增厚、失去弹性。严重感染的牛精神沉郁、食欲下降、卧地不起，最后死亡。

山羊主要发生于耳壳内面，生成黄色痂垢，将耳道堵塞，使羊变聋。病变部位发痒，病羊经常摇动耳朵，在硬物上摩擦。病羊食欲不佳。严重感染可致死亡。

绵羊多发生于密毛的部位如背部、臀部，后波及全身。患羊皮肤发痒，有零散的毛丛悬垂在羊体上，严重时全身被毛脱光。患部皮肤湿润，有淡黄色猪脂样物，后形成淡黄色的痂皮。病羊表现消瘦和营养不良，冬季可引起绵羊死亡。

3. 蠕形螨　山羊多发生于肩胛、四肢、颈、腹等处。皮下有结节，有时可挤压出干酪样内容物。成年羊较幼年羊症状明显。

牛多发生于头、颈、肩、背、臀等处。形成粟粒至核桃大疥疮，内含淀粉状或脓样物，皮肤变硬、脱毛。

【诊断】

根据疾病流行情况、临诊症状及皮肤结节和镜检发现螨虫确诊。

痒螨

【检查技术】

直接观察法和皮肤镜检法参见"项目七　畜禽寄生虫检查技术"。

【病原】

1. 形态结构　疥螨的形态结构与猪疥螨相同，可参见"项目三　猪寄生虫病的防治"。

痒螨体呈长圆形，透明的淡褐色角皮上有稀疏的刚毛和细横纹，足长，口器为刺吸式，寄生于皮肤表面，以吸取渗出液为食（图 5 - 25）。

蠕形螨细长呈蠕虫状（图 5 - 26），可分为头、胸、腹三部分。口器由一对须肢、一对螯肢和一个口下板组成。虫体长 0.1～0.4mm，乳白色，半透明，环纹明显。颚体呈梯形，位于虫体前端。躯体分足体和末体两部分，足体约占虫体 1/4，腹面有足 4 对，有横纹，足粗短呈牙突状。末体细长，尾状。雄虫的雄茎自胸部的背面突出，雌虫的阴门则在腹面。卵呈梭形，长 0.07～0.09mm。

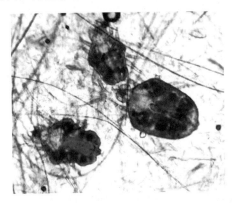

图 5 - 25　痒螨

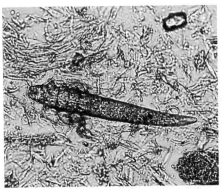

图 5 - 26　蠕形螨

图 5 - 25、图 5 - 26彩图

2. 生活史　疥螨的生活史与猪疥螨相同，可参见"项目三　猪寄生虫病的防治"。

痒螨雌螨在皮肤上产卵，一生可产 100 个左右，虫卵约经 3d 孵出幼螨，并进一步发育蜕化为若螨、成螨。雌、雄成螨在宿主表皮上交配，交配后 1~2d 即可产卵。整个发育史 12~18d。当条件不适时，迅速转入休眠状态，休眠时间可达 5~6 个月。

蠕形螨寄生在动物的毛囊和皮脂腺内，全部发育史包括卵、幼虫、前若虫、若虫、成虫，都在动物体上进行。雌虫在毛囊和皮脂腺内产卵，经 2~3d 孵出幼虫，经 1~2d 蜕皮变为第 1 期若虫，经 3~4d 蜕皮变为第 2 期若虫，再经 2~3d 蜕皮变为成螨。正常的动物体上，均有蠕形螨存在，但不发病，当遇较好的入侵条件（皮肤发炎等），并有足够的营养时，虫体就大量繁殖，并引起发病。雌虫在寄生部位产卵，卵孵化出 3 对足的幼虫，接着变为 4 对足的若虫，最后蜕化而成为成虫。整个生活史约需半个月。雌螨寿命约 4 个月以上。

【流行病学】

疥螨、痒螨与猪疥螨相同，可参见"项目三 猪寄生虫病的防治"。

蠕形螨病感染来源有犬、牛、羊、猪、马等动物及人。多发生于幼畜和 5~6 月的幼犬，以犬最多，马少见。通过动物直接接触或通过饲养人员和用具间接接触传播。夏季寄生数量最多，环境潮湿、皮肤卫生差、不通风、应激状态、免疫力低下等可成为本病的诱因。

【治疗】

1. 注射或灌服药物 用伊维菌素，剂量按每千克体重 $100~200\mu g$，药物不仅对螨病，而且对其他节肢动物疾病和大部分线虫病均有良好疗效。伊维菌素不良反应也比较大，犬使用时要限量，且对柯利犬禁用。

2. 涂药疗法 适用于四季以及病畜数量少、患部面积小的情况，但每次涂药面积不得超过体表的 1/3。可选择以下药物，如 1% 敌百虫溶液、二嗪哝、双甲脒、溴氰菊酯等药物，按说明涂擦使用。

3. 药浴疗法 药液可选用 1%~2% 敌百虫水溶液、0.05% 双甲脒溶液、0.05% 蝇毒磷乳剂水溶液、0.05% 辛硫磷油水溶液等。药浴时，要特别注意防止中毒。

【防治措施】

注意环境卫生，畜舍经常打扫，畜舍要宽敞、干燥、透光、通风良好。注意畜群中皮肤有无发痒、掉毛现象，及时发现并隔离饲养和治疗。引入家畜时应事先了解有无螨病存在，并作螨虫检查，也可隔离一周，确实无螨病时，方可并入畜群中。羊群要剪毛后 7d 才可药浴。

子任务二　牛皮蝇蛆病的防治

牛皮蝇蛆病是由皮蝇科、皮蝇属的牛皮蝇和纹皮蝇的幼虫寄生于牛的皮下组织所引起的疾病，又称为"牛皮蝇蚴病"。也可感染马、驴及野生动物。主要症状是消瘦、生产性能下降、幼畜发育不良，尤其是引起皮革质量下降。

【思维导图】

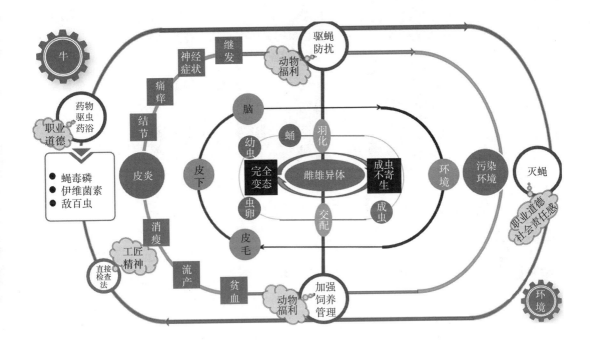

【案例】

2013 年 5 月 18 日，黎川县龙安镇井戈村耕牛发病，发病数 7 头。病牛采食、体温等一切正常，肩部、颈部、背部、臀部等部位有圆形瘤状肿块，有出血孔点，消瘦，皮毛粗乱。初步诊断为牛皮蝇蛆寄生虫病。

【临诊症状】

成蝇虽然不叮咬牛，但在夏季繁殖季节，雌蝇交配后侵袭牛体产卵时，影响采食，引起牛惊慌不安，竖尾奔逃，进而导致流产、跌伤、骨折甚至死亡。患畜消瘦，产乳量下降。幼虫钻入皮肤时，引起动物瘙痒、不安和局部疼痛，也可形成化脓性瘘管，造成幼畜贫血和发育不良，皮革质量下降。幼虫在体内移行时，造成移行各处组织损伤，在背部皮下寄生时，引起局部结缔组织增生和发炎，背部两侧皮肤上有多个结节隆起，虫体破裂可引发变态反应（图 5 - 27）。

【诊断】

根据流行病学、临诊症状及病理变化进行综合诊断。在牛体上发现有皮肤结节，从皮肤结节中发现牛皮蝇幼虫即可确诊，另夏季在牛被毛上发现单个或成排的虫卵可为诊断提供参考。

图 5-27 彩图

图 5-27　牛皮蝇蛆

【检查技术】

直接观察法参见"项目七 畜禽寄生虫检查技术"。

【病原】

牛皮蝇和纹皮蝇形态相似。外形像蜜蜂，体表被有绒毛，触角分 3 节，口器已退化，不能采食，也不能蜇咬牛。两种皮蝇的发育均属完全变态，经卵、幼虫、蛹和成蝇 4 个阶段。

【治疗】

1. **蝇毒磷**　4%溶液每千克体重 0.3mL，浇注。
2. **伊维菌素**　每千克体重 0.2mg，皮下注射。
3. **蝇毒灵**　每千克体重 10mg，肌内注射。
4. **皮蝇磷**　8%溶液每千克体重 0.33mL，浇注。
5. **倍硫磷**　每千克体重 4～7mg，肌内注射。

【防治措施】

消灭牛体内幼虫，既可治疗，又可防止幼虫化蛹。在流行区感染季节可用敌百虫、蝇毒灵等喷洒牛体，每隔 10d 用药 1 次，防止成蝇产卵或杀死第 1 期幼虫。其他药物治疗方法均可用于预防。成蝇产卵季节每隔半个月向牛体喷 2%敌百虫溶液，对种牛可经常刷拭牛体表，以控制虫卵的孵化。不要随意挤压皮肤结节，以防虫体破裂引起变态反应。应用注射器吸取敌百虫水等药液直接注入，以杀死或使其蹦出。当幼虫成熟而且皮肤隆起处出现小孔时，可用手挤压小孔周围，把幼虫挤出。注意不要挤破虫体，并要将挤出的虫体集中焚烧。

子任务三　羊鼻蝇蛆病的防治

羊鼻蝇蛆病是由狂蝇科狂蝇属的羊狂蝇幼虫寄生于羊鼻腔及其附近的腔窦内引起的疾病。亦称羊鼻蝇蚴病。主要病症为流鼻汁和慢性鼻炎。

【思维导图】

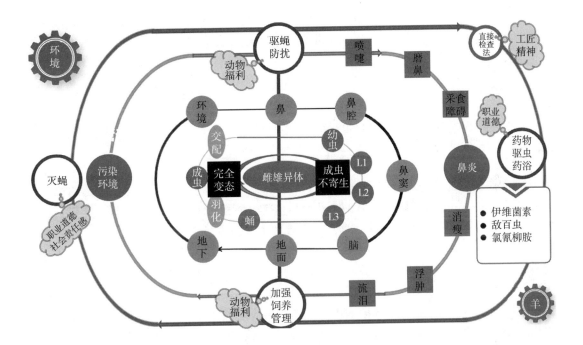

【案例】

吉木萨尔县某养殖户饲养绵羊约 300 只。2019 年 6 月初，放牧回来个别羊开始发病，主要表现为甩头、咳嗽，继而有的羊表现为转圈、啃咬圈舍栅栏、横冲直撞等行为。发病 8 只，死亡 1 只。当地兽医应用磺胺类药物进行治疗，疗效差。据了解，该养殖户绵羊以前未曾发生过类似疾病，周围养殖户绵羊也未曾发病。病羊食欲减退，消瘦，精神不安，摇头打喷嚏，擦鼻子。在检查过程中，病羊用头顶人，有攻击行为。心率为 100 次/min，呼吸频率为 38 次/min，体温 37.6℃。剖检病死羊，消瘦，皮下脂肪少，内脏各器官无明显眼观异常变化。打开头部时，在鼻腔、鼻窦或额窦可发现长 20～30mm 的虫体。根据流行病学调查、临诊症状及剖检病变（见到虫体）确诊为羊鼻蝇蛆病。

【临诊症状】

成虫侵袭羊群产幼虫时，羊群不安，拥挤，频频摇头、喷鼻，严重扰乱羊的正常生活和采食，使羊生长发育不良，消瘦。幼虫的寄生引起发炎和肿胀。患羊打喷嚏、摇头、甩鼻、磨鼻等，眼睑浮肿，流泪，鼻流浆液性、黏液性或黏液脓性鼻液，有时混有血液。蝇蛆寄生于鼻窦内不能返回鼻腔，而致鼻窦炎症。可出现神经症状，即所谓"假旋回症"。病羊表现为运动失调，出现旋转运动，头弯向一侧或发生麻痹，最终死亡。但发育到第3期幼虫时，虫体增大、变硬，并逐步向鼻孔移动，症状又有所加剧。少数第1期幼虫可移行入鼻窦，致鼻窦发炎，甚或侵入脑膜，患羊表现运动失调，做旋转运动。

【诊断】

根据流行病学特点、临诊症状和死后剖检见到幼虫可确诊。早期诊断，可用药液喷射鼻腔，查找有无死亡虫体喷出，若有即可确诊。出现神经症状时，应与羊多头蚴和莫尼茨绦虫病相区别。

【检查技术】

直接观察法参见"项目七 畜禽寄生虫检查技术"。

【病原】

1. 形态结构　羊狂蝇外形似蜜蜂，淡灰色，头大呈黄色，口器退化。成熟的第3期幼虫体长28～30mm，前端尖，有两个黑色口前钩，背面隆起；背面有深褐色横带，腹面扁平，各节前缘具有数列小棘，后端齐平，有两个气门板。

图5-28彩图

2. 发育史　羊狂蝇的成虫直接产出幼虫，经蛹变为成虫。成蝇野宿自然界，不营寄生生活，也不叮咬羊只，仅是雌蝇找寻羊只直接将幼虫（图5-28）产于羊鼻，一次向羊鼻中产幼虫20～40只，每只雌蝇可产500～600只。幼虫爬入鼻腔，在其中蜕化2次，发育为第3期幼虫，成熟的第3期幼虫落地化蛹，再发育为成虫。成虫出现于每年的5—9月，尤以7—9月间为最多。雌雄交配后雄虫即死去（图5-29）。

图5-28　羊鼻蝇蛆

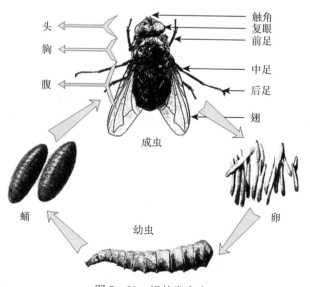

图5-29　蝇的发育史

【流行病学】

本病的发病季节在 7—9 月，幼虫在鼻腔和额窦等处寄生 9～10 个月。北方每年繁殖 1 代，温暖地区每年繁殖 2 代。主要分布于北方养羊地区。一般在夏季开始感染发病，第 2 年春天幼虫向鼻孔外侧移行。

【治疗】

可以使用伊维菌素、敌百虫、氯硝柳胺治疗。

【防治措施】

预防应以消灭第 1 期幼虫为主要措施，多选在 9—11 月进行。北方地区可在 11 月进行 1～2 次治疗，可杀灭第 1、2 期幼虫，同时避免发育为第 3 期幼虫，以减少危害。

子任务四　硬蜱病的防治

【思维导图】

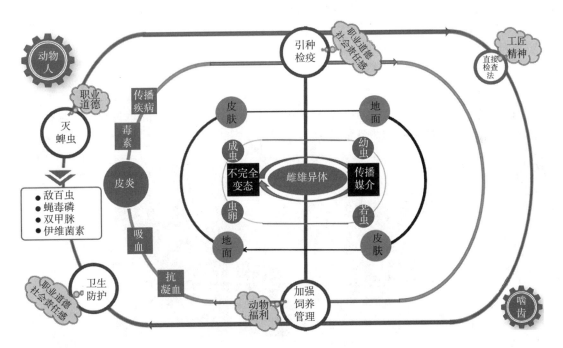

硬蜱营寄生生活，是多种人畜共患疾病病原体的传播媒介和贮藏宿主，是对牛羊危害较大的体外吸血寄生虫。蜱又称壁虱，俗称草爬子、毛蜱、犬豆子、牛虱等。

【案例】

2015 年 8 月 7 日，文登区一花卉种植场的一只羊初期表现为烦躁不安，被毛粗乱，消瘦，精神沉郁，饮欲、食欲减退，黏膜苍白，牙龈和舌头发白，流涎，四肢无力，后躯瘫痪，喜卧，常有痛痒感。检查体毛发现趾爪间隙、耳际、四肢等体表的各部位有大量虫体存在，大小从米粒至蚕豆大小不等。皮肤可见局部充血、水肿，有炎症反应。摘取体表寄生的虫体，经显微镜观察确诊为羊硬蜱病。

【临诊症状】

蜱叮刺吸血时可损伤宿主局部组织，致使组织充血、水肿、急性炎症等一系列反应。某些雌性硬蜱唾液内含有麻痹神经的毒素，释入机体造成运动神经传导障碍，从而引起上行性肌肉萎缩性麻痹，导致蜱瘫痪。

蜱是人畜共患病的重要传播媒介，所传播的病原体有 83 种病毒、15 种细菌、17 种螺旋体、32 种原虫及立克次体、衣原体、支原体等。同时蜱不仅作为传播媒介，而且还能将多种病原体整合到卵内，经卵传递给下一代，即为经卵传递，在流行病学上起到贮存病原的作用。

【诊断】

可根据流行病学、临诊症状，直接观察到硬蜱而确诊。

【检查技术】

直接观察法参见"项目七 畜禽寄生虫检查技术"。

【病原】

1. 形态结构 硬蜱多呈椭圆形，呈黄色或褐色。体长 2～15mm，吸饱血后虫体胀大如蓖麻籽，体长可达 30mm（图 5 - 30）。

图 5 - 30 彩图

图 5 - 30 硬蜱

颚体：颚体显露，位于躯体前端。螯肢从颚基背面中央伸出，呈长杆状，顶端有向外的锯齿状倒钩，是重要的刺割器官。口下板位于螯肢腹面，上具有纵列倒齿，是吸血时穿刺和固着器官。须肢短，吸血时起到固定和支持虫体的作用。

躯体：躯体长圆形，背面为背板，雄虫背板几乎覆盖整个躯体背面；雌虫背板仅覆盖躯体背前部的一部分。成虫有足 4 对，第 1 对足跗节近端部背缘有 1 个囊状感器，称为哈氏器，有嗅觉功能。

2. 生活史　硬蜱整个发育史包括卵、幼蜱、若蜱和成蜱 4 个阶段，经 2 次蜕皮和 3 次吸血期，为不完全变态。硬蜱多栖息于森林、牧场、草原，一生产卵 1 次。硬蜱多在白天侵袭宿主，雌蜱吸血后离开宿主产卵。虫卵呈卵圆形，黄褐色，胶着成团，经 2～4 周孵出幼蜱。幼蜱侵袭宿主吸血，后蜕皮变为若蜱，若蜱再吸血后蜕皮变为成蜱。幼蜱吸血时间需 2～6d，若蜱需 2～8d，成蜱需 6～20d。硬蜱生活史的长短受外界环境温度和湿度的影响比较大，1 个生活周期为 3～12 个月，环境条件不利时出现滞育现象，生活周期延长。

根据硬蜱在吸血时是否更换宿主将其分为以下 3 种类型：

（1）一宿主蜱。其生活史各期都在 1 个宿主体上完成，如微小牛蜱。

（2）二宿主蜱。其整个发育在 2 个宿主体上完成，即幼蜱在第 1 个宿主体上吸血并蜕皮变为若蜱，若蜱吸饱血后落地，蜕皮变为成蜱后，再侵袭第 2 个宿主吸血，如璃眼蜱。

（3）三宿主蜱。此类蜱种类最多，2 次蜕皮在地面上完成，但 3 个吸血期要更换 3 个宿主，即幼蜱在第 1 宿主体上饱血后，落地蜕皮变为若蜱，若蜱再侵袭第 2 宿主，饱血后落地蜕皮变为成蜱，成蜱再侵袭第 3 宿主吸血，如长角血蜱、草原革蜱等。

【流行病学】

硬蜱大多侵袭哺乳动物，少数侵袭鸟类和爬虫类。硬蜱产卵数量因种而异，一般产卵有几千个。硬蜱具有很强的耐饥饿能力，成蜱在饥饿状态下可存活 1 年，饱血后的雄蜱可存活 1 个月，雌蜱产完卵后 1～2 周死亡。幼蜱和若蜱一般只能活 2～4 个月。硬蜱分布与气候、地势、土壤、植被和宿主等有关，各种蜱均有一定的地理分布。硬蜱活动有明显的季节性，在温暖季节活动。

【治疗】

药物灭蜱可选用 1% 敌百虫、0.2% 马拉硫磷、0.2% 辛硫磷、0.2% 杀螟松、0.2% 害虫敌、0.25% 倍硫磷，大动物每头 500mL，小动物每头 200mL，每隔 3 周向动物体表喷洒 1 次。也可定期药浴杀蜱，该法适用于病畜数量多且气候温暖的季节，可选用 0.1% 马拉硫磷、0.1% 辛硫磷、0.05% 蝇毒磷乳剂水溶液、1%～3% 敌百虫水溶液、0.05% 双甲脒溶液、0.05%～0.1% 溴氰菊酯水乳液、0.25%～0.6% 二嗪农水乳液等药浴。伊维菌素每千克体重 200μg，配成 1% 溶液，皮下注射。杀虫剂要几种轮换使用，以免发生抗药性。

【防治措施】

1. 环境灭蜱　主要是改变有利于蜱生长的环境，利用垦荒清除杂草和灌木丛。清理家畜厩舍，用 1%～2% 马拉硫磷、0.1% 溴氰菊酯等药物喷洒厩舍。牧区可采取轮流放牧，让蜱失去吸血机会而死亡。

2. 个人防护　进入林区、草原、荒漠地区等蜱的滋生地，要涂搽驱避剂，离开蜱滋生地时要相互检查，以防蜱侵袭。

3. 动物体表灭蜱 在蜱活动季节，每天刷拭动物体，发现蜱时将蜱体拉起与皮肤垂直微上翘拔出，杀死。

任务六 规模化牛、羊场寄生虫病的预防和控制

【思维导图】

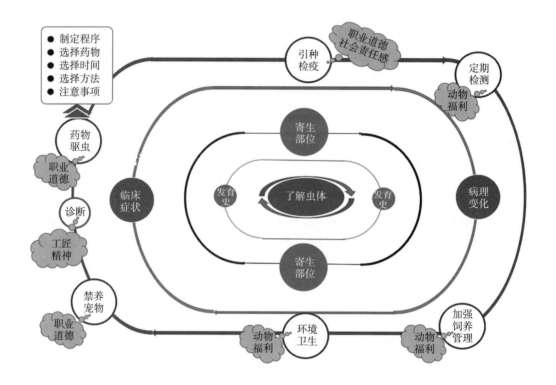

【案例】

2003 年 11 月，湖北汉川市城隍肉牛场发生险情，355 头肉牛由于服用过多驱虫药出现中毒症状。至 11 月 4 日 20 时，已有 80 多头肉牛死亡。据悉，10 月 29 日开始，牛场肉牛陆续出现食欲不振等症状，随后开始腹泻。11 月 1 日，第一头肉牛死亡。据了解，10 月 27 日，牛场饲养员购买驱虫药 2 760 袋，根据使用说明，每 100kg 肉牛用药 1 袋（5g），但实际用量是这一标准的 3～5 倍。

━━ 一、驱虫方法

（一）药物选择

牛驱虫药物的选择原则是高效、低毒、经济和使用方便。大规模驱虫时，一定要进行

驱虫试验，对驱虫药物的剂量、用法、驱虫效果及毒副作用有一定认识后再大规模应用。此外，牛可感染的寄生虫种类很多，有时也会发生混合性感染。因此，在用药以前，可通过各种检查方法，确认牛感染寄生虫病的种类，并据此选择理想的驱虫药，切不可盲目用药。驱线虫药有左旋咪唑、敌百虫、盐酸噻咪唑、哌嗪等，驱吸虫药有硝硫酚和硫氯酚等，驱弓形虫药有乙氨嘧啶和磺胺类药物等。不论选用何种药物，用一段时间后最好更换另一种，以免产生抗药性，影响驱虫效果。目前认为较好的驱虫药物是阿维菌素，外用和内用皆可，对牛的绝大多数线虫、体外寄生虫及其他节肢动物都有很强的驱杀效果。另外，还有伊维菌素、阿苯达唑、敌百虫等。在剂型上最好选用粉剂和片剂，因为针剂致牛过敏反应和中毒的概率远远高于使用粉剂和片剂。

（二）药物用量

药物过量易引起中毒，药量不足，则达不到驱虫目的。因此，应准确估算牛的体重，严格按照说明书上的规定用药。但对怀孕奶牛其用药量控制在正常用药量的 2/3 为宜。

（三）驱虫方法

给牛驱虫时，中午先停饲一次，或喂料少一些，晚上喂牛时，将药物均匀拌入少量精料中，牛会饥不择食地将其吃完。晚上喂药便于第 2 天集中清粪，避免感染。为克服抗药性，增强驱虫效果，驱虫药应交替使用，如驱消化道线虫时，先用阿苯达唑，间隔两周后，再用伊维菌素。

在驱除牛体内寄生虫后，对牛体外寄生虫也要进行驱除。可用3％的敌百虫水喷洒牛体表、圈舍、墙壁、用具等，7～10d再喷1次。

驱虫后要对牛舍场地进行清理消毒，以防排出体外的虫体和虫卵污染草料，导致再次感染。粪便清除后，需集中堆积发酵；墙壁用 5％～10％的石灰水消毒；饲槽、料桶等用2％碱水清洗。这样驱虫与消毒相结合，避免重新感染，使驱虫效果更加显著。

二、驱虫程序

（一）驱虫时间

每年对全群驱虫 2 次。2—3 月采取幼虫驱虫，阻止春季幼虫高潮的出现；8—9 月驱虫，防止成虫秋季高潮出现和减少幼虫的冬季高潮。对于寄生虫发生严重的地区，在 5—6 月可再增加驱虫 1 次，避免在冬、春季节发生体表寄生虫病。断奶前后的犊牛因营养应激，易受寄生虫侵害。此时要进行保护性驱虫，保护其正常生长发育。2～3 月龄和 6 月龄的犊牛、新进的奶牛、感染寄生虫的病牛等需要驱虫。根据当地奶牛寄生虫病流行病学调查结果，针对感染率高的寄生虫病进行驱虫，效果较好。母牛在接近分娩时进行产前驱虫，避免产后 4～8 周粪便中虫卵增多。在寄生虫污染严重的地区必须在产后 3～4 周进行驱虫。用于育肥而购买的架子牛，也要进行保健性驱虫。

（一）推荐程序（表5-2）

表5-2　北方地区牛驱虫程序

类　别	月　龄	方　案	药　名	驱虫谱	用　法	用　量
犊牛	2～6月龄	体外驱虫1次	伊维菌素	胃肠道线虫、蝇蛆、螨虫及其寄生性昆虫	皮下注射	每50kg体重1mL
		体内驱虫1次	阿苯达唑	线虫、绦虫、吸虫	口服	每50kg体重5mL
育成牛	7～14月龄	体外驱虫1次	伊维菌素	胃肠道线虫、蝇蛆、螨虫及其他寄生性昆虫	皮下注射	每50kg体重1mL
		体内驱虫1次	芬苯哒唑	线虫、绦虫	口服	每100kg体重10～15g
干奶牛	产前2个月	体外驱虫1次	阿维菌素	胃肠道线虫、蝇蛆、螨虫及其他寄生性昆虫	颈背部浇泼	每10kg体重1mL
		体内驱虫1次	芬苯哒唑	线虫、绦虫	口服	每100kg体重10～15g

（二）注意事项

（1）驱虫前需要挑选干奶牛、后备牛各1头，分别按剂量用药后观察一定时间，确定药物安全、有效，无明显不良反应后，再进行大群投药驱虫。

（2）液体剂型的驱虫药要现用现配。

（3）孕牛用药应严格控制剂量，按正常剂量的2/3给药。

（4）牛用药后14d方可宰杀食用，且用药后21d内生产的牛奶不得饮用。

（5）驱除牛体表寄生虫后7～10d重复用药1次，以巩固疗效。

（6）一般认为，寄生虫严重感染时采用针剂疗效显著，若选用其他剂型，则操作方便、省力。因此，应根据本地实际情况选择适当剂型。

（7）牛群发生寄生虫病时，除对生长不良、已有临诊症状的患牛驱虫外，还应进行群体性保健性投药。

（8）为了充分发挥药效，要根据实际情况配合用药，可以在上午饲喂前驱虫，并在用药后或同时服用盐类泻药，以便使麻痹的虫体和残留在胃肠道内的驱虫药排出，这样能收到更好的效果。

（9）对牛的圈舍和运动场要定期清理，做好环境卫生。对牛排出的粪便、垫料等要进行堆积发酵或无害化处理，以杀灭虫卵。

（10）严格按照驱虫药使用说明用药，控制使用量，杜绝违规使用造成中毒或者流产、早产等，保证牛安全。

（11）牛驱虫后必须跟踪观察48h，同时，应备有必要的防过敏措施和急救方案。

（12）驱虫药使用后要备足清洁、适量的饮水，夏季还需采取必要的防蚊虫措施，保证饮水安全。

（13）为便于驱虫药物的吸收，驱虫前应禁食 12～18h。19：00-20：00 将药物与饲料拌匀，1 次让肉牛吃完。若肉牛不吃，可在饲料中加入少量盐水或糖精，以增强其适口性。群养肉牛，应先计算好用药量，将药研碎，均匀拌入饲料中。

（14）驱虫期一般为 6d，要在固定地点饲喂，并实行圈养，以便对场地进行清理和消毒。对于刚入舍的肉牛由于环境变化、运输、惊吓等原因，易产生应激反应，可在饮水中加入少量食盐和红糖，连饮 1 周，并多喂青草或青干草，2d 后添加少量麸皮，逐步过渡。要注意观察牛群的采食、排泄及精神状况，待整体稳定后再进行驱虫和健胃。

（15）坚决从安全认证的产地进货，保证饲料的质量安全。必须建立牛舍与放牧场定期消毒制度，包括牛舍、牛床、料槽、牛粪堆池、放牧场等。

（16）对季节性蚊蝇，必须有针对性的驱避措施。定期进行灭鼠，牛场内不得饲养猫、犬等。

复习思考题

一、选择题

1. 片形吸虫在终末宿主的（ ）内产卵。
   A. 肝胆管　　　　B. 肠道　　　　C. 肺　　　　D. 食道
2. 片形吸虫的中间宿主为（ ）。
   A. 椎实螺　　　　B. 扁卷螺　　　　C. 淡水虾　　　　D. 淡水鱼
3. 治疗片形吸虫用的药不包括（ ）。
   A. 阿苯达唑　　　　B. 肝蛭净　　　　C. 硝氯酚　　　　D. 三氮脒
4. 大片形吸虫主要感染（ ）。
   A. 猪　　　　B. 羊　　　　C. 人　　　　D. 牛
5. 片形吸虫最具有感染力的阶段是发育到（ ）期。
   A. 胞蚴　　　　B. 雷蚴　　　　C. 尾蚴　　　　D. 囊蚴
6. 胰阔盘吸虫在终末宿主的（ ）内产卵。
   A. 胰管内　　　　B. 肠道　　　　C. 肺　　　　D. 肝胆管
7. 阔盘吸虫的中间宿主为（ ）。
   A. 椎实螺　　　　　　　　B. 扁卷螺
   C. 陆地螺　　　　　　　　D. 淡水鱼、虾
8. 阔盘吸虫的补充宿主为（ ）。
   A. 地螨　　　　B. 蜗牛　　　　C. 蚂蚁　　　　D. 草螽
9. 阔盘吸虫终末宿主的感染方式为（ ）感染。
   A. 经口　　　　B. 胎盘　　　　C. 血液　　　　D. 接触
10. 阔盘吸虫有（ ）个吸盘，（ ）个中间宿主。
    A. 2，2　　　　B. 4，2　　　　C. 4，1　　　　D. 2，1
11. 前后盘吸虫在终末宿主的（ ）内产卵。
    A. 瘤胃内　　　　B. 肠道　　　　C. 肺　　　　D. 肝胆管
12. 前后盘吸虫的中间宿主为（ ）。

A. 蚊子   B. 淡水螺

C. 地螨   D. 淡水鱼、虾

13. 前后盘吸虫的虫体呈圆锥状或圆柱状，（   ）在虫体前端，另一吸盘较大，在虫体后端，故称前后盘吸虫。

    A. 地螨   B. 蜗牛   C. 口吸盘   D. 腹吸盘

14. 前后盘吸虫终末宿主感染的主要方式为（   ）感染。

    A. 经口   B. 胎盘   C. 血液   D. 接触

15. 前后盘吸虫最后在（   ）内发育为成虫。

    A. 肝   B. 肠道   C. 瘤胃   D. 腹腔

16. 双腔吸虫在终末宿主的（   ）内产卵。

    A. 胆管及胆囊   B. 肠道   C. 肺   D. 肝胆管

17. 双腔吸虫的补充宿主为（   ）。

    A. 蚂蚁   B. 陆地螺   C. 地螨   D. 淡水鱼、虾

18. 双腔吸虫粪便检查常用（   ）。

    A. 直接涂片法   B. 毛蚴孵化法

    C. 沉淀法   D. 饱和盐水漂浮法

19. 双腔吸虫终末宿主感染的主要方式为（   ）感染。

    A. 经口   B. 胎盘   C. 血液   D. 接触

20. 双腔吸虫最后在（   ）内发育为成虫。

    A. 肝   B. 肠道

    C. 胆管及胆囊   D. 肺

21. 东毕吸虫在终末宿主的（   ）内产卵。

    A. 小肠   B. 肠系膜静脉及门脉

    C. 肺   D. 肝

22. 东毕吸虫的中间宿主为（   ）。

    A. 蚂蚁   B. 椎实螺类

    C. 地螨   D. 淡水鱼、虾

23. 东毕吸虫粪便检查常用（   ）。

    A. 直接涂片法   B. 毛蚴孵化法

    C. 沉淀法   D. 饱和盐水漂浮法

24. 东毕吸虫终末宿主感染的主要方式为（   ）感染。

    A. 经口   B. 胎盘   C. 血液   D. 接触

25. 东毕吸虫最后在（   ）内发育为成虫。

    A. 肝   B. 肠系膜血管

    C. 胆管   D. 肺

二、填空题

1. 片形吸虫的中间宿主为_____。

2. 片形吸虫在中间宿主体内进行无性繁殖，经_____、_____、_____等 3 个阶段，发

育为尾蚴。

3. 片形吸虫有_____个吸盘。

4. 阔盘吸虫的中间宿主为_____，补充宿主为_____。

5. 阔盘吸虫的终末宿主吞食含有_____的补充宿主而感染。

6. 阔盘吸虫有_____个中间宿主。

7. 前后盘吸虫的中间宿主为_____。

8. 前后盘吸虫发育史中遇到中间宿主即钻入其体内，逐渐发育为_____、_____和尾蚴。

9. 双腔吸虫的补充宿主为_____。

10. 东毕吸虫粪便检查常用_____。

三、判断题

（　　）1. 片形吸虫可以感染牛、羊、鹿、骆驼等反刍动物，绵羊敏感。猪、马属动物、兔及一些野生动物也可感染，人也可感染。

（　　）2. 片形吸虫囊蚴进入终末宿主体内发育为成虫需 2～3 个月。

（　　）3. 片形吸虫终末宿主在饮水或吃草时，吞食囊蚴而感染。

（　　）4. 片形吸虫童虫进入肝胆管有 3 种途径：从胆管开口处直接进入肝；钻入肠黏膜，经肠系膜静脉进入肝；穿过肠壁进入腹腔，由肝包膜钻入肝，童虫进入肝胆管进行发育。

（　　）5. 感染片形吸虫出现慢性症状的，一般在吞食囊蚴后 4～5 个月时发病。

（　　）6. 阔盘吸虫终末宿主吞食含有囊蚴的补充宿主而感染，囊蚴在十二指肠内脱囊，由胰管开口进入胰管内发育为成虫。

（　　）7. 阔盘吸虫在牛、羊的胰管中，由于虫体的机械性刺激和排出的毒素物质的作用，使胰管发生慢性增生性炎症，致使胰管增厚，管腔狭小，严重感染时，可导致管腔堵塞，胰液排出障碍。

（　　）8. 可以服用吡喹酮来治疗阔盘吸虫病。

（　　）9. 胰阔盘吸虫和腔阔盘吸虫的补充宿主为草螽。

（　　）10. 阔盘吸虫主要侵害牛、羊等反刍动物，还可感染兔、猪，人也可感染。

（　　）11. 牛羊等反刍动物吞食含有前后盘吸虫囊蚴的水草而感染。

（　　）12. 前后盘吸虫囊蚴进入终末宿主体内到达瘤胃约经 3 个月发育为成虫。

（　　）13. 前后盘吸虫病检查粪便中虫卵的方法是沉淀法。

（　　）14. 前后盘吸虫病的中间宿主是淡水螺类，主要为扁卷螺和椎实螺。

（　　）15. 双腔吸虫的虫卵被中间宿主吞食后，在其体内孵出毛蚴，经过母胞蚴、子胞蚴发育为尾蚴阶段。

（　　）16. 双腔吸虫成虫在终末宿主胆管及胆囊内产卵。

（　　）17. 双腔吸虫的中间宿主为陆地螺，主要为条纹蜗牛、枝小丽螺等。

（　　）18. 矛形双腔吸虫，虫体扁平而透明呈棕红色，可见到内部器官，表面光滑，窄长呈"矛形"。前端较尖锐，体后半部稍宽，所以称为矛形双腔吸虫。

（　　）19. 双腔吸虫的虫卵为对称的卵圆形，少数椭圆形，一端具稍倾斜的卵盖，壳口边缘有齿状缺刻，透过卵壳可见到包在胚膜中的毛蚴。

（　　）20. 土耳其斯坦东毕吸虫雌雄异体，雌雄经常呈合抱状态。

四、分析题

试分析回答牛羊是如何感染片形吸虫病的？

（项目五参考答案见 201 页）

项目六　复习思考题参考答案

一、选择题

1~10. CCACA　CAEDB

二、填空题

1. 红细胞

2. 心

3. 接触感染

4. 绦虫

5. 伊维菌素

6. 囊蚴

7. 微丝蚴

8. 肠道病变处

9. 剧痒、湿疹性

三、判断题

1~10. ×　√　√　×　×　√　×　×　√　×

犬、猫寄生虫病的防治

知识目标

1. 能够列举犬、猫寄生虫的种类。

2. 能够画出犬、猫寄生虫的形态结构和生活史。

3. 能够描述犬、猫寄生虫病的诊断要点和防治措施。

能力目标

1. 根据不同的犬、猫寄生虫，学生能够合理选择应用抗寄生虫药。

2. 根据不同的犬、猫寄生虫，制定合理、有效的综合防治方案。

素质目标

1. 社会责任感　通过解释寄生虫的生活史和危害以及药物防治，学生能够逐步建立关爱动物健康，减少药物残留，保证食品安全，维护人类健康的社会责任感。

2. 职业道德　根据不同的犬猫寄生虫，合理选择应用驱虫药，制定合理、有效的药物治疗方案，学生能够践行执业兽医职业道德行为规范。

3. 科学素养　通过寄生虫的实验室诊断，学生能够逐步建立科学、严谨和精益求精的科学素养精神。

4. 团队合作　通过制定合理、有效的联合用药方案，学生能够提高团队合作意识。

任务一　犬、猫吸虫病的防治

子任务一　犬、猫华支睾吸虫病的防治

【思维导图】

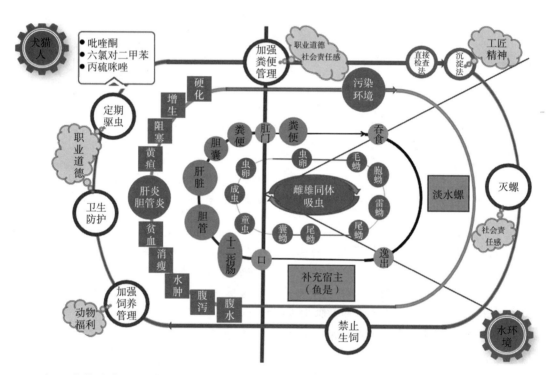

犬、猫华支睾吸虫病是由后睾科支睾属华支睾吸虫寄生于犬、猫、人及其他野生动物的肝胆管和胆囊内所引起的一种人畜共患疾病。虫体寄生可使肝肿大并导致其他肝病变，多呈隐性感染和慢性经过。该病流行广泛，在水源丰富、淡水渔业发达的地区流行非常严重，主要分布于东亚诸国。

【案例】

犬雄性，4岁，体重30kg，眼球内陷，眼结膜轻度黄染，体温39.8℃。腹围膨隆如桶状，腹壁紧张，严重腹水；腹壁、后肢严重浮肿，指压留痕；触摸背脊，脊突高耸，十分消瘦。穿刺腹壁，放出清亮透明腹水约4个脸盆。根据临诊症状，怀疑为华支睾吸虫病，便做粪便检查寻找虫卵。镜检见到黄褐色，形似电灯泡，内含毛蚴，上端有盖，盖的两旁可见肩峰样小突起，后端有一小突起的卵，从而确诊为华支睾吸虫病。

【临诊症状】

病犬消化不良、食欲减退、下痢、贫血、水肿甚至腹水，逐渐消瘦，肝区叩诊有痛感。病程多为慢性经过，易并发其他疾病而死亡。

【病理变化】

剖检可见卡他性胆管炎和胆囊炎，胆管变粗，胆囊肿大，胆汁浓稠呈草绿色，肝脂肪变性、结缔组织增生和硬化。虫体寄生于动物的胆管和胆囊内，引起胆管炎和胆囊炎。虫体分泌的毒素可引起贫血。大量虫体寄生时，可造成胆管阻塞，使胆汁分泌障碍，并出现黄疸现象。

【诊断】

根据流行病学、临诊症状、粪便检查和病理变化等综合诊断。在流行区，动物有生食食淡水鱼、虾史，临诊表现为消化障碍，肝肿大，叩诊肝区时敏感，严重病例有腹水，结合粪便检查（因虫卵小，粪便检查可用漂浮法，沉淀法也可，但不如前者检出率高）发现虫卵或尸体剖检发现虫体即可确诊。近年来，临诊也用间接血凝试验（IHA）或酶联免疫吸附试验（ELISA）进行辅助诊断。

【检查技术】

漂浮法参见"项目七 畜禽寄生虫检查技术"。

【病原】

1. 形态结构　华支睾吸虫虫体背腹扁平，呈叶状，前端稍尖，后端较钝，体表无棘，薄而透明，大小为（10～25）mm×（3～5）mm。口吸盘略大于腹吸盘，腹吸盘位于体前端 1/5 处。消化器官包括口、咽和短的食道及两条盲肠直达虫体的后端。两个大而呈树枝状的睾丸前后排列于虫体的后 1/3。无雄茎、雄茎囊及前列腺。卵巢呈分叶状，位于睾丸之前。睾丸与卵巢二者之间有发达的呈椭圆形的受精囊。卵黄腺呈细小颗粒状，分布于虫体中部两侧。生殖孔位于腹吸盘前缘，子宫盘曲于卵巢与腹吸盘之间，内充满虫卵（图 6-1）。

虫卵很小，大小为（27～35）μm×（12～20）μm，黄褐色，形似灯泡，内

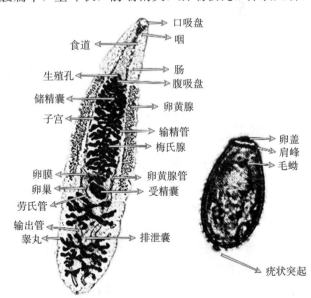

图 6-1　华支睾吸虫

含毛蚴，上端有卵盖，下端有一小突起。

2. 生活史

（1）中间宿主。淡水螺类，以纹沼螺、长角涵螺、赤豆螺和方格短沟蜷4种螺分布最广泛，其生活于静水或缓流的坑塘、沟渠、沼泽中，活动于水底或水面下植物的茎叶上，对环境的适应能力很强，广泛存在于我国南北各地。

（2）终末宿主。猫、犬、猪、人以及野生哺乳动物等。

（3）补充宿主。70多种淡水鱼和虾。鱼多为鲤科，其中以麦穗鱼感染率最高，还有草鱼、青鱼、鳊鱼、鲤鱼、鲢鱼等；虾有米虾、沼虾等。

（4）发育史。成虫寄生于终末宿主的肝胆管内，所产虫卵随粪便排出体外，被螺吞食，在其体内约经1h孵出毛蚴。毛蚴进入螺的淋巴系统及肝，发育为胞蚴、雷蚴和尾蚴。在适宜的水温下，尾蚴从螺体逸出，游于水中，当遇到适宜的补充宿主时，即钻入其体内发育成囊蚴。终末宿主吞食了生的或半生的含有囊蚴的补充宿主而感染，囊蚴在十二指肠脱囊，一般认为童虫沿着胆汁流动方向逆行，经胆总管到达胆管，在肝胆管发育为成虫（图6-2）。

（5）发育时间。进入中间宿主体内的虫卵发育为尾蚴需30～40d；进入终末宿主体内的囊蚴发育为成虫约需30d。在适宜的条件下，完成全部发育史约需100d。

（6）成虫寿命。在犬、猫体内可分别存活3.5年和12年以上，在人体内可存活20年以上。

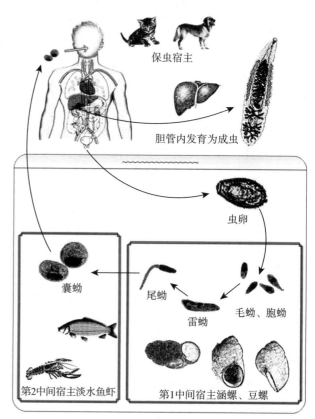

保虫宿主

胆管内发育为成虫

虫卵

囊蚴

尾蚴

雷蚴

毛蚴、胞蚴

第2中间宿主淡水鱼虾

第1中间宿主涵螺、豆螺

图6-2　华支睾吸虫生活史

【流行病学】

1. 感染源　患病或带虫动物和人。

2. 感染途径　经口感染。虫卵存在于感染动物的粪便中，患病动物和人的粪便未经处理倒入鱼塘，螺感染后使鱼的感染率上升，有些地区可达50%～100%。囊蚴遍布鱼的全身，以肌肉中最多。猫、犬感染多因食入生鱼、虾饲料或厨房废弃物而引起，猪多因散养或以生鱼及其内脏等作饲料而受感染，人的感染多因食入生的或未煮熟的鱼虾类而遭感染。

3. 易感动物　主要侵害犬、猫、猪等动物和人。

4. 流行特点　华支睾吸虫宿主广泛，所引起的疾病具有自然疫源性，是一种重要的人畜共患寄生虫病。在水源丰富、淡水渔业发达地区流行严重。

在流行区，粪便污染水源是影响淡水螺感染率高低的重要因素，如南方地区，厕所多建在鱼塘上，猪舍建在塘边，用新鲜的人、畜粪直接在农田上施肥，含大量虫卵的人、畜粪便直接进入水中，使螺、鱼受到感染，易促成本病的流行。有食生鱼菜肴、烫鱼、生鱼粥等习惯的地区，人的感染率很高。

囊蚴对高温敏感，90℃时立即死亡。

【治疗】

1. 吡喹酮 为首选药物。犬、猫每千克体重 50～60mg，一次口服，隔周服用一次。

2. 阿苯达唑 口服每千克体重 30mg，每日 1 次，连用 12d。

3. 六氯对二甲苯 犬、猫口服每千克体重 50mg，每天 3 次，连用 5d，总量不超过 25g。出现毒性反应后立即停药。

【防治措施】

流行区的猫、犬和人要定期进行检查和驱虫；禁止以生的或半生的鱼虾饲喂动物，厨房废弃物经高温处理后再作饲料；防止终末宿主粪便污染水塘；禁止在鱼塘边盖猪舍或厕所。消灭中间宿主淡水螺类；人禁食生鱼、虾，改变不良的鱼、虾烹调习惯。

子任务二 犬、猫并殖吸虫病的防治

【思维导图】

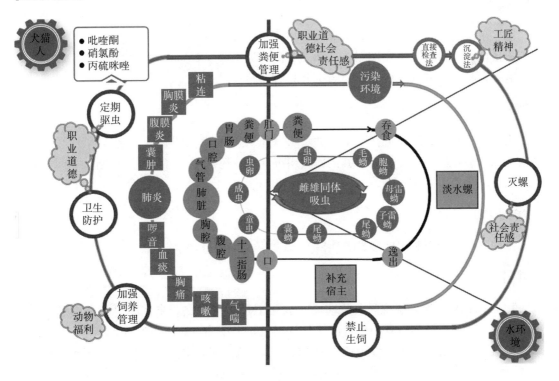

并殖吸虫病是由并殖吸虫寄生于犬、猫等多种动物和人肺中引起的疾病，又称为"肺吸虫病"，是一种重要的人畜共患寄生虫病。主要特征为引起肺炎和囊肿，痰液中含有虫卵，异位寄生时引起相应症状。

【案例】

畜主口述，2019 年 11 月两只犬陆续出现精神沉郁、食欲下降、腹泻，用抗病毒药治疗，病情稍有缓解。半个月后，犬又出现体温升高，阵发性咳嗽，咳出铁锈色痰液，呼吸困难，用抗生素治疗没有效果。病犬消瘦、精神萎靡、被毛粗糙、食欲不振，严重腹泻，触摸腹部有疼痛感，体温升高、咳嗽、呼吸困难、轻微气胸。其中一只衰竭死亡。剖检病亡犬发现，小肠黏膜充血、水肿、渗出；肺部有多个灰白色的囊肿，囊状豌豆大，稍突出于肺表面，切开囊肿，流出褐色黏稠液体，有的可见 2 条约长 1mm 深红色虫体，有的是空囊，有的是纤维素样变。根据病犬食过河蟹的病史、临诊症状、病理变化、实验室诊断结果，确诊为并殖吸虫病。

【临诊症状】

患病动物表现精神不佳，食欲不振、消瘦、咳嗽、气喘、胸痛、血痰、湿性啰音。因并殖吸虫在体内有到处窜扰的习性，有时出现异位寄生。寄生于脑部时，表现头痛、癫痫、瘫痪等；寄生于脊髓时，出现运动障碍，下肢瘫痪等；寄生于腹部时，可致腹痛、腹泻、便血，肝肿大等；寄生于皮肤时，皮下出现游走性结节，有痒感和痛感。

【病理变化】

肺中的囊肿多位于浅层，有豌豆大，稍凸出于肺表面，呈暗红色或灰白色，单个散在或积聚成团，切开时可见黏稠褐色液体，有的可见虫体，有的有脓汁或纤维素，有的成空囊。有时可见纤维素性胸膜炎、腹膜炎并与脏器粘连。

【诊断】

根据临诊症状，结合流行病学，并检查痰液及粪便中虫卵确诊。痰液用 10% 氢氧化钠溶液处理后，离心沉淀检查。粪便检查用沉淀法。还可用血清学方法诊断，如间接血凝试验及酶联免疫吸附试验等。

【检查技术】

沉淀法和间接血凝试验参见"项目七 畜禽寄生虫检查技术"。

【病原】

1. 形态结构 并殖吸虫种类很多，主要是卫氏并殖吸虫，虫体肥厚，卵圆形，腹面扁平，背面隆起，体表被有小棘，活体呈红褐色。大小为 (7.5～16) mm×(4～6) mm。口腹吸盘大小相近，腹吸盘位于体中横线之前。肠支呈波浪状弯曲，终于体末端。卵巢分5～6 个叶，形如指状，位于腹吸盘的左后侧。子宫内充满虫卵，与卵巢左右相对，后是并列的分枝状睾丸。卵黄腺由密集的卵黄滤泡组成，分布于虫体两侧。

虫卵呈金黄色，椭圆形，卵壳薄厚不均，卵内有十余个卵黄细胞。虫卵大小为（75～118）μm×（48～67）μm。

2. 生活史

（1）中间宿主。淡水螺类的短沟蜷和瘤拟黑螺。

（2）补充宿主。溪蟹类和蝲蛄。

（3）发育史。成虫在终末宿主肺产卵，虫卵上行进入支气管和气管，随着宿主的痰液进入口腔，被咽下进入肠道随粪便排出体外，落于水中的虫卵在适宜的温度下孵出毛蚴，毛蚴侵入中间宿主体内发育为胞蚴、母雷蚴、子雷蚴及短尾的尾蚴。尾蚴离开螺体在水中游动，遇到补充宿主即侵入其体内变成囊蚴。终末宿主吃到含有囊蚴的补充宿主后，幼虫在十二指肠破囊而出，穿过肠壁进入腹腔，在脏器间移行窜扰后穿过膈肌进入胸腔，钻过肺膜进入肺发育为成虫。成虫常成对被包围在肺组织形成的包裹内，包囊以微小管道与气管相通，虫卵则由此管道进入小支气管（图6-3）。

（4）发育时间。在外界的虫卵孵出毛蚴需2～3周；从毛蚴进入中间宿主至补充宿主体内出现囊蚴约需3个月；进入终末宿主的囊蚴经移行到达肺需5～23d，到达肺的囊蚴发育为成虫需2～3个月。

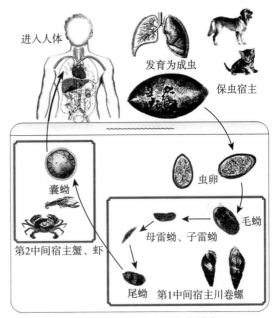

图6-3 卫氏并殖吸虫生活史

（5）成虫寿命。成虫寿命5～6年，甚至20年。

【流行病学】

1. 感染源 病畜或带虫家畜，虫卵存在于粪便中。

2. 感染途径 终末宿主经口感染。

3. 易感动物 犬、猫和猪等动物和人易感，还见于野生的犬科和猫科动物狐狸、狼、貉、猞猁、狮、虎、豹等。

4. 流行特点 由于中间宿主和补充宿主的分布特点，加之卫氏并殖吸虫的终末宿主范围又较广泛，因此，本病具有自然疫源性。在补充宿主体内的囊蚴抵抗力强，经盐、酒腌浸大部分不能杀死，被浸在酱油、10%～20%盐水或醋中，部分囊蚴可存活24h以上，但加热到70℃3min可全部死亡。

【治疗】

1. 硫氯酚（别丁） 每千克体重50～100mg，每日或隔日给药，10～20d为一个疗程。

2. 阿苯达唑　每千克体重 50～100mg 给药，连服 2～3 周。

3. 吡喹酮　每千克体重 50mg 给药，一次口服，效果良好。

4. 硝氯酚　每天每千克体重 1mg 给药，连服 3d；或每千克体重 2mg，分两次给药，隔日服药。

【防治措施】

在流行区防止易感动物及人生食或半生食溪蟹和蝲蛄；粪便无害化处理；患病脏器应销毁；做好灭螺工作。

任务二　犬、猫线虫病的防治

子任务一　犬、猫钩虫病的防治

【思维导图】

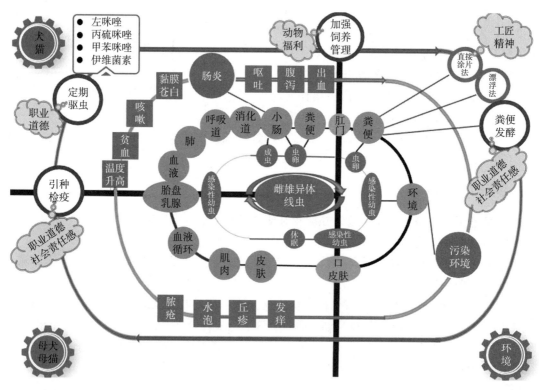

钩虫病是由钩口科的钩口属、板口属和弯口属的虫体寄生于犬、猫等动物的小肠而引起的疾病。其主要特征是高度贫血和消瘦。我国各地均有发生，是犬最为重要的寄生虫病。

【案例】

2021 年 5 月通榆县八面乡刘某的一只 3 岁金毛公犬，体重 21kg，精神沉郁，食欲差，排黏液性黑色稀便。眼观不愿走动，身体摇晃，垂头夹尾，被毛粗糙，身体消瘦，肛周有污物，全身有臭味。用镊子取少许粪便，采用涂片法直接镜检，见淡灰红色小线虫数条，进一步显微镜观察确诊为犬钩虫病。

【临诊症状】

幼虫侵入皮肤时，可导致皮肤发痒，出现充血斑点或丘疹，继而出现红肿或含浅黄色液体的水泡。如有继发感染，可成为脓疮。幼虫侵入肺时，可出现咳嗽、发热等。成虫在肠道寄生时，出现恶心、呕吐、腹泻等，粪便带血或黑色，柏油状。有时出现异食。黏膜苍白，消瘦，被毛粗乱无光泽，因极度衰竭而死亡。胎内感染和初乳感染的 3 周龄以内的幼犬，可引起严重的贫血，导致昏迷和死亡。

【病理变化】

由虫体吸血或吸血点引起的溃疡出血导致动物贫血。肝和其他器官可能出现缺血，肝有脂肪浸润。在急性病例中，可见出血性肠炎伴随小肠黏膜水肿，呈红色、小溃疡并有虫体附着。巴西钩口线虫、管形钩口线虫和狭首弯口线虫很少有贫血现象，其发病的特征为低蛋白血症。

【诊断】

根据临诊症状、粪便虫卵检查和剖检发现虫体进行综合诊断。

【病原】

1. 形态构造

(1) 犬钩口线虫。寄生于犬、猫、狐等动物的小肠。虫体呈灰色或淡红色。前端向背面弯曲（图 6 - 4）；口囊大，腹侧口缘上有 3 对大齿，口囊深部有 1 对背齿和 1 对侧腹齿（图 6 - 5）；食道棒状，肌质。雄虫长 11～13mm，交合伞的侧叶宽。雌虫长 14.0～20.5mm，后端逐渐尖细。虫卵大小 $60\mu m \times 40\mu m$，内含有 8 个卵细胞（图 6 - 6）。

图 6 - 4～
图 6 - 6 彩图

图 6 - 4　犬钩口线虫

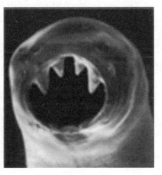

图 6 - 5　口囊

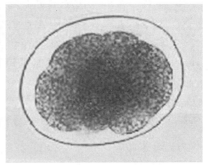

图 6 - 6　虫卵

（2）巴西钩口线虫。寄生于犬、猫、狐的小肠。口囊呈长椭圆形，囊内腹壁有 2 对齿，侧方的一对较大，十分显著，近中央的一对较小，不易看到；在口囊基部，有 1 对近似三角形内齿。雄虫长 5.0～7.5mm，交合刺细长。雌虫长 6.5～9.0mm，阴门位于体后端 1/3 处；尾部为不规则的锥形，末端尖细。虫卵大小 80μm×40μm。

（3）美洲板口线虫。寄生于人、犬的小肠。头端弯向背侧，口孔腹缘上有 1 对半月形的切板；口囊呈亚球形，底部有 2 个三角形的亚腹侧齿和两个亚背侧齿。雄虫长 5.2～10mm，平均 7.29mm；交合伞有 2 个大的侧叶和小的背叶。背叶分为 2 个小叶，各有一条末端分支的背肋支撑着。雌虫长 7.7～13.5mm，平均 10.72mm。阴门有明显的阴门瓣，位于虫体中线。虫卵大小为（53～66）μm×（28～44）μm。

（4）狭头弯口线虫。寄生于犬、猫、狐的小肠。虫体淡黄色，口弯向背面；口囊发达，其腹面前缘有 1 对半月形切板；接近口囊底部有 1 对亚腹侧。雄虫长 6～11mm，雌虫长 7～12mm。虫卵与犬钩口线虫相似。

2. 生活史 虫卵随粪便排出体外，在适宜的条件下，经约 1 周时间，发育为感染性幼虫，并从卵壳内孵出。经口和皮肤感染后，如是 3 月龄以下的幼犬，幼虫经食道或皮肤黏膜，进入血液循环，到达肺，进入呼吸道，上行到达咽，经咽进入消化道，到达小肠发育为成虫。从感染到发育为成虫约需 17d。经胎盘感染时，幼虫进入母体的血液循环，经胎盘感染胎儿。母犬体内的虫体可以进入乳汁，幼犬在吃奶时，也可把进入乳汁的虫体食入体内而感染。其移行同经口感染。3 月龄以上的犬感染后，幼虫多不进行移行，而是在肌肉中休眠，成为乳腺中虫体的来源。

【流行病学】

1. 感染源 病犬、猫或带虫犬、猫，虫卵存在于粪便中。

2. 感染途径 口、皮肤、胎盘和初乳。

3. 易感动物 犬、猫。

4. 流行特点 感染性幼虫多生活于离地面约 6cm 深的土层中，但只有当幼虫为土粒上的薄层水膜围绕时方能生存。如地面草茎上有水滴，幼虫可以沿着草茎向上爬行，可到达 22cm 处。感染幼虫在土壤中的存活时间与自然条件有关，与温度的关系尤为密切。45℃时，幼虫只能存活 50min，－15～－10℃时，不超过 4h。根据我国的气候情况，土壤中的感染性幼虫，在感染季节至少可存活 15 周或更久，但在冬季大都自然死亡，不能越冬。此外，干燥和直射阳光，也都不利于幼虫的生存。

虫卵在外界环境中的发育和幼虫的孵出受温度的影响很大，适宜的温度是 25～30℃。温度达 45℃时，虫卵经数小时即可死亡；温度低于 10℃，停止发育；0℃时只能存活 7d。如在温暖、潮湿（含水量 30%～50%）、荫蔽的松土中，24～48h 内即可孵出幼虫。

【治疗】

1. 甲苯达唑 每千克体重 22mg，口服，1 次/d，连用 3d。

2. 阿苯达唑 每千克体重 8～10mg，1 次口服。

3. 左旋咪唑 每千克体重 10mg，1 次口服。

4. **噻嘧啶**　每千克体重 6～25mg，1 次口服。

5. **依维菌素**　每千克体重 0.2～0.3mg，皮下注射或口服。

【防治措施】

在驱虫的同时，应进行对症治疗，包括输血，补液，给予高蛋白食物等。做好环境卫生，及时清理粪便，对犬定期驱虫。犬窝地面可用硼酸盐处理以杀死幼虫。

子任务二　犬心丝虫病的防治

【思维导图】

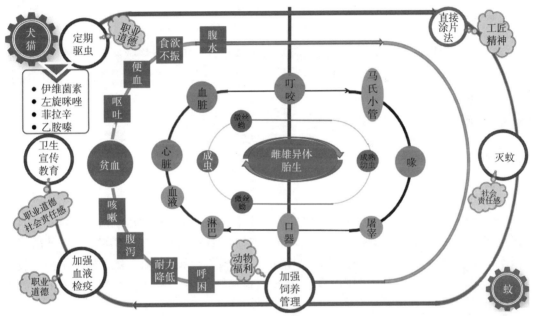

犬心丝虫病又叫犬恶丝虫病，是由犬恶丝虫寄生于犬的右心室和肺动脉而引起的。临诊主要表现为循环障碍、呼吸困难以及贫血等症状。本病流行较广，南方比北方多发。

【案例】

比格犬，6 岁，雌性，已绝育，正常防疫，饲喂处方粮。半年来偶有咳嗽，且运动后加剧；近来食欲不振，运动不耐受，且呈阵发性咳嗽；体重由 9.3kg 渐进性消瘦至 6.7kg；就诊前发现尿液呈红褐色。就诊当日，该犬精神沉郁，呼吸急促，体温 39.6℃，脉搏 137 次/min，可视黏膜苍白略黄染；听诊肺呼吸音弱而模糊，心收缩期杂音，偶可闻及第 2 心音分裂；血液检查可知红细胞数量为 $3.9×10^{12}$ 个/L［正常值：$(5.5～8.5)×10^{12}$ 个/L］，血细胞比容为 11%（正常值：37%～55%），提示贫血；白细胞数量为 $21×10^9$ 个/L［正常值：$(6.0～17.0)×10^9$ 个/L］，提示机体或有炎症；谷丙转氨酶（ALT）为 486U/L（正常值：10～118U/L）；尿素氮（BUN）为 41mmol/L（正常值：2.5～8.9mmol/L），尿液检查血红蛋白尿，提示为溶血性贫血。前肢桡静脉采血，滴血压片镜检，可见大量丝状幼虫做蛇形运动，高倍镜下虫体清晰可见。X线检查正位片可见右心肥大，心钟表指示约一点钟方向膨出；提示肺动脉扩张，侧位片可见肺野通透性降低，末梢肺动脉消失；右心肥大，以右心室为甚；心超声下显示右心室、右心房及三尖瓣乳头肌肥大。右心室内随心的收缩与舒张有位置不定的强回声光斑，部分呈现点状，调整探头可见肺动脉内亦有类似影像特征出现。诊断该犬为心丝虫感染。

【临诊症状】

病犬咳嗽，易疲劳，食欲减退，被毛粗乱，消瘦，贫血，有的出现瘙痒、脱毛及结节性皮肤病。随着病情发展，病犬心悸亢进，脉细弱并有间隙，心内有杂音，肝肿大有触痛，胸、腹腔积水，全身浮肿，呼吸困难，严重者可导致死亡。

【病理变化】

患犬可发生慢性心内膜炎，心肥大及右心室扩张，严重时因静脉淤血导致腹水和肝肿大等病变。患犬表现为咳嗽，心悸亢进，脉细而弱，心内有杂音，腹围增大，呼吸困难。后期贫血增进，逐渐消瘦衰弱至死。

【诊断】

根据发病季节、临诊症状而初诊，或采血作微丝蚴检查而确诊。

【检查技术】

取末梢血液一滴，置载玻片上，加少量生理盐水稀释后加盖片作低倍镜检查，如有微丝蚴存在，即可见其在血液中活泼游动。也可取血液 1mL 加 7‰醋酸溶液或 1‰盐酸溶液 5mL，离心 2～3min，倾去上清，取沉淀镜检。检查微丝蚴通常春、夏季检出率高，夜晚比白天检出率高。此外，也可用血清学方法进行特异性诊断。病犬死亡后可在右心和肺动脉中检出大量丝虫。

【病原】

1. 形态结构　犬心丝虫为黄白色粉丝状虫体，常数条纠缠成团。雄虫长 12～18cm，尾部数回盘旋。雌虫长 25～30cm，尾部较直。雌虫胎生，直接产出的幼虫称微丝蚴。微丝蚴在犬的血液内作蛇样运动。

2. 生活史　犬心丝虫的中间宿主是犬蚤和蚊子。雌虫在犬的体内产生自由活动的微丝蚴。蚤、蚊吸血时把微丝蚴吸入消化道内，微丝蚴在蚤、蚊的马氏小管中发育，经 5～10d 成熟的蚴虫穿破马氏小管到喙部；当蚤、蚊吸血时，蚴虫进入犬的皮下，经皮下淋巴管及血管循环到心脏寄生下来，在心内存活数年。虫体到达性成熟时需 8～9 个月。幼虫在体内经血液循环时可通过胎盘感染胎儿。

【流行病学】

本病的发生有明显的地区性和季节性，多见于蚊虫繁殖的地区和蚊虫最为活跃的

6—10 月。

【治疗】

1. 海群生（乙胺嗪） 每千克体重 10～20mg，口服，1 次/d，连服 1 周，对丝虫成虫和微丝蚴均有杀灭作用。

2. 酒石酸锑钾 每千克体重 2～4mg，静脉注射，1 次/d，连用 3 次有效。

3. 左旋咪唑 每千克体重 10mg，口服，1 次/d，连服 3d。

4. 1%硫乙肟胺注射液 每千克体重 1mg，静脉注射，2 次/d，连用 2d。

5. 菲拉松 每千克体重 1.0mg，3 次/d，连用 10d。

对成虫有效的药物还有硫酸酰胺钠、伊维菌素、盐酸二氯苯胂等，对微丝蚴有杀灭作用的有波芬和二硫噻啉。由于死亡虫体堵塞肺动脉可导致患犬衰竭甚至死亡，因此应谨慎用药。

【防治措施】

做好环境卫生，消灭蚊虫滋生地，防止夏季夜晚蚊虫叮咬。在蚊虫活动季节结束后3～5个月，应对犬进行两次驱虫，静脉注射 1%硫乙肟胺，可全部消灭进入心脏的未成熟的虫体。在蚊虫季节开始前应用海群生每千克体重 2.5mg，1 次/d，拌入食物中喂 3 个月。

子任务三　犬、猫结膜吸吮线虫病的防治

【思维导图】

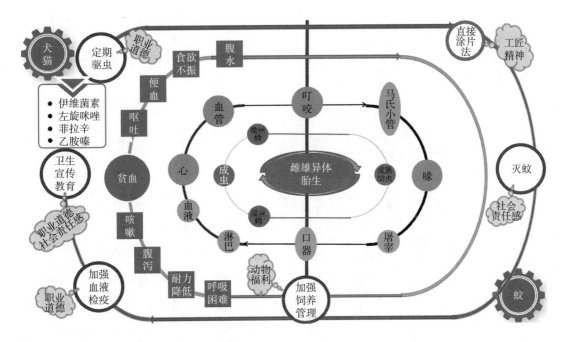

结膜吸吮线虫是一种寄生于犬、猫等动物眼结膜囊内的一种线虫，也可寄生于人眼，

因本病多流行于亚洲地区，故又称东方眼虫病。该病以北方地区多发。结膜吸吮线虫成虫主要寄生于犬、猫等动物的眼结膜囊及泪管内，以吸食泪液为生。结膜吸吮线虫通过中间宿主（蝇类）发育和传播。

【案例】

某儿童医院接诊一名 1 岁女童，家长无意中发现女童的眼中有"白线"，赶紧来就医。医生先后从女孩左眼中取出 9 条虫子，取出时虫子还在蠕动，诊断为结膜吸吮线虫。通过问诊，得知是由家里的宠物传染的。

【临诊症状】

病犬或猫患眼畏光、流泪、眯眼，结膜潮红肿胀，有疼痛，有抓眼现象。眼内有脓性分泌物流出，严重时可导致角膜溃疡，甚至角膜穿孔或失明。

【诊断】

在眼内发现吸吮线虫时就能确诊（图 6-7）。

【检查技术】

虫体游离眼球表面时很容易被发现，或用手指压内眼角，然后用镊子把第三眼睑提起，查看有无活动的虫体。

【病原】

1. 形态结构　吸吮线虫呈乳白色（图 6-8）。体表角质层有粗的横纹。口孔圆形，口囊小呈长方形。头具有 6 个乳突，其中 2 个侧乳突，4 个中乳突。雄虫有交合刺 1 对，其大小形状不同，不相等，左长右短，无引器和尾翼膜。雌虫阴门开口于身体的前部，在食管附近的腹面。胎生，虫卵卵壳薄，内含幼虫。

图 6-7、
图 6-8 彩图

图 6-7　吸吮线虫（眼内）

图 6-8　吸吮线虫

2. 生活史　吸吮线虫系胎生，发育时需要中间宿主，中间宿主为蝇类。雌虫产出的幼虫在宿主第三眼睑内，幼虫被蝇吞食后，经过二次蜕化，即能发育成感染性幼虫，感染性幼虫移行到蝇的口器内，当口器内含有感染性幼虫的蝇再次接触犬猫或者人眼分泌物时，幼虫便逸出而进入眼睛，使之感染，感染性幼虫在结膜囊内继续发育为成虫。

【治疗】

患病动物需眼部麻醉或全身麻醉，用镊子清除所有眼内线虫，再用宠物专用眼部清洗液清洗患眼，检查眼部损伤情况，是否继发角膜溃疡并进行相应治疗。

【防治措施】

该病以预防为主，尽量让犬少去草丛中，做好环境卫生，注意防蚊蝇，切断传播途径。每年定期做好体内体外除虫。

任务三 犬、猫绦虫病的防治

【思维导图】

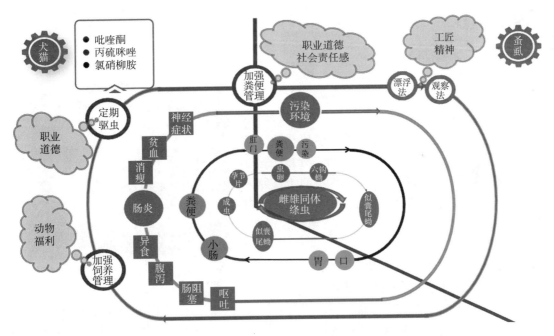

犬、猫绦虫病是由多种绦虫寄生于犬、猫的小肠内而引起的疾病的总称。寄生于犬、猫的绦虫种类很多，危害很大，它们的幼虫期多以其他动物（或人）为中间宿主，严重危害动物和人体健康。

【案例】

病犬主人发现一病犬肛门常夹着尚未落地的孕卵节片，以及粪便中夹杂短的绦虫节片，并出现呕吐，慢性肠卡他，食欲反常，异嗜，贪食，精神不振，营养不良，渐进性消瘦等症状，经粪便检查可观察到具有特征性的卵囊，确诊为犬的绦虫病。

【临诊症状】

犬、猫排出成熟节片并不时舔蹭肛门。严重感染时，患犬、猫经常出现腹部不适，食欲反常（贪食或异食），呕吐，慢性肠炎；大量感染时，造成犬、猫的贫血、消瘦、腹泻、消化不良，甚至便秘和腹泻交替发生；高度衰弱时犬、猫常嗜睡，有的犬还出现神经症状，兴奋扑人或沉郁，四肢痉挛或麻痹，虫体成团时，也能堵塞肠管，导致肠梗阻、肠套叠、肠扭转，甚至肠破裂等急腹症。

【诊断】

依据临诊症状以及饱和盐水漂浮法检出粪便中虫卵可以确诊。如发现病犬肛门常夹着尚未落到地面的孕卵节片，以及粪便中夹杂短的绦虫节片，也可确诊。

【检查技术】

直接观察法和反复沉淀法参见"项目七 畜禽寄生虫检查技术"。

图6-9彩图

【病原】

1. 犬复孔绦虫

（1）形态结构。虫体为淡红色，长15～50cm，宽约3mm，约有200个节片。体节外形呈黄瓜子状。头节上有四个吸盘，顶突上有4～5圈小钩。每个成熟节片具有两套生殖管，生殖孔开口于两侧缘中线稍后方。睾丸100～200个，分布在纵排泄管内侧。卵巢呈花瓣状。孕卵节片中的子宫分为许多卵袋，每个卵袋内含有数个至30个以上的虫卵。虫卵呈圆球形，直径35～50μm，卵壳较透明，内含六钩蚴（图6-9）。

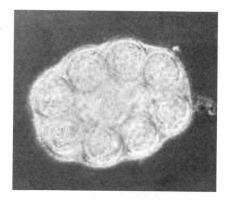

图6-9 犬复孔绦虫虫卵

（2）生活史。中间宿主是犬、猫蚤和犬毛虱。孕节自犬、猫的肛门逸出或随粪便排出体外，破裂后，虫卵散出，被蚤类食入，在其体内发育为似囊尾蚴。一个蚤体内可有多达56个似囊尾蚴。犬、猫咬食蚤而感染，约经3周后发育为成虫。儿童常因与犬、猫的密切接触，误食被感染的蚤和虱遭受感染。

（3）流行特点。本病广泛分布于世界各地。无明显季节性，宿主范围广泛，犬和猫的感染率较高，狐和狼等野生动物也可感染，人主要是儿童易受感染。轻度感染时不显症状。幼犬严重感染时可引起食欲不振，消化不良，腹泻或便秘，肛门瘙痒等症状。大量感染时还可能发生肠梗阻。犬粪便中找到孕节后，在显微镜下观察到具有特征性的卵囊，即可确诊。

2. 泡状带绦虫

（1）形态结构。泡状带绦虫新鲜时呈黄白色。体长60～500cm，宽0.1～0.5cm。头节有 4 个吸盘，分布于周边部。顶突上有两圈大小相间排列的小钩。前部节片宽而短，向后逐渐加长，孕节长大于宽。睾丸 540～700 个，主要分布在节片两侧排泄管内侧。卵巢分左右两叶。生殖孔不规则地交替开口于节片两侧中部偏后缘处。子宫呈管状，有波纹状弯曲。孕节子宫每侧有 5～16 个粗大分支，分支又有小分支，其间全部被虫卵充满。虫卵为卵圆形，大小为（36～39）$\mu m \times$（31～35）μm，胚膜厚，有放射状条纹，内含六钩蚴。

（2）生活史。猪、羊、鹿等为其中间宿主，其幼虫为细颈囊尾蚴，常寄生于猪、羊等的大网膜、肠系膜、肝、横膈膜等处，引起细颈囊尾蚴病，严重感染时可进入胸腔寄生于肺。

3. 多头绦虫

（1）多头多头绦虫。成虫长 40～100cm，有 200～250 个节片。头节上有四个吸盘，顶突上有 22～32 个小钩。孕节子宫有 14～26 对侧枝。其幼虫为脑多头蚴，寄生于绵羊、山羊、黄牛、牦牛、骆驼等脑内，有时也能在延脑或骨髓中发现，人也偶然感染。

（2）连续多头绦虫。成虫长 10～70cm。头节上有四个吸盘，顶突上有 26～32 个小钩，排成两圈。孕节子宫有 20～25 对侧枝。其幼虫为连续多头蚴，常寄生于野兔、家兔、松鼠等啮齿动物的皮下、肌肉间、腹腔脏器、心肌、肺等处，直径 4cm 或更大，囊壁上有许多原头蚴。

（3）斯氏多头绦虫。成虫体长 20cm。头节呈梨形，有 4 个吸盘，顶突上有 32 个小钩，分两圈排列。睾丸主要分布在两排泄管的内侧。子宫每侧有 20～30 个侧枝，内部充满虫卵。其幼虫为斯氏多头蚴，寄生于羊、骆驼的肌肉、皮下、胸腔与食道等处，偶见于心与骨骼肌。

4. 细粒棘球绦虫 参照猪细粒棘球绦虫病。

5. 中线绦虫

（1）形态结构。成虫长 30～250cm，乳白色。头节上有 4 个椭圆形的吸盘，无顶突和小钩。每个成节有一组生殖器官。子宫位于节片中央。孕节内有子宫和一卵圆形的副子宫器，副子宫器内含成熟虫卵。

（2）生活史。地螨为第 1 中间宿主，在其体内发育为似囊尾蚴；第 2 中间宿主为各种啮齿类、禽类、爬虫类和两栖类动物，它们吞食了含似囊尾蚴的地螨后，在其体内发育为 1～2cm 长的、具有四个吸盘的四盘蚴，这些中间宿主或四盘蚴被终末宿主吞食后，在其小肠发育为成虫。

6. 曼氏迭宫绦虫

（1）形态结构。成虫体长 40～60cm，有的可长达 100cm 以上，最宽处为 8mm。头节细小，呈指状或汤匙状，背腹各有一个纵行的吸槽。颈节细长。成熟体节有一组生殖器官，睾丸 320～540 个，为小泡型，散布在体节两侧背面。卵巢分左右两瓣，位于节片后部中央。子宫位于体节中部，作 3～5 个螺旋状盘曲，紧密地重叠，略呈金字塔状。孕节子宫发达，充满虫卵。虫卵呈椭圆形，浅灰褐色，有卵盖，大小为（52～76）$\mu m \times$（31～44）μm，内有一个卵细胞和多个卵黄细胞。

（2）生活史。曼氏迭宫绦虫的发育史需要两个中间宿主：第 1 中间宿主为剑水蚤，在其体内发育为原尾蚴，第 2 中间宿主为蛙类（蛇类、鸟类、鱼类，人可作为转续宿主），在其体内发育为裂头蚴。猪的腹腔网膜、肠系膜、脂肪及肌肉中也发现本虫的裂头蚴。犬、猫等终末宿主吞食了含有裂头蚴的第 2 中间宿主或转续宿主后，裂头蚴在其小肠内发育为成虫。

一般感染后 3 周可在粪便中检出虫卵。成虫在猫体内的寿命约为 3 年半（图 6 - 10）。

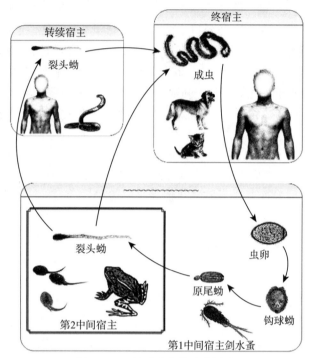

图 6 - 10　曼氏迭宫绦虫生活史

7. 宽节双叶槽绦虫

（1）形态结构。成虫长达 2～12m，最宽处达 20mm。体节数达 3 000～4 000 个，为绦虫中最大的一种。头节背腹各有一个纵行而深凹的吸槽。睾丸 750～800 个，与卵黄腺一起散在于体两侧。卵巢分两叶，位于体中央后部；子宫盘曲呈玫瑰花状。孕节结构与成节基本相同。虫卵呈卵圆形，淡褐色，具卵盖，大小为（67～71）μm×（40～51）μm。

（2）生活史。发育史需要两个中间宿主：第 1 中间宿主为剑水蚤，第 2 中间宿主为鱼。人以及犬、猫等肉食动物是终末宿主，终末宿主因吃入含有裂头蚴的生鱼或未煮熟的鱼而感染，感染后约经 5～6 周发育为成虫。

（3）流行特点。流行地区人或犬、猫粪便污染水源，是剑水蚤受感染的一个重要原因。另外多种野生动物可以感染，成为该病的自然疫源地。宽节双叶槽绦虫主要分布于欧洲、美洲和亚洲的亚寒带和温带地区。

【治疗】

1. 吡喹酮　犬每千克体重 5～10mg，猫每千克体重 2mg，一次口服。

2. 阿苯达唑　犬每千克体重 10～20mg，每天口服一次，连用 3～4d。

3. 氢溴酸槟榔素　犬每千克体重 1～2mg，一次口服。

4. 氯硝柳胺（灭绦灵）　犬、猫每千克体重 100～150mg，一次口服。但对细粒棘球绦虫无效。

5. **硫氯酚**　犬、猫每千克体重 200mg，一次口服，对带绦虫病有效。

6. **盐酸丁萘脒**　犬、猫每千克体重 25～50mg，一次口服。驱除细粒棘球绦虫时，每千克体重 50mg，一次口服，间隔 48h 再服一次。

【防治措施】

1. **定期驱虫**　为了保证犬、猫的健康，一年应进行 4 次预防性驱虫（每季度 1 次）。特别是在军犬、警犬繁殖部门，在犬交配前 3～4 周内应进行驱虫。

2. **杀灭中间宿主**　应用杀虫药物杀灭动物舍内和体上的蚤和虱等中间宿主。

3. **加强饲养管理**　在裂头绦虫病流行的地区，最好不给犬、猫饲喂生的鱼、虾，以免感染裂头绦虫。禁止用屠宰加工的废弃物以及未经无害处理的非正常肉、内脏喂犬、猫，因其中往往有各种绦虫蚴。

4. **做好防鼠、灭鼠工作**　严防鼠类进出圈舍、饲料库、屠宰场地等。

5. **注意人身防护**　不食生物，勤洗手，注意个人卫生。

任务四　犬、猫球虫病的防治

【思维导图】

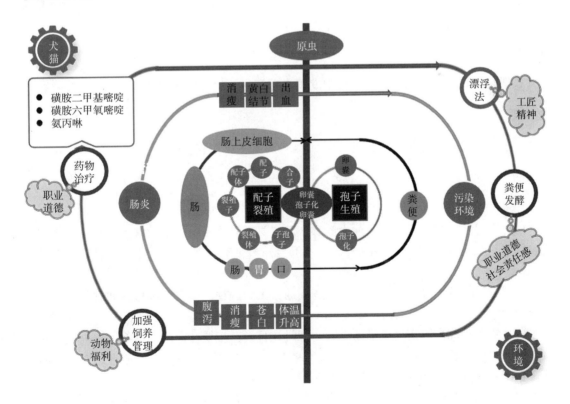

犬、猫球虫病均系由艾美耳科等孢属的球虫寄生在肠上皮细胞内以引起出血性肠炎为特征的原虫病。本病广泛传播于犬群中，幼犬特别易感，在环境卫生不良和饲养密度较大的养犬场常可发生严重流行。病犬和带虫成年犬是本病的传染源，猫也如此，人也可被寄生。

【案例】

2019 年 7 月，重庆市某宠物医院门诊接诊了 6 只 2.5 月龄的柯基幼犬。自述 6 只柯基幼犬为同一窝出生，相继出现精神沉郁、食欲减退、腹泻、粪便稀薄等症状，偶见呕吐。出现症状 3d 后，其中 1 只幼犬食欲废绝、腹泻，粪便混有血液和黏液，味道腥臭。问诊得知，6 只幼犬均用"卫佳"疫苗进行了 2 次免疫接种，但未进行驱虫。经询问，母犬有球虫病病史，上一窝幼犬也有球虫病病史。

【临诊症状】

1～2 月龄幼犬和幼猫感染率高，感染后 3～6d，出现水泻或排出泥状粪便，有时排带黏液的血便。轻度发热，精神沉郁，食欲不振，消化不良，消瘦、贫血、脱水，严重者衰竭而死。耐过者，感染后 3 周症状消失，自然康复。

【病理变化】

整个小肠出现卡他性或出血性肠炎，但多见于回肠段尤以回肠下段最为严重，肠黏膜肥厚，黏膜上皮脱落。

【诊断】

根据临诊症状（下痢）和在粪便中发现大量卵囊，便可确诊。

【检查技术】

直接涂片法和反复沉淀法参见"项目七 畜禽寄生虫检查技术"。

【病原】

1. 形态特征

（1）犬等孢球虫。寄生于犬的大肠和小肠，具有轻度及中度的致病力。卵囊呈椭圆形至卵圆形，大小为（32～42）μm×（27～33）μm，囊壁光滑，无卵膜孔，孢子发育时间为 4d。

（2）俄亥俄等孢球虫。寄生于犬小肠，通常无致病性。卵囊呈圆形至卵圆形，大小为（20～27）μm×（15～24）μm，囊壁光滑，无卵膜孔。

（3）猫等孢球虫。寄生于猫的小肠，有时在盲肠，主要在回肠的绒毛上皮内，具有轻微的致病力。卵囊呈卵圆形，大小为（38～51）μm×（27～39）μm，囊壁光滑，无卵囊孔。孢子发育时间为 3d。潜隐期为 7～8d。

（4）芮氏等孢球虫。寄生于猫的小肠和大肠，具有轻微的致病力。卵囊呈椭圆形至卵圆形，大小为（21～28）μm×（18～23）μm，潜隐期6d。

2. 生活史 参照猪球虫病和鸡球虫病。

【治疗】

1. 磺胺六甲氧嘧啶 每日每千克体重50mg，连用7d。

2. 氨丙啉 犬按每千克体重110～220mg混入食物，连用7～12d。当出现呕吐等不良反应时，应停止使用。

3. 呋喃唑酮 每千克体重1.25mg，间隔6h再用，连用7～10d。

【防治措施】

做好犬、猫的环境卫生，用具经常清洗消毒。药物预防可用1～2匙9.6%氨丙啉溶液混于4.5L水中，作为饮水，在母犬下崽前10d内饮用。此外还可用磺胺类药物预防。

任务五 犬、猫螨病的防治

【思维导图】

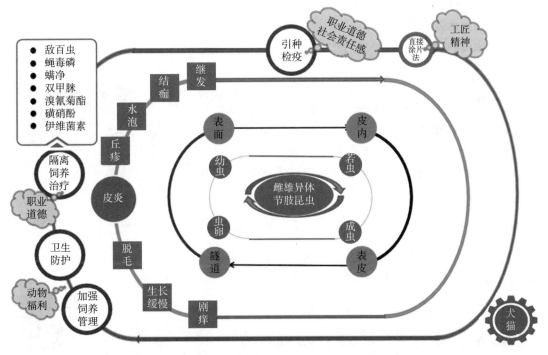

犬、猫螨病是由疥螨科与蠕形螨科的螨类寄生于犬、猫的体表或表皮内所致的慢性皮肤病，是一种永久性寄生虫，以接触感染并能使犬、猫发生剧烈的痒觉和各种类型的皮肤炎为特征。

【案例】

2020年11月下旬，辽宁省庄河市蓉花山李某饲养3岁犬坐卧不宁，犬吠不止，摩擦身体，皮肤上有红斑。检查发现，犬头部的眼眶和耳郭的基底部，在前胸、腹下、腋窝、大腿内侧等少毛部位和皮肤较薄处偶尔可见小水疱。犬身上有红斑，皮屑增多，有结痂性湿疹，进而皮肤增厚，掉毛，在发病部位有痂皮覆盖，除掉痂皮以后该部位湿润呈鲜红色，有出血现象。犬烦躁不安，影响采食，进入室内温度升高，表现更为明显，影响犬的采食和休息，犬明显消瘦。初步诊断为螨虫病。在健康皮肤和发病皮肤交界处涂抹甘油，使用消毒好的手术刀进行深刮至皮肤微微出血，刮取皮肤取病料。将病料放置载玻片上，滴加50%的甘油，加盖玻片，显微镜镜检，可以见到活的疥螨虫，确诊该犬发生疥螨病。

【临诊症状】

1. 疥螨病　患畜痒感剧烈不断啃咬和蹭痒患部，运动后和气温升高时痒感加剧。发病部位见于四肢末端、面部、耳部、腹侧和腹下部，逐渐蔓延至全身。患部皮肤增厚，被毛脱落。面部、颈部和胸部皮肤形成皱褶。局部出血、红肿、有液体渗出，形成丘疹、水泡甚至脓疱，皮肤结痂。病程长时，病犬食欲下降、消化吸收功能紊乱，逐渐消瘦，严重时出现死亡。

2. 蠕形螨病　犬感染本病后，在眼睑及其周围皮肤、额部、颈下部、肘部、腹部、股内侧等处皮肤发生颊斑，皮肤粗糙脱屑或有小结节。病情严重的患犬皮肤生成脓疱，其中含有大量虫体或虫卵。群体中有一个个体发病，其他个体就很难幸免。犬皮毛几乎脱光，周身痂皮、出血，甚至并发感染而死亡。

【病理变化】

病初为鳞屑型，患部脱毛，皮肤肥厚，发红并复有糠皮状鳞屑，随后皮肤变红铜色。后期伴有化脓菌侵入，患部脱毛，形成皱褶，生脓疱，流出的淋巴液干涸成为痂皮，重者因贫血及中毒而死亡（图6-11）。

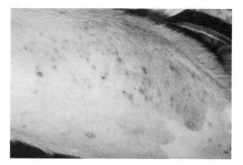

图6-11　皮肤脓疱、痂皮

【诊断】

根据疾病流行情况、临诊症状及刮取皮肤组织、皮肤结节和镜检脓疱内容物发现螨即可确诊。

【检查技术】

直接涂片法参见"项目七 畜禽寄生虫检查技术"。

图6-11彩图

【病原】

其形态结构、生活史和流行病学与牛、羊螨相同，可参阅相关内容。

【治疗】

及时隔离治疗，以防止传染给其他犬。首先要将患处以及周围的毛剪掉，除去污垢和痂皮，并用温水清洗患处，然后再用药物进行治疗。可用伊维菌素、双甲脒、10％硫黄软膏、2％甲硝唑霜剂、鱼藤酮、苯甲酸苄酯或过氧化苯甲酰凝胶，也可用中药（明矾 30g、芒硝 20g、青盐 20g、乌梅 20g、四川椒 15g、硫黄 10g，用水煎 30min）煎汁后涂抹患处。在用药的同时可配合使用抗生素进行全身治疗，同时在治疗期间要加强营养，补充蛋白质、多种维生素以及微量元素。

【防治措施】

1. 隔离治疗 在饲养过程中要定期检查是否有犬疥螨病，发现病犬须及时隔离，待治疗完全、健康无病后才可进行接触，这样可有效预防犬疥螨病。

2. 定期消毒 做好犬舍日常清洁和定期消毒工作，对犬体也要定时进行清理和护理，经常刷拭犬体，让其常晒太阳。在该病的高发期要做好舍内的通风和透光工作，并注意防潮，保持犬舍内清洁干燥。在清洁犬体时要注意使用专用的清洗剂，不可使用碱性过大的沐浴产品，否则会导致犬的皮肤受损。犬舍内的物品，如犬床、垫物以及工具等也要定期进行清洗、消毒和晾晒，每半个月进行一次。

3. 加强饲养管理 在夏季高温季节可适当减少犬运动的时间和次数。为犬提供充足的营养，并要注意营养的均衡性，以保持犬较好的体质，增强抗病能力和免疫力。

复习思考题

一、选择题

1. 治疗犬球虫病宜选用的药物是（　　）。

   A. 青霉素   B. 盐霉素

   C. 磺胺二甲氧嘧啶   D. 马杜拉霉素

2. 寄生于犬、猫的小肠，可造成幼犬生长缓慢、发育不良，严重感染时可引起幼犬死亡；而且它的幼虫也可感染人，引起人体内脏幼虫移行症及眼部幼虫移行症的是（　　）。

   A. 犬心丝虫病   B. 犬巴贝斯虫病   C. 犬、猫蛔虫病   D. 犬复孔绦虫病

3. 寄生于犬的右心室和肺动脉，蚊为中间宿主，患犬可发生心内膜炎、肺动脉内膜炎、心肥大及右心室扩张，严重时因静脉淤血导致腹水和肝肿大，肾可以出现肾小球肾炎的是（　　）。

   A. 犬心丝虫病   B. 犬巴贝斯虫病   C. 犬、猫蛔虫病   D. 犬复孔绦虫病

4. 犬，体温升高，结膜苍白、黄染，尿液暗红色。血液涂片镜检见红细胞内有梨形、椭圆形、小点形虫体，长度小于红细胞半径。预防该病的有效措施是（　　）。

   A. 灭蚊   B. 灭蝇   C. 灭蜱   D. 灭螨

5. 犬，皮肤瘙痒，出现多量结节，X 线检查见肺动脉扩张。末梢血液检查，镜检见有微丝蚴。治疗该病的药物是（　　）。

   A. 左旋咪唑   B. 吡喹酮   C. 硫氯酚   D. 三氮脒

6. 犬，局部皮肤出现红斑，刮取红斑部位皮肤组织镜检，见长柱状虫体，有足 4 对，短粗，虫体后部体表有明显皱纹，该病的病原是（　　）。

    A. 疥螨   B. 痒螨   C. 蠕形螨   D. 皮刺螨

7. 比特犬，2 岁，体温 40.3℃，精神沉郁，食欲废绝，可视黏膜黄染，尿呈黄褐色；血常规检查红细胞 3.56×10^{12} 个/L，白细胞 7.50×10^9 个/L，血红蛋白 72g/L；血液涂片检查在病原寄生细胞中见有梨籽形虫体。治疗本病的特效药是（　　）。

    A. 咪唑苯脲   B. 吡喹酮   C. 伊曲康唑   D. 多拉菌素

8. 蚤对犬、猫的最主要危害是（　　）。

    A. 破坏体毛   B. 破坏血细胞   C. 扰乱营养代谢

    D. 扰乱免疫功能   E. 吸血和传播疾病

9. 虫体最长可达 50cm，蚤类是中间宿主，幼犬严重感染时，可引起食欲不振，消化不良，腹痛，腹泻或便秘，肛门瘙痒等症状的是（　　）。

    A. 心丝虫病   B. 钩虫病   C. 蛔虫病

    D. 犬复孔绦虫病   E. 犬巴贝斯虫病

10. 寄生于小肠，一般主要危害 1 岁以内的幼犬和幼猫，临诊症状主要是贫血、排黑色柏油状粪便、肠炎和低蛋白血症的是（　　）。

    A. 心丝虫病   B. 钩虫病   C. 蛔虫病

    D. 犬复孔绦虫病   E. 巴贝斯虫病

二、填空题

1. 犬巴贝斯虫寄生于犬的_____。

2. 犬恶丝虫寄生于犬的_____。

3. 疥螨的感染途径是_____。

4. 从犬粪便中检出含六钩蚴的虫卵，该犬感染的寄生虫是_____。

5. 治疗犬痒螨病的药物是_____。

6. 华支睾吸虫感染终末宿主的发育阶段是_____。

7. 犬恶丝虫的幼虫是_____。

8. 用刮取_____黏膜镜检可以用来确诊球虫病。

9. 疥螨寄生于动物体时，可引起_____、_____皮炎，具有高度的传染性。

三、判断题

（　　）1. 疥螨在动物体的主要寄生部位是皮肤表面。

（　　）2. 犬巴贝斯虫的传播媒介是蜱。

（　　）3. 可治疗犬绦虫病的药物是吡喹酮。

（　　）4. 痒螨病原寄生在表皮层内。

（　　）5. 疥螨寄生在皮脂腺内。

（　　）6. 犬食入生虾后可能感染的寄生虫是华支睾吸虫。

（　　）7. 旋毛虫病的临诊特征是体温正常、肌肉强烈痉挛的急性肌炎。

（　　）8. 华支睾吸虫主要寄生于动物的小肠和肝。

（　　）9. 钩虫寄生于动物的小肠内，其致病作用为吸食血液，导致动物严重贫血。

（　　）10. 疥螨的发育属于完全变态，包括 4 个发育阶段。

四、分析题

病犬为雌性，4 月龄左右，表现极度瘦弱，下腹有轻微下坠感，排棕黑色水样便，有呕吐症状，黏膜苍白黄染。据犬主介绍，病犬较同窝犬明显瘦小，怀疑有寄生虫，曾用左旋咪唑驱过虫。1 周前开始食欲减退，腹泻，曾用抗生素进行治疗，但未见任何好转，病犬喂过生的或未经煮熟的淡水鱼虾，触诊肝区敏感，肝肿大、后移，粪便检查发现呈黄褐色，葵花籽形或梨形，顶端有盖，肩峰明显，卵内含有毛蚴的虫卵，请分析此病为哪种寄生虫病，如何进行防治？

（项目六参考答案见 176 页）

项目七

畜禽寄生虫检查技术

知识目标

1. 能够描述畜禽寄生虫病的各种检查技术。
2. 能够描述畜禽寄生虫病的药物驱虫技术。
3. 能够描述畜禽寄生虫病的固定保存技术。

能力目标

1. 根据不同的寄生虫，能够合理选择寄生虫病的诊断方法。
2. 根据不同的寄生虫，制定合理、有效的药物驱虫方案。

素质目标

1. **职业道德**　根据不同的寄生虫，合理选择应用抗寄生虫药，制定合理、有效的药物治疗方案，能够践行执业兽医职业道德行为规范，依法用药，依法防控人畜共患病。
2. **工匠精神**　通过寄生虫的实验室诊断，能够逐步建立科学、严谨和精益求精的科学素养精神。
3. **团队合作**　通过制定合理、有效的药物驱虫方案，提高团队合作意识。
4. **动物福利**　建立善待实验动物、敬畏生命、感恩奉献、珍爱生命的动物福利意识。

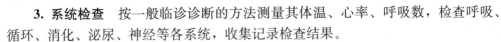

任务一　动物寄生虫病临床检查

一、检查原则

遵循"先静态后动态，先群体后个体，先整体后局部"的检查原则。动物种群数量较少时，应逐头检查；数量较多时，抽取其中部分进行检查。

二、检查方法

1. 整体检查　通过观察其精神状态，体格发育与营养，姿势与步态，被毛与皮肤等，发现异常或病态动物。

2. 一般检查　观察体表被毛、皮肤、黏膜等，注意有无肿胀、脱毛、出血、皮肤异常变化、体表淋巴结病变，注意有无体表寄生虫（蜱、虱、蚤、蝇等），如有则做好记录，搜集虫体并计数。如怀疑为螨病时应刮取皮屑备检。

3. 系统检查　按一般临诊诊断的方法测量其体温、心率、呼吸数，检查呼吸、循环、消化、泌尿、神经等各系统，收集记录检查结果。

4. 病理检查　按照病理解剖诊断的方法观察呼吸、循环、消化、泌尿、神经等各系统，收集记录各种病理变化。根据怀疑的寄生虫种类，采集粪样、尿液、血液、组织器官等样品备检。

禽的翅静脉
采血技术

禽的心脏
采血技术

禽的解剖和
采样技术

三、资料分析

归类分析所收集的各种症状，提出可疑的寄生虫病范围。

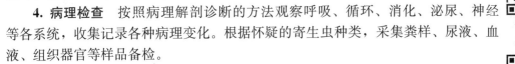

任务二　粪便检查技术

一、粪样的采集、保存和运输

粪便检查，必须采集新鲜而未被尿液等污染的粪便，最好是在排粪后立即采取没有接触地面的部分，盛于洁净容器内。必要时，对大家畜可由直肠直接采取，其他家畜可用50％甘油或生理盐水灌肠采粪。

采集粪样，大家畜一般不少于60g，并应从粪便的内外两层采取。采取的粪样最好立即送检，如当天不能检查，应放在阴凉处或冰箱内（应不超过5℃），但不宜加防腐剂。如需转寄到异地检查时，可浸于等量的5％～10％甲醛液或石炭酸中。但是，这仅能阻止大多数蠕虫卵的发育及幼虫从卵内孵出，而不能阻止少数几种蠕虫卵的发育。为了完全阻止虫卵的发育，可把浸于5％甲醛液中的粪便加热到50～60℃，此时，虫卵即失去了生命力（将粪便固定于25％的甲醛液中也可以取得同样的效果）。

二、虫体或虫卵的直接检查法

1. 虫体检查法　动物粪便中的节片或虫体，其中较大者，肉眼很易发现，但对较小的虫体，应先将粪便收集到一个大的玻璃容器内，加普通水 5～10 倍，搅拌粪便使球粪碎裂与水充分混合均匀，静置 20～30min 后，倒去上面的液体，再加水，反复搅拌沉淀，待上部液体透明时，最后倒去上部液体。将沉渣倒入大平皿内，衬以暗色背景，用玻璃棒将沉渣展开，用肉眼先检查一遍，再借助放大镜或实体显微镜检查，以确保结论的准确性。

2. 直接涂片法　粪便检查时可发现各种虫卵及球虫卵囊。直接涂片检查，最简便和最常用的虫卵检查法，但因其检查粪便量过少，虽能检出各种虫卵和幼虫，检出率很低，因此只能作为辅助的检查方法。为使检查效果尽量准确，要求每个粪样必须做 3 张涂片。

在清洁的载片上滴少许 50% 甘油水溶液，再放少量被检粪便，然后用火柴杆或牙签等加以搅拌，去掉粪便中硬固的渣子，使载片上留有一层均匀的视野，涂片的厚薄以在涂片的下面可以见到书报上字迹为宜，盖上盖玻片，置于显微镜下观察。检查时应有顺序地将盖片下的所有部分均检查到。

三、沉淀集卵法

沉淀集卵法

1. 原理　由于一些虫卵的密度较大，不易用漂浮法检出，采用沉淀法可以得到满意的结果，适用于吸虫和个别线虫（如猪后圆线虫）虫卵的检查。

2. 方法

（1）自然沉淀法。取 5～10g 被检粪便放在烧杯内，先加少量清水，用玻璃棒将粪块打碎与水混匀，再加 5 倍量清水，并充分混匀；然后将粪液通过 0.44～0.30mm 孔径的铜筛（或两层纱布）滤在另一清洁的烧杯内，用适量的清水洗涮烧杯，将洗涮液经铜筛过滤，最后用水把杯子加满、静置，经 10～15min，将上清液倒去，再加入清水，这样反复 3～5 次，直到上部液体透明为止。倒掉上清液，保留沉淀物。用胶头滴管吸取沉淀物滴于载玻片上一滴，盖上盖片，置于生物显微镜下检查。也可将沉淀物倒在平皿或大片的玻璃板上，置于实体显微镜下观察。

（2）离心沉淀法。取自然沉淀法铜筛过滤的粪水，用离心机（2 500r/min）离心 1～2min，取出倾去离心管上清液，再加水搅拌，离心，这样反复 3 次，上部液体达到透明，倒掉上清液，保留沉淀物，然后镜检。此法能节省时间，提高检查效率。

四、漂浮集卵法

漂浮集卵法

1. 原理　因为这些虫卵的密度比常水略大，但都小于饱和食盐水，因此利用本法容易检出，又称饱和盐水浮集法。适用于各种线虫卵、绦虫卵及某些原虫卵囊的检查，但对吸虫卵、后圆线虫卵和棘头虫卵效果差。

2. 方法

（1）饱和食盐水制备。将食盐加入沸水中，直至不再溶解生成沉淀为止（1 000mL 水中约加入 400g 食盐），用 4 层纱布过滤后，冷却后备用。用时以密度计测量其密度在

1.18 以上即可。

（2）操作方法。取 5～10g 粪便，放于烧杯中，先加少量的饱和盐水，用玻璃棒将粪样捣碎与盐水混匀，然后再加入 100～200mL 饱和盐水并用玻璃棒充分搅匀，用 0.44～0.30mm 孔径的铜筛（或两层纱布）将粪液滤于另一干净的烧杯内，弃去粪渣，将滤液倒入小瓶或试管中至满而不溢出为好，静置 30min，这时比饱和盐水轻的虫卵就浮集在液体表面。用载玻片蘸取液面，翻转载玻片，盖上盖玻片，置于显微镜下镜检。

3. 注意事项　为了提高检出效果，还可以用硫代硫酸钠（1L 水中溶解 1 750g）、硝酸钠（1L 水中溶解 1 000g，密度在 1.4 左右）或硫酸镁（1L 水中溶 920.0g，密度 1.4 左右）等饱和液代替饱和食盐水。

五、毛蚴孵化法

1. 原理　将含有日本分体吸虫虫卵的粪便在适宜的温度条件下，很容易孵出毛蚴。所以在夏秋季节，可以由动物直肠内采取新鲜粪便，进行孵化，等毛蚴从虫卵内孵出来后，借着蚴虫向上、向光、向清的特性，进行观察，对畜禽做出确切的诊断。毛蚴孵化法是诊断日本分体吸虫病的一种常用方法。

2. 方法

（1）常规沉孵法。取粪便 100g，放入 500mL 的烧杯中，加适量的水调成糊状，然后加至 300～400mL，搅拌均匀，通过 0.44～0.30 孔径的粪筛过滤到另一个烧杯内，加水至九成满，静置沉淀，约 20min 之后将上清液倒掉，再加清水搅匀，沉淀。如此反复 3～4 次，见上清液清亮为止。最后，弃去上清液，将上述反复清洗后的沉淀粪渣加 30℃ 的温水置于三角烧杯中，杯内的水量以至杯口 2cm 处为宜，且使玻璃管中必须有一段露出的水柱，瓶口用中央插有玻璃管的胶塞塞上，开始孵化。夏季可在室温内，冬季要放入 27℃ 左右的温箱中孵化。0.5h 后开始观察水柱内是否有毛蚴，如没有，以后每隔 1h 观察一次，直到发现毛蚴，即可停止观察。

（2）棉析法。取粪便 50g，经反复漂洗后（不淘洗也可），将粪渣放入 300mL 的平底孵化瓶中，灌注 25℃ 的清水至瓶颈下部，在液面上方塞一薄层脱脂棉，大小以塞住瓶颈下部不浮动为宜，再缓慢加入 20℃ 清水至瓶口 1～3mm 处。如棉层上面水中有粪便浮动，可将这部分水吸去再加清水。然后进行孵化。

这种方法的优点是粪便只需简单淘洗或不淘洗直接装瓶孵化，毛蚴出现后可集中在棉花上层有限的清水中，可和下层混浊的粪液隔开，因而便于毛蚴的观察。

（3）鉴别。毛蚴似针尖大小的白色虫体，在水面下方 4cm 以内的水中作快速平行直线运动，或沿管壁绕行。不明显时，可用胶头吸管吸取液体涂片在显微镜下观察。有时混有纤毛虫，其色彩也为白色，需加以区别。小型纤毛虫呈不规则螺旋形运动或短距离摇摆，大型纤毛虫（呈透明的片状）呈波浪式或翻转运动。

3. 注意事项　被检粪便一定要新鲜，不能触地污染。洗粪容器要足够大，免得增加换水次数，影响毛蚴早期孵出。换水时要一次倒完，避免沉淀物翻动。如有翻动，需等沉淀后再换水。所有用具用后需经清洗、煮沸消毒后，方可再用。另外，进行大批检查时，需做好登记，附好标签，以免混乱。

任务三　血液原虫检查技术

一、血液涂片检查法

采新鲜血，滴一滴于载玻片一端，以常规方法推成血片，干燥后，将少量甲醇滴于血膜上，待甲醇自然干燥后即达固定，然后用吉姆萨氏染液或瑞氏染液染色，用油镜检查。此种染色方法适用于各种血液原虫的检查。

二、鲜血压片检查法

血液涂片
检查法

将采出的血液滴在洁净的载玻片上 1 小滴，加上等量的生理盐水与血液混合，加上盖玻片，置于显微镜载物台上，用低倍镜检查，发现有活动的虫体时，再换高倍镜检查。如在检查时气温较低，可将载片在酒精灯上稍微加温或放在手背上，可以保持虫体的活力。由于虫体未经染色，检查时最好使视野的光线稍暗一些，以便于虫体的观察。本法主要用于伊氏锥虫活虫的检查。

三、虫体浓集法

1. 原理　伊氏锥虫及感染有虫体的红细胞比正常红细胞的密度小，当第 1 次离心时，正常红细胞下降，而锥虫或感染有虫体的红细胞还浮在血浆中，当第 2 次较高速的离心则浓集于管底。本法适用于对伊氏锥虫和梨形虫病的检查。

2. 方法　在离心管内先加入 2％柠檬酸钠生理盐水 3～4mL，再加入被检血液 6～7mL，充分混合后，以 500r/min 离心 5min，使其中大部分红细胞沉降，然后将红细胞上面的液体用胶头吸管吸至另一离心管内，并在其中补加一些生理盐水，再以 2 500r/min 离心 8min，即可得到沉淀物。涂片、染色、镜检，检查虫体。

3. 注意事项　当动物血液内虫体较少时，临诊上常用集虫法。将虫体浓集后再作相应的检查，以提高诊断的准确性。

任务四　体表寄生虫检查技术

一、螨虫检查技术

螨虫镜检法
疥螨

1. 直接检查法　将刮下物放在黑纸上或有黑色背景的容器内，置温箱中（30～40℃）或用白炽灯照射一段时间，然后收集从皮屑中爬出的黄白色针尖大小的点状物在镜下检查。此法较适用于体形较大的螨（如痒螨）。检查水牛痒螨时，可把水牛牵到阳光下揭去"油漆起爆"状的痂皮，即可看到淡黄白色的鼓皮样缓慢爬动的虫体。还可以把刮取的皮屑握在手里，不久会有虫体爬动的感觉。

2. 显微镜法 将刮下的皮屑，放于载玻片上，滴加 50％甘油溶液 1 滴，再覆盖上一张载玻片搓压，使病料散开，置显微镜下检查。

3. 虫体浓集法 先取较多的病料，置于试管中，加入 10％氢氧化钠溶液。浸泡过夜（如急需检查可在酒精灯上煮数分钟），使皮屑溶解，虫体自皮屑中分离出来。而后待其自然沉淀（或以 2 000r/min 的速度离心沉淀 5min），虫体即沉于管底，弃去上层液体，吸取沉渣镜检。也可将上述病料加热溶解离心后，倒去上清液体，再加入 60％硫代硫酸钠溶液，充分混匀后再以 2 000r/min 离心沉淀 2～3min，螨虫即漂浮于液面，用金属圈蘸取表面薄膜，抖落于载玻片上，加盖玻片镜检。

4. 温水检查法 将刮取物放在盛有 40℃左右温水的漏斗上的铜筛中，经 0.5～1h，螨从痂皮中爬出集成小团沉于管底，取沉淀物进行检查。也可将病料浸入 40～45℃的温水里，置恒温箱中 1～2h 后，将其倾在表玻璃上，解剖镜下检查。活螨在温热的作用下，由皮屑内爬出，集结成团，沉于水底部。

5. 培养皿内加温法 将刮取到的干的病料，放于培养皿内，加盖。将培养皿放于盛有 40～45℃温水的杯上，经 10～15min 后，将皿翻转，则虫体与少量皮屑贴附于皿底，大量皮屑则落于皿盖上，取皿底检查。可以反复进行如上操作。该方法可收集到与皮屑分离的干净虫体，供观察和制作封片标本之用。

二、蜱虫检查技术

在畜禽体表，常有蜱类寄生，尤其是放牧的牛、羊。蜱的个体较大，通过肉眼观察即可发现。在检查发现后用手或小镊子捏取，或将附有虫体的羽或毛剪下，置于培养皿中，再仔细收集。寄生在畜体上的蜱类，常将假头埋入皮肤，如不小心拔下，则可将其口器折断而留于皮肤中，致使标本既不完整，且留在皮下的假头还会引起局部炎症。拔取时应使虫体与皮肤垂直，慢慢地拔出假头，或以煤油、乙醚或氯仿抹在蜱身上和被叮咬处，而后拔取。

三、虱和羽虱检查技术

虱和羽虱引起的症状与螨病极相似，但不如螨病严重，特别是皮肤病变，用手触摸，没有硬的感觉。虱多寄生在动物的颈部、耳翼及胸部等避光处，眼观仔细检查体表即可发现虱或虱的卵，据此可做出诊断。禽的羽虱多寄生在翅下、颈部、肛门周围。

四、蚤检查技术

蚤一般情况下只有在吸血时才停留在宿主身上，也有蚤长期停留在动物体被毛间，对动物进行仔细检查，可在被毛间发现蚤和蚤的碎屑，在头部、臀部和尾尖部附近较多。

五、牛皮蝇检查技术

牛皮蝇早期诊断比较困难，夏秋季牛被毛上存在虫卵，可为诊断提供参考。虫卵淡黄色，长圆形，大小为（0.76～0.80）mm×（0.21～0.29）mm，牛皮蝇卵可单个或成排固着于牛毛上。也可用幼虫浸出物做皮内变态反应，方法与牛结核菌素皮下变态反应基本相同。

幼虫在皮下寄生时易于诊断，在冬末和春初，用手抚摸牛背可摸到长圆形硬结，以后可摸到核桃大肿瘤，肿瘤中间有 2～4mm 的破孔，并可挤出幼虫。

死后剖检，可在食道和椎管下硬膜外脂肪中发现第 2 期幼虫，幼虫白色，长 3～1.3mm。在背部皮下可发现第 3 期幼虫。

任务五　肌旋毛虫检查技术

一、压片镜检法

取胴体左右膈肌脚各一块 30～50g 肉样，撕去肌膜，纵向拉平肉样，先目检有无半透明状微隆起的乳白色或灰白色针尖样病灶，如发现，仔细剪下压片检查。

用剪刀在肉样正反面剪取麦粒大小肉粒（两块共 24 粒），放在旋毛虫检查压片器（两厚玻片，两端用螺丝固定）或两块载玻片上制成压片，用显微镜低倍镜观察，旋毛虫幼虫在肌纤维间呈直杆状或卷曲状，形成包囊的虫体呈卷曲状，包囊圆形或椭圆形，钙化则呈黑色团状，需加 10％盐酸脱钙后观察。

二、消化法

为提高旋毛虫的检验速度，可进行群体筛选，发现阳性动物后再进行个体检查。将待检样品中的肌膜、肌筋及脂肪除去，用绞肉机把肉磨碎后称量 100g，放入 3 000mL 烧瓶内。将胃蛋白酶消化液 2 000mL 倒入烧瓶内，放入磁力搅拌棒。设温度 44～46℃，搅拌 30min 后，将消化液用 180 目的滤筛滤入 2 000mL 的分离漏斗中，静置 30min 后，放出 40mL 于 50mL 量筒内，静置 10min，吸去上清液 30mL，再加水 30mL，摇匀后静置 10min，再吸去上清液 30mL。剩下的液体倒入带有格线的平皿内，用低倍显微镜观察其中的旋毛虫幼虫。

任务六　免疫学检查技术

一、间接血凝试验

1. 原理　将可溶性抗原吸附于红细胞（一般多用绵羊红细胞）表面，然后再用这种红细胞与相应抗体起反应，在有介质存在的条件下，抗原抗体的特异性反应通过红细胞凝聚而间接地表现出来。以红细胞作载体，大小均匀、性能稳定，且红细胞的红色起到指示作用，便于肉眼观察，故此法简便、快速，有较高的敏感性和特异性，已在很多寄生虫病的免疫诊断上应用。

2. 材料　以猪弓形虫病为例。

（1）试验仪器和材料。抗原、标准阳性血清、标准阴性血清（生物制品厂提供）、被检血清（测定前 56℃灭能 30min）、稀释液、V 型（96 孔）微量血凝板、微量移液器等。

（2）稀释液配制。取磷酸氢二钠 19.34g、磷酸二氢钾 2.86g、氯化钠 4.25g、迭氮钠 1.00g，用双蒸水或无离子水定容至 1 000mL，溶解后过滤分装，高压灭菌 15min 后得 PBS 缓冲液。取 PBS 98mL，56℃灭能 30min 的健康兔血清 2mL，混合，无菌分装，4℃保存备用。

3. 操作方法

（1）加稀释液。在 96 孔 V 型微量血凝板上，每孔加稀释液 0.075mL。定性检查时，每个样品加 4 孔，定量检查加 8 孔。不论检几个样品，均应设阳性、阴性血清对照。对照均加 8 孔。

（2）加样品。待检血清和阳性、阴性对照血清，第 1 孔加相应血清 0.025mL。

（3）稀释。定性检查时稀释至第 3 孔，定量检查与对照均稀释至第 7 孔。定性的第 4 孔、定量和对照的第 8 孔为稀释液对照；按常规用移液器稀释后，取 0.025mL 移入相应的第 2 孔内，如法依次往下稀释，至最后 1 孔，稀释后弃去 0.025mL。每个孔内的液体仍为 0.075mL。

（4）加诊断液。将诊断液摇匀，每孔加 0.025mL，加完后将反应板置微型振荡器上振荡 1～2min，直至诊断液中的血细胞分布均匀。取下反应板，盖上一块玻璃片或干净纸，以防落入灰尘，置 22～37℃下 2～3h 后观察结果。

（5）判定。在阳性对照血清滴度不低于 1∶1 024（第 5 孔），阴性对照血清除第 1 孔允许存在前滞现象"＋"外，其余各孔均为"—"，稀释液对照为"—"的前提下，对被检血清进行判定，否则应检查操作是否有误；反应板、移液器等是否洗涤干净；以及稀释液、诊断液、对照血清是否有效。

4. 判定结果

（1）凝集反应强度。

"＋＋＋＋"：红细胞呈均匀薄层平铺孔底，周边皱缩或呈圆圈状。

"＋＋＋"：红细胞呈均匀薄层平铺孔底，似毛玻璃状。

"＋＋"：红细胞平铺孔底，中间有少量的红细胞集中的小点。

"＋"：红细胞大部分沉于孔底中心，周围有轻微的凝集小点。

"—"：红细胞全部沉于孔底中心，边缘光滑呈圆点状。

酶联免疫
吸附试验

（2）判断标准。"＋＋"以上判为凝集反应阳性，血清凝集价在 1∶64 以上为阳性，大于或等于 1∶32 而小于 1∶64 为可疑，1∶16 以下为阴性。可疑血清再经 4～5d 采血复检，其凝集价在 1∶64 以上为阳性，否则判为阴性。

二、免疫荧光技术

1. 原理　将已知或未知抗原固定在载玻片上，滴加待测血清或已知特异性抗体，使之发生抗原抗体反应，再滴加荧光素标记的特异性抗抗体（标记二抗），形成带荧光素的抗原-抗体-抗抗体复合物，在荧光显微镜下观察。由于显微镜高压汞灯光源的紫外光或蓝-紫外光的照射，将标本中复合物的荧光素激发出荧光。荧光的出现就表示特异性抗体或抗原的存在。本法的优点是制备一种荧光标记的抗体，可以用于多种抗原、抗体系统的检查，既可用以测定抗原，也可用来测定抗体。最常用的荧光素为异硫氰酸荧光素（FITC）。

2. 材料 以犬吉氏巴贝斯虫病为例。

抗原、免疫荧光用载玻片（12 穴玻片）、荧光抗体、标准阳性血清、标准阴性血清、pH 7.2 PBS 缓冲液。

3. 操作方法

（1）抗原包被。将染虫率为 10% 左右的病犬抗凝血液用 pH 7.2 的 PBS 洗涤 3 次，取红细胞 2mL，加 PBS 8mL 悬浮，于免疫荧光用载玻片上每穴加 3μL，自然干燥，包装，−80℃保存备用。

（2）风干。从冰柜中取出已包被的抗原玻片，在超净工作台上风干。

（3）固定。冷丙酮固定 30min，于室温下干燥。

（4）加样。每穴加入相应编号的经 PBS 稀释的待检血清 20μL，置湿盒中 37℃下作用 30min。

（5）洗涤。用 PBS 轻轻冲洗，然后浸泡于 PBS 盒中，于摇床上轻微摇动，10min 内共洗涤 3 次。

（6）反应。轻轻擦干，加入经荧光稀释液（3% 犊牛血清＋PBS＋0.01% 迭氮钠）稀释的荧光标记抗体 IgG 和荧光标记抗体 IgM，每穴 10μL，置湿盒中 37℃下作用 30min。

（7）重复。5 次操作。

（8）镜检。稍干后加 pH 8.0 甘油缓冲液封片、镜检。

4. 结果判定 用荧光显微镜观察，抗原＋标准阳性血清＋荧光标记抗体，每个视野有数个特异性黄绿色荧光时，阳性血清对照成立；抗原＋标准阴性血清＋荧光标记抗体，视野中没有特异性黄绿色荧光时，阴性血清对照成立。当阳性和阴性对照都成立时，被检样品检查判定结果有效。被检样品每个视野有数个特异性黄绿色荧光时，可判为阳性结果；如无特异性黄绿色荧光时，判为阴性结果。

三、免疫酶技术

1. 原理 将抗原或抗体同酶相结合，使其保持着免疫学的特异性和酶的活性。经酶联的抗原或抗体与酶的底物处理后，由于酶的催化作用，使无色的底物或化合物产生氧化还原或水解反应而显示颜色。此法具有很高的特异性和敏感性，可检测出血清中的微量抗体或抗原，很适合于轻度感染和早期感染的诊断。此外，由于操作自动化，减少了主观判读结果的误差，是一种很好的免疫学诊断方法。

2. 材料 以某生物技术有限公司研制的弓形虫循环抗原检测试剂盒为例。

预包被板、酶结合物、浓缩洗涤液、底物、显色剂、终止液、阳性及阴性对照。

3. 操作方法

（1）加样。待测孔每孔加稀释的洗涤液 40μL，血清样本 10μL，混匀，同时设阴性、阳性及空白对照各一孔。

（2）反应。每孔再加稀释的酶结合物 50μL 混匀，37℃反应 60min。

（3）洗涤。甩去孔内液体，用稀释液洗涤五次，每次间隔 3min，吸干。

（4）显色。每孔加底物和显色剂各一滴，37℃下避光反应 10min，加终止液一滴混匀，终止反应。

4. 判定结果

（1）肉眼观察。不加终止液观察，基本无色或微蓝色为阴性，呈明显的蓝色为阳性。

（2）仪器判断。加终止液，以空白对照调零于 45nm 读取 OD 值，待检孔 OD 值大于阴性对照 2.1 倍者为阳性。当阴性对照 OD 值低于 0.07 时按 0.07 计算。

任务七　药物驱虫技术

一、驱虫药的选择

1. 高效　良好的抗寄生虫药应该是使用小剂量即能达到满意的驱虫效果。所谓高效的抗寄生虫药即对成虫、幼虫，甚至虫卵都有很好的驱杀效果，且使用剂量小。一般来说，其虫卵减少率应达 95％以上，若小于 70％则属较差；使用剂量应小于每千克体重 10mg，若应用剂量太大，给使用带来不便，推广困难。但目前较好的抗寄生虫药也难达到如此效果。对幼虫无效者则需间隔一定时间重复用药。

2. 广谱　家畜的寄生虫病多属混合感染，如线虫、绦虫及吸虫同时存在的混合感染，因此选用广谱驱虫药或杀虫药，就显得更有实际意义。目前能同时有效驱除两种寄生虫的驱虫药已经不少，例如吡喹酮可用于治疗血吸虫和绦虫感染，伊维菌素对线虫和体外寄生虫有效，而像阿苯达唑对线虫、绦虫和吸虫均有效的药物仍然很少。因此，在实际应用中可根据具体情况，联合用药以扩大驱虫范围。

3. 安全低毒　抗寄生虫药应该对虫体有强大的杀灭作用，而对宿主无毒或毒性很小。如果所干扰的是虫体特异的生化过程而不影响宿主，则该药安全范围就大。安全范围大小的衡量标准是化疗指数［半数中毒量（LD_{50}）/半数有效量（ED_{50}）］，该数值越大越好，表示药物对机体的毒性愈小，对家畜愈安全。一般认为化疗指数必须大于 3，才有临床应用意义。

4. 投药方便　以口服给药的驱体内寄生虫药应无味、无臭、适口性好，可混饲给药。若还能溶于水，则更为理想，可通过饮水给药。用于注射给药的制剂，对局部应无刺激。杀体外寄生虫药应能溶于一定溶媒中，以喷雾方式给药。更为理想的广谱抗寄生虫药在一定溶媒中溶解后，以浇淋的方法给药或涂擦于动物皮肤上，既能杀灭体外寄生虫，又能通过皮肤吸收，驱杀体内寄生虫。这样可节约人力、物力，提高工作效率。

5. 价格低廉　畜禽属经济动物，在驱虫时必然要考虑到经济核算，尤其是在牧区，家畜较多，用药量大，价格一定要低廉。如果要大规模推广时，价格更是一个重要条件。

6. 无残留　食品动物用药后，药物不残留于肉、蛋和乳及其制品中，或通过遵守休药期等措施控制药物在动物食品中的残留。

二、驱虫时间的确定

对于定期驱虫来说，驱虫效果的好坏与驱虫时间选择的合适与否密切相关。大多数寄生虫病具有明显的季节性，这与寄生虫从发育到感染期所需的气候条件、中间宿主或传播媒介的活动有关。因此各类寄生虫的驱虫时间应根据其传播规律和流行季节或当地寄生虫病的流行特点来确定，通常在发病季节前对畜禽进行预防性驱虫。治疗性驱虫一般要赶在虫体性成熟前驱虫，防止性成熟的成虫排出虫卵或幼虫对外界环境的污染。或采取秋冬季驱虫，此时驱虫有利于保护畜禽安全过冬。如肠道球虫病，发病季节与气温和湿度密切相关，其流行季节为 4—10 月，其中以 5—8 月发病率最高，在这个时期饲养雏禽尤其要注意球虫病的预防。一般对仔猪蛔虫可于 2.5～3 月龄和 5 月龄各进行 1 次驱虫，对犊牛、羔羊的绦虫，应于当年开始放牧后 1 个月内进行驱虫。

三、驱虫的实施

1. 药物的选择 采用两种或两种以上的驱虫药联合应用，既起到了协同作用，又可扩大驱虫范围，提高疗效。

（1）球虫病。复方抗球虫药，例如磺胺喹噁啉＋二甲氧苄啶（DVD）、盐酸氨丙啉＋乙氧酰胺苯甲酯、盐酸氨丙啉＋磺胺喹噁啉、盐酸氨丙啉＋乙氧酰胺苯甲酯＋磺胺喹噁啉、尼卡巴嗪＋乙氧酰胺苯甲酯、甲基盐霉素＋尼卡巴嗪、氯羟吡啶＋苄氧喹甲酯等。

（2）肝片形吸虫病。可用硝氯酚或硫氯酚驱虫。

（3）莫尼茨绦虫病。可用硫氯酚或氯硝柳胺驱虫。

（4）线虫病。可选择相应的驱虫药物，如圆形线虫病可选用左旋咪唑驱虫。

（5）混合感染的驱虫。可用复方药物，如硫氯酚配合左旋咪唑，或硝氯酚、氯硝柳胺及左旋咪唑相配合。复方中药的剂量与单独使用时相同。

2. 剂型的选择 口服用的剂型有片剂、预混剂、水溶性粉、溶液、混悬液、糊剂、膏剂、小丸剂、颗粒剂等，适用于外用的剂型有乳化溶液、洗液、喷雾剂、气雾剂、浇注剂、喷滴剂、香波等。一般来说，驱除胃肠道的寄生虫宜选用供口服的剂型，胃肠道以外寄生的虫体可选用注射剂型或内服剂型，而体外寄生虫可选外用剂型药浴或浸泡、喷雾给药。也可选择口服、注射均对体外寄生虫有杀灭作用的阿维菌素类药物，这种药效果较好。为投药方便，集约化饲养或大群畜禽的集体驱虫多选用药物溶于饮水（如盐酸左旋咪唑）或混饲给药法。为便于放牧牛、羊的投药，国外已有浇注和喷滴剂型供兽医使用，国内也有左旋咪唑浇注剂用于驱除羊、猪的胃肠道线虫。为达到长效驱虫目的，国内外还制成了瘤胃控释剂、大丸剂、脉冲缓释剂、微囊、毫微球等剂型。例如，阿苯达唑瘤胃控释制剂，一次投药能维持药效达 2～3 个月，可节省人力，提高工作效率，便于大规模驱虫。

3. 药量的确定 驱虫药多是按体重计算药量的，所以首先用称量法或体重估算法确定驱虫畜禽的体重，再根据体重确定药量和悬浮液的给药量。

4. 给药方法 家畜多为个体给药，根据所选药物的要求，选择相应的给药方法，具体投药技术与临床常用给药法相同。家禽多为群体给药（饮水和拌料给药）。拌料时先按群体体重计算好总药量，将总药量混于少量拌湿料中，然后均匀与日粮混合进行饲喂。

5. 注意事项

（1）因地制宜，合理使用。在选用前应了解寄生虫的种类、寄生方式、生活史、感染程度、流行病学情况，以及畜禽品种、个体、性别、年龄、营养状况等，根据本地的药品供应、价格，结合畜禽场的具体条件，选用理想的药物。只有充分了解药物、寄生虫和畜禽三者之间的关系，熟悉药物的理化性质，采用合理的剂型、剂量、给药方法和疗程，才能达到满意的防治效果。

（2）避免药物中毒。使用某种抗寄生虫药驱虫时，药物的用量最好按《中华人民共和国兽药典》或《兽药规范》所规定的剂量。一般来说，使用这种剂量对大多数畜禽是安全的，即使偶尔出现一些不良反应也能耐过。若用药不当，则可能引起毒性反应，甚至导致畜禽死亡。因此，要注意药物的使用剂量、给药间隔和疗程。由于畜禽的年龄、性别、体质、病理状况、饲养管理等因素均能影响抗寄生虫药的作用，因此在进行大规模驱虫前，最好选择少数有代表性的畜禽（包括不同年龄、性别、体况的畜禽）先做预试，取得经验后，再进行全群驱虫，特别对试用阶段的新型抗寄生虫药尤为重要。此外，同一药物，相同的给药方法，还可能因溶剂的不同而发生意外事故。例如，硫氯酚混悬水剂给羊口服时安全有效，若用乙醇溶解后灌服同样剂量的药物，可引起约25%的羊中毒死亡。

（3）防止产生耐药性。小剂量多次或长期使用某些抗寄生虫药物，虫体对该药物可产生耐药性，尤其是球虫极易产生耐药。一旦出现耐药虫株，不仅原有的治疗药物无效，甚至对结构相似或作用机制相同的同类药物也可产生交叉耐药现象。虽然寄生虫的耐药现象不像细菌耐药那么普遍和严重，但也应引起足够的重视。在制定动物的驱、杀虫计划时，应定期更换或轮换使用几种不同的抗寄生虫药，以避免或减少因长期或反复使用某些抗寄生虫药而导致虫体产生耐药性。

（4）药物残留。畜禽体内的抗寄生虫药应能及时迅速地消除，否则畜禽产品如肉、乳和蛋会有药物残留，不仅能响畜禽产品的质量，而且危害人类的健康。目前世界各国都很重视这个问题，明文规定抗寄生虫药的最高残留限量及屠宰前的休药期，我国也规定了不少抗寄生虫药的最高残留限量和休药期。例如，左旋咪唑在牛、羊、猪、禽的肌肉、脂肪、肾中的最高残留限量均为10μg/kg，肝为100μg/kg；口服盐酸左旋咪唑在牛、羊、猪、禽的休药期分别是2、3、3、28d，牛、羊、猪皮下或肌内注射盐酸左旋咪唑的休药期分别是14、28、28d。

四、驱虫效果的评定

驱虫是寄生虫病防治的重要措施，通常是指用药物将寄生于畜禽体内外的寄生虫杀灭或驱除。目的有两个：一是把宿主体内或体表的寄生虫驱除或杀灭，使宿主得到康复；二是杀灭寄生虫就是减少病原体向自然界的扩散，也就是对健康动物的保护和预防。

驱虫可分为治疗性驱虫和预防性驱虫两种类型。治疗性驱虫是指当畜禽感染寄生虫之后出现明显的临诊症状时要及时用特效驱虫药对患病畜禽进行治疗。预防性驱虫是指按照寄生虫病的流行规律，定时投药，而不论其发病与否。防治蠕虫病常采用定期预防性驱虫，防治球虫病常采用长期给药预防。一般在选择用药和实施大规模驱虫之前都要对畜禽进行驱虫试验，然后进行驱虫效果评定。

驱虫效果评定主要是通过驱虫前后动物各方面情况对比来确定，包括对比驱虫前后的发病率与死亡率，对比驱虫前后的各种营养状况比例，观察驱虫前后临诊症状减轻与消失的情况，计算动物的虫卵减少率和虫卵转阴率，必要时通过剖检等方法，计算出粗计与精计驱虫率；综合以上情况进行全面的效果评定工作。为了准确评价驱虫效果，驱虫前后粪便检查时所用器具、粪样数量以及操作中每一步骤所用时间要完全一致；驱虫后的粪便检查时间不宜过早（一般为 10d 左右），以避免出现人为的误差；应在驱虫前、后各粪检 3 次。驱虫药药效的评定计算公式如下：

虫卵转阴率＝虫卵转阴动物数/试验动物数×100％

虫卵减少率＝（驱虫前 EPG－驱虫后 EPG）/驱虫前 EPG×100％

式中，EPG 是每克粪便中的虫卵数。

精计驱虫率＝排出虫体数/（排出虫体数＋残留虫体数）×100％

粗计驱虫率＝（对照组平均残留虫体数—试验组平均残留虫体数）/对照组平均残留虫体数×100％

驱净率＝驱净虫体的动物数/全部试验动物数×100％

对于家禽驱虫时，一般按家禽群总重量计算药量，喂前应选择 10 只以上具有代表性个体做安全试验。喂时先计算好总药量拌在少量湿料内，然后再混匀于日常饲料中，在绝食 6～12h 后喂服。禽的驱虫效果评定，要做驱虫前后家禽的营养状况、生长速度、产蛋率等情况对比，还要通过粪便学检查及配合剖检法计算出虫卵减少率和虫卵转阴率，以及粗计驱虫率或精计驱虫率。

任务八　寄生虫的固定与保存

子任务一　吸虫的固定与保存

一、吸虫的固定

1. 薄荷脑溶液的配制　取薄荷脑 24g，溶于 10mL 95％的乙醇中，为薄荷脑饱和乙醇溶液，使用时在 100mL 水中加入此液一滴即可。

2. 固定前虫体的准备　虫体洗净后，较小的虫体，先将其放在薄荷脑溶液中使虫体松弛。较大较厚的虫体标本，为了以后制作压片标本的方便，可先将虫体压入两载玻片间，为了不使虫体压得太薄，可在玻片两端垫以适当厚度的纸片，然后用橡皮筋扎紧玻片两端，把它放到固定液中即可。

3. 固定液的配制及固定

（1）劳氏固定液。饱和氯化汞溶液（约含氯化汞 7％）100mL 和冰醋酸 2mL 混合即成。

适用于小型吸虫。固定虫体时，将虫体放于一小试管中，加入盐水，达试管的 1/2 处，用力摇晃，充分冲洗虫体，再加入劳氏固定液摇匀，放置 12h 后，方可移入保存液中保存。

（2）甲醛固定液。甲醛 10mL 和水 90mL 混合即得。

将小型吸虫虫体或夹于玻片间的大型虫体投入固定液中，经 24h 即固定完毕。较大的夹于两玻片间的吸虫，固定液渗入较难，可在固定数小时后，将两玻片分开，这时虫体将贴附于一玻片上，将附有虫体的玻片继续放入固定液中过夜。

二、吸虫的保存

1. 吸虫瓶装浸渍陈列保存 在劳氏固定液中固定的虫体放置 12h 后，将虫体移到 70％乙醇溶液中保存，如需长期保存应在乙醇中加 5％甘油。在甲醛固定液中固定的虫体，最后将虫体置于 3％～5％的甲醛溶液中保存。经过固定的标本，需要保存时密封瓶口，贴上标签。

2. 制片保存 进行吸虫标本形态观察时，需要制成染色装片标本。以苏木精染色法为例。

（1）德氏苏木精染液配制。

①先将苏木精 4g 溶于 25mL 95％乙醇中。

②再向其中加入 400mL 的饱和铵明矾溶液（约含铵明矾 11％）。

③将混合液暴晒于日光及空气中 3～7d（或更长时间），待其充分氧化成熟。

④再加入甘油 100mL 和甲醇 100mL 保存，待其颜色充分变暗，用滤纸过滤，装于密闭瓶中备用。

（2）染色步骤。

①将保存于甲醛溶液中的虫体，取出以流水冲洗。如虫体原保存于 70％乙醇中，则先后将虫体移经 50％和 30％乙醇中各 1h，再移入蒸馏水中。

②将德氏苏木精染液加蒸馏水 10～15 倍，使呈浓酒红色。将以上虫体移入此稀释的染液内，放置过夜。

③取出染色后的虫体，在蒸馏水中清洗染液，再依次通过 30％、50％、70％乙醇各 0.5～1h。

④虫体移入酸乙醇中褪色（酸乙醇是在 80％乙醇 100mL 中加入盐酸 2mL），待虫体变成淡红色。

⑤再将虫体移到 80％乙醇中，再循序通过 90％、95％和无水乙醇中各 0.5～1h。

⑥将虫体由无水乙醇移入二甲苯或水杨酸甲酯中，透明 0.5～1h。

⑦将透明的虫体放于载玻片上，滴一滴加拿大树胶，加盖玻片封固，待干燥后即成。

子任务二 绦虫的固定与保存

一、绦虫的固定

将收集到的绦虫，浸入劳氏固定液、70％乙醇或 5％甲醛液中固定。准备做瓶装陈列的标本，以甲醛溶液固定较好。如欲制成染色装片标本以观察其内部结构，则以劳氏固定液或乙醇固定为好。

绦虫有时很长（可达数米），容易折断而又易于相互打结，故固定时应注意。不太长的虫体，可提住虫体后端，将虫体悬空伸长，然后将虫体陆续下放，逐步浸入固定液中。过长的虫体，可先缠在玻璃板上，连同玻璃板一同浸入固定液内。也可在大烧杯中，先放入用固定液浸湿的滤纸一张，提取虫体后端，使虫体由头节开始，逐步放落在滤纸上，加盖一层湿滤纸；再用同样方法，放上第 2 条虫体；如此操作，放好所有虫体，最后用固定液轻轻注满烧杯，固定 24h 后取出。保存于瓶内的标本应登记并加标签。

二、绦虫的保存

1. 绦虫瓶装浸渍保存 将经固定后的绦虫，放入瓶中，保存于加有 5％甘油的 70％乙醇中长期保存。做瓶装陈列标本。

2. 绦虫制片法 绦虫虫体较长，在制片时要切断虫体，根据观察的需要，采取具有代表性的部位节片，染色后做成装片标本。绦虫的头节是决定绦虫种类的重要依据之一，应首选为装片标本的材料。此外，成熟节片和孕卵节片，应各切取 3～4 节，制成染色装片标本。其染色和装片方法与吸虫相同。

子任务三 线虫的固定与保存

一、线虫的固定

1. 线虫标本的采集 线虫虫体易于破裂，采集到标本后应尽快洗净，置固定液中固定。线虫雌雄异体，雌虫一般较雄虫大，在虫体鉴定时，常依靠雄虫的某些形态特征作为依据，因此，采集虫体时不可忽视较小虫体的采集。一些有较大口囊的线虫（如圆线虫、钩口线虫等）和有发达交合伞的线虫，其口囊或交合伞中，常夹杂着大量杂质，妨碍以后的观察，应在固定前用毛笔洗去，或充分振荡以洗去，然后固定。

2. 乙醇或甲醛固定 乙醇固定时，用 70％乙醇，加热到 70℃ 左右（在火焰上加热时，乙醇中有小气泡升起时即约为 70℃），将洗净的虫体放入，虫体即在热固定液中伸直而固定，直到乙醇冷却将虫体移入含 5％甘油的 80％乙醇中，加标签保存。

用甲醛固定液（甲醛 3mL 加到 100mL 生理盐水）中固定虫体时也可先将固定液加热到 70℃，再放入虫体，固定时间在 24h 以上。

二、线虫的保存

1. 线虫瓶装陈列标本保存 固定后的线虫标本即可保存于固定液内，也可以移入含 5％甘油的 80％乙醇中，加标签保存。

2. 线虫的制片

（1）虫体透明。线虫经固定后，是不透明的，欲进行线虫形态的观察，必须先进行透明或装片。为了能从不同的侧面对虫体形态进行观察，以不做固定装片为好，这样可以在载玻片上将虫体翻动，观察得更仔细。

①甘油透明法。将保存于含 5％甘油的 80％乙醇中的虫体，连同保存液一起倒入蒸发皿中，放置温箱中，并不断滴加少量甘油，直到乙醇全部蒸发，此时留在残存甘油中的虫体已经透明，可供观察。如欲在短时间内完成这一透明过程，可将蒸发皿放在加有热水的烧杯上，用酒精灯加热，促使蒸发皿中的乙醇在短时间内挥发，而达到虫体透明的目的。

此法透明后的标本，即可保存于甘油内。

②乳酚透明法。虫体自保存液中取出后，应先移入乳酚液（甘油 2 份，乳酸 1 份，苯酚 1 份和蒸馏水 1 份混合而成）与水的等量混合液中，0.5h 后再移入乳酚液中，数分钟后，虫体即透明，可供观察。观察后虫体应自透明液中取出，移回原保存液中保存。

（2）虫体装片。

①甘油明胶封片法。制片时，将甘油明胶滴一滴于载玻片上，然后将固定液中的虫体挑出放在上面，之后在虫体上再加 1～2 滴甘油明胶液，加甘油明胶的量以恰好充满于盖玻片下，但又不溢出为宜。加盖玻片时，慢慢平行放入，以免出现气泡，最后将制片平放于晒片架上，待其自然干燥。大型虫体可切取前、后部，进行制片。最好每一片上有一雄虫和一雌虫。

将上述制片贴上标签就可以使用了。但为了长期保存，可用解剖针蘸取油漆轻轻地涂在盖玻片的四周边缘上，干燥之后就可以长期保存了。

②光学树脂胶或加拿大树胶封片法。制片时不染色，将虫体循序通过 70％、80％、90％、无水乙醇中各 0.5h，最后在水杨酸甲酯或二甲苯中透明，透明后放置在载玻片上，滴加光学树脂胶或加拿大树胶，拨正位置，加盖玻片封片。此法是寄生虫制片的较好方法，适用于多种寄生虫的制片，而且效果好，可永久保存。

子任务四　蜱螨的固定和保存

一、湿固定

1. 布勒氏液配方　甲醛原液 7mL，70％乙醇 90mL，冰醋酸（临用前加入）3～5mL 混合配成。

2. 蜱螨的湿固定　蜱应小心地由动物体表摘下或在拖网上取下，防止蜱的假头断落，先投入开水中数分钟，让其肢体伸直。然后保存在 70％乙醇内，为防止乙醇蒸发使蜱的肢体变脆，可加入数滴甘油。或把蜱螨先投入经加温的 70％乙醇（60～70℃）中固定，1d 后保存于 5％甘油乙醇（70％）中；也可用 5％～10％甲醛和布勒氏液固定保存。固定液体积须超过所固定标本体积的 10 倍以上，才能保证标本的质量。如此保存的蜱螨标本可供随时观察。

3. 标记保存　所有保存标本须详细记录标本名称、宿主、采集地点、采集日期及采集者姓名。用铅笔写好标签放入瓶内，保存标本的瓶应用蜡封严。

二、湿封法

蜱螨类标本通常不染色，不做完全脱水，可用湿封法制成标本。即用新鲜采得的病料散放在一块玻璃上，铺成薄层，病料四周应涂少量凡士林，防止虫体爬散，为了促使螨类活动加强，可将玻璃稍微加温，然后用低倍镜检查，如发现虫体爬行于绒毛和皮屑之间，及时用分离针尖挑出单独的虫体，放置在预先安排好的其上有 1 滴布勒氏液的载玻片上，移到显微镜下判定其需要的背面或腹面，然后盖一个 1/4 盖片的小盖片，再用分离针尖轻压小盖片，并作圆圈运动，尽量使其肢体伸直。待自然干燥约 1 周时间，再在小盖片上加盖普通盖片，用加拿大胶封固，即成为永久保存的标本了。

子任务五　昆虫的固定和保存

一、浸渍保存

适用于无翅昆虫等（如虱、虱蝇、蚤，以及各种昆虫的幼虫和蛹）。如采集的标本吸食了大量血液，则在采集后应先存放一定时间，等体内吸食的血液消化吸收后再固定。

1. 昆虫固定液配制　在 120mL 的 75％乙醇中，溶解苦味酸 12g，待溶解后再加入三氯甲烷 20mL 和乙酸 10mL。

2. 保存液的配制　100mL 70％的乙醇中，加入 5mL 甘油。

3. 固定　当虫体较大时，浸入在 75％乙醇中的虫体，于 24h 后，应将原浸渍的乙醇倒去，加上新的 70％乙醇。在昆虫固定液中固定的虫体，经过一夜后，也应将虫体取出，换入 75％乙醇中保存。

4. 保存　浸渍标本加标签后，保存于标本瓶或标本缸内，每瓶中的标本约占瓶容量的 1/3，不宜过多，保存液则应占瓶容量的 2/3，加塞密封。

二、干燥保存

本法主要是保存有翅昆虫，如蚊子、虻、蝇等的成虫。

1. 固定

（1）毒瓶的制作。取一大标本管（长 10cm，直径 3cm），在管底放入碎橡皮块，约占管高的 1/5；注入氯仿，将橡皮块淹没，用软木塞塞紧（不可用橡皮塞）过夜；此时氯仿即被橡皮块吸收，然后剪取一张与管口内径一致的圆形厚纸片，其上用针刺若干小孔，盖于橡皮块之上即可。氯仿用完后，应将圆纸片取出，再度注入氯仿，处理方法同前。

（2）固定。采集到的有翅昆虫，要先移入瓶内，很快即昏迷而失去运动能力，但到完全死亡，则需 5～7h，死后将昆虫取出保存。每次每瓶放入的昆虫不宜过多。

2. 保存

（1）针插保存。此法保存的昆虫，能使体表的毛、刚毛、小刺、鳞片等均完整无缺，并保有原有的色泽，是较理想的方法。

①插制。对大型昆虫，如虻蝇等，可将虫体放于手指间以 2 号或 3 号昆虫针，自虫体背面中胸偏右侧垂直插进。针由虫体腹面穿出，并使虫体停留于昆虫针上部的 2/3 处，注意保存虫体中胸左侧的完整，以便鉴定。对小型昆虫，如蚊、蚋、蠓等，应采用二重插制法。即先将 00 号昆虫针（又称二重针）先插入一硬纸片或软木条（硬纸片长 15mm，宽 5mm）的一端，并使纸片停留于 00 号昆虫针的后端，再将此针向昆虫胸部腹面第 2 对足的中间插入，但不要穿透。再以一根 3 号昆虫针插在硬纸片的另一端，针头与 00 号昆虫针相反而平行的方向插入即成。在缺少 00 号昆虫针时，可用硬纸片胶粘法，即取长 8mm和底边宽 4mm 的等腰三角形硬纸片，在三角形的顶角蘸取加拿大树胶少许，贴在昆虫胸部的侧面，再将此硬纸片的另一端，以 3 号昆虫针插入。插制昆虫标本，应在虫体未干之前进行，如虫体已干，则插制前应使虫体回软，以免断裂。

②标签。标签用硬质纸片制成，长 15mm，宽 15mm，以黑色墨水写上虫名、采集地

点、采集日期等，并将其插于昆虫针上，虫体的下方。

③整理与烘干。将插好的标本，以解剖针或小镊子将虫体的足和翅等的位置加以整理，保持生活状态时的姿势，再插于软木板上，放入 30～35℃的温箱中待干。

④保存。将烘干的标本，整齐地插入标本盒中，标本盒应有较密闭的盖子，盒内应放入樟脑球（可用大头针烧热，插入球内，再将其插在标本盒的四角上），盒口应涂以二二三油膏，以防虫蛀。标本盒应放于干燥避光的地方。在梅雨季，要减少开启次数，以防潮湿发霉。

（2）瓶装保存。大量同种的昆虫，不需个别保存时，可将经毒瓶毒死的昆虫放在大盘内，在干燥箱内干燥，待全部干燥后，放于广口试剂瓶中保存。在广口试剂瓶底部先放一层樟脑粉，上加一层棉花压紧，在棉花上再铺一层滤纸。将已干的虫体逐个放入，每放一层后，再放一些软纸片或纸条，以使虫体互相隔开，避免挤压过紧。最后在瓶塞上涂二二三油膏，塞紧。在瓶内和瓶外应分别贴上标签。

3. 制片　多数昆虫和蜱、螨的鉴定分类，均以其外部形态结构为依据。可直接在解剖镜下或低倍显微镜下观察，也可制成永久装片标本观察。

干燥保存的标本，在虫体取出后，脆而易碎，应先经过回软。回软是在干燥器内进行的，在干燥器底部铺一薄层洗净的沙粒，沙中加少量的清水，再滴几滴石炭酸，放上有孔的瓷隔板，然后将要回软的标本放在隔板上，加盖，经 2～8h 即可回软。

（1）直接观察。将浸渍的昆虫标本或回软的标本直接放于解剖镜下或放大镜下观察。必要时可在解剖镜镜台上放一小平皿，内加清水或浸渍液，使被检虫体浸没于液体中，可减少折光，便于观察。

（2）制片准备。先将虫体或其局部浸入 10％的氢氧化钾溶液中，煮沸数分钟使虫体内部的肌肉和内脏溶解，并使体表软化透明，便于制片观察。较大的虫体，浸入氢氧化钾溶液后，尚可用昆虫针在虫体上刺些小孔，以利虫体内部组织的溶解。身体较柔软的昆虫或幼虫，也要浸入 10％氢氧化钾溶液中，待虫体软化透明后制片。经氢氧化钾处理后的虫体，应在水中洗去其碱液再行制片。

①加拿大树胶封片。取已准备好的昆虫虫体或虫体的一部分，经 30％、50％、70％、85％、90％、95％各级乙醇逐级脱水，最后移入无水乙醇中，使完全脱水。再移入二甲苯或水杨酸甲酯中透明，透明后，取出放在载玻片上，滴一些加拿大树胶，覆以盖玻片即成。本法经过各级乙醇所需的时间，按虫体的大小而有所不同，一般需 15～30min，较大的虫体需要的时间要稍长一些。

②洪氏液封片。取洪氏液滴于载玻片上，再取以氢氧化钾处理过并经洗净的小型昆虫虫体，无须脱水，直接移入洪氏液中，加盖玻片盖好即成。

洪氏液的配制：将鸡蛋白 50mL、甲醛 40mL、甘油 40mL 三者装在瓶中，加塞振荡，彻底混匀，放置，待其中气泡上升逸出，最后倒入平皿中，置干燥器中吸去其中水分，待液体仅占原容量的 1/2 时，即可取出装入瓶中，密封待用。

③甘油明胶封片。

甘油明胶封片剂配制：将水 6mL 与明胶 1g 混合溶解后，加入甘油 7mL 混匀，并在其中加石炭酸 1％，加温 15min 制成。另可用培氏胶液，螨的体积很小，比较适合这种方法制片。

培氏胶液配制：先用 20mL 蒸馏水将 15g 阿拉伯胶溶解，加入 10mL 葡萄糖浆（每 100mL 水中含糖 68g），5mL 醋酸，再加入 100g 水合氯醛混匀即成。

用以上两种封片剂的任何一种时，氢氧化钾处理过的虫体经洗净后均无须脱水，直接放于载玻片上，除去多余的水分，滴加甘油明胶或培氏胶液，加盖玻片封固即可。

子任务六　原虫的固定和保存

1. 血液　涂片干燥后，用吉姆萨液或瑞氏液染色。

（1）吉姆萨液染色。

①先用甲醇固定 3min 左右。

②用蒸馏水 1mL 加吉姆萨原液 1.5～2 滴，混匀后染片。

③在 20℃室温内放置 1.5h。

④用中性蒸馏水冲之（注意冲时不要先倒掉染液），干后镜检。

（2）瑞氏染色。因染料已溶于甲醇中，故不必事先用甲醇固定。

①在染色片上加瑞氏染色液 10 滴，静置 1min。

②再加入等量缓冲液静置 3～5min；

③用缓冲液或蒸馏水急冲半分钟。干后镜检。

检验效果：核呈紫蓝色或深紫色，酸性颗粒为粉红色，盐基性颗粒为紫蓝色或深蓝色，红细胞为橙黄色或浅红色，淋巴细胞紫蓝色。

2. 脏器　涂片、染色、制片同上。

3. 形态较大的原虫　如肉孢子虫，若观其内部构造，就需要做组织切片，可以用石蜡包埋切片或冰冻切片技术，此处略。

以上原虫制片，为了长期保存，也可以用二甲苯逐级透明后，再用光学树脂胶封片。

⑦ 复习思考题

一、选择题

1. 免疫标记技术包括（　　）。

　　A. 酶标记技术　　　　B. 荧光标记技术　　　C. 同位素标记技术

　　D. 以上三项都是　　　E. 以上都不是

2. 猪肾虫病生前最合适的诊断方法是（　　）。

　　A. 漂浮法检查粪中虫卵　　　　　　　　B. 漂浮法检查尿中虫卵

　　C. 沉淀法检查尿中虫卵　　　　　　　　D. 粪便培养法检查幼虫

　　E. 检查血液中幼虫

3. 确诊棘球蚴病的方法是（　　）。

　　A. 粪便检查　　　　B. 血液检查　　　　C. 动物接种

　　D. 皮屑检查　　　　E. 尸体剖检

4. 驱虫药的选择原则不包括（　　）。

A. 高效　　　　　　B. 低毒　　　　　　C. 广谱

D. 使用方便　　　　E. 对成虫和幼虫均有效

5. 如肠道有粟粒大小的结节，进一步检查应采用的方法是（　　）。

A. 粪检虫卵　　　　　　　　　　B. 取结节压片镜检

C. 分离细菌　　　　　　　　　　D. 接种鸡胚

E. 间接血凝试验

6. 某绵羊群消瘦、贫血、腹泻，粪检见大量椭圆形、卵壳薄、无卵盖、内含多个卵细胞的虫卵。鉴定该羊群感染的寄生虫种类的方法是（　　）。

A. 毛蚴孵化法　　　B. 虫卵沉淀法　　　C. 幼虫培养法

D. 虫卵计数法　　　E. 虫卵漂浮法

7. 某养殖场 30 日龄肉鸡，食欲不振，精神沉郁，羽毛松乱，腹泻，排水样稀粪，鸡冠苍白，病死率达 20％。剖检见皮下、肌肉与脏器出血，肌肉与内脏器官上见针尖至粟粒大小的白色结节。确诊该病，首先应采取的检查方法是（　　）。

A. 粪便虫卵检查　　B. 取结节压片镜检　　C. 盲肠黏膜刮片镜检

D. 鸡胚接种　　　　E. 间接凝血试验

8. 大丹犬，雌性，2 岁。咳嗽，呼吸困难，食欲减退，体温 39℃，不愿站立，消瘦，被毛粗糙，眼结膜苍白，听诊呼吸音粗粝，有心杂音。X 线检查发现心脏轮廓增大，右心房、右心室和肺动脉扩张，肺区有几条密度大的阴影。血液学检查红细胞总数及血红蛋白降低。目前临床上快速诊断本病的方法是（　　）。

A. 抗原检查　　　　B. 粪便检查　　　　C. 尿液检查

D. 血常规检查　　　E. 血液生化检查

9. 育肥猪，消化功能紊乱，消瘦，结膜苍白，生长缓慢，病程持续时间较长。若该病由吸虫引起，适宜的粪便检查方法是（　　）。

A. 直接涂片法　　　B. 虫卵漂浮法　　　C. 虫卵沉淀法

D. 幼虫分离法　　　E. 幼虫培养法

10. 育肥猪，消化功能紊乱，消瘦，结膜苍白，生长缓慢，病程持续时间较长。若该病由消化道线虫引起，适宜的粪便检查方法是（　　）。

A. 肉眼观察　　　　B. 卵囊漂浮法　　　C. 幼虫培养法

D. 幼虫分离法　　　E. 毛蚴孵化法

11. 确诊日本分体吸虫病常用的粪检方法是（　　）。

A. 虫卵漂浮法　　　B. 毛蚴孵化法　　　C. 直接涂片法　　　D. 肉眼观察法

12. 确诊双芽巴贝斯虫病最常用的方法是（　　）。

A. 粪便检查　　　　B. 尿液检查　　　　C. 血液涂片检查　　　D. 淋巴结穿刺检查

13. 确诊球虫病的方法是（　　）。

A. 肠黏膜镜检　　　B. 病毒分离鉴定　　C. 细菌分离鉴定　　　D. 血清学检查

14. 可用幼虫培养法鉴定种类的寄生虫是（　　）。

A. 蜱　　　　　　　B. 昆虫　　　　　　C. 线虫　　　　　　D. 棘头虫

15. 我国南方某放牧牛群出现食欲减退，精神不振，腹泻，便血，严重贫血，衰竭死亡。

剖检见肝肿大、有大量虫卵结节。确诊该病常用的粪检方法是（　　　）。

    A. 虫卵漂浮法　　　　B. 毛蚴孵化法　　　　C. 直接涂片法

    D. 幼虫分离法　　　　E. 肉眼观察法

二、填空题

1. 确诊双芽巴贝斯虫病最常用的方法是_____。

2. 确诊日本分体吸虫病常用的粪检方法是_____。

3. 确诊寄生虫病最可靠的方法是_____。

4. 确诊肺丝虫病需要检查的病料是_____。

5. 目前鸡赖利绦虫病的确诊方法是_____。

三、判断题

（　　）1. 日本血吸虫常用的检查方法为虫卵毛蚴孵化法和沉淀法。

（　　）2. 猪旋毛虫并不用屠宰后诊断，在生前就可以做出准确的诊断。

（　　）3. 人弓形虫病的生前诊断主要靠血清学诊断。

（　　）4. 生猪宰后检验旋毛虫的方法是肌肉消化法。

（　　）5. 犬心丝虫病最合适的诊断方法是漂浮法检查粪中虫卵。

四、分析题

    某市一个体养鸡户，2005 年 5 月底饲养草鸡 280 只，雏鸡 24 日龄时发病。主诉：雏鸡从出壳起一直养得很好，精神抖擞，可几天来雏鸡精神不振，打瞌睡，翅膀下垂，下痢，有的雏鸡排血便。病鸡贫血、消瘦，陆续死亡。现场检查：鸡舍简陋，垫草一直未更换，水槽与食槽设置不科学，安放不合理，地面湿度大。剖检结果：在现场取 6 只鸡进行了剖检，发现盲肠高度肿大，剪开盲肠其肠腔内充满血凝块和脱落的黏膜碎片；肝的病变不明显。

    根据以上描述初步判定为何病？详细说明实验室诊断方法的操作过程。

（项目七参考答案见 108 页）

项目四　复习思考题参考答案

一、选择题

1~10. CBCBB　BBDBD

二、填空题

1. 淡水螺类、各种蜻蜓及其稚虫

2. 白细胞、红细胞

3. 盲肠

4. 二分裂、盲肠和肝

5. 沉淀法、漂浮法

三、判断题

1~10. √ √ × × × √ × √ √ ×

参 考 文 献

安春丽，等，2007. 医学寄生虫学彩色图谱［M］. 上海：上海科学技术出版社.

陈建红，张济培，2001. 禽病诊治彩色图谱［M］. 北京：中国农业出版社.

甘孟侯，杨汉春，2005. 中国猪病学［M］. 北京：中国农业出版社.

蒋金书，2000. 动物原虫病学［M］. 北京：中国农业大学出版社.

李国清，2006. 兽医寄生虫学（双语版）［M］. 北京：中国农业大学出版社.

廖党金，2005. 牛羊病看图防治［M］. 成都：四川科学技术出版社.

刘明春，赵玉军，2007. 国家法定牛羊疫病诊断与防治［M］. 北京：中国轻工业出版社.

卢俊杰，新家声，2002. 人和动物寄生虫图谱［M］. 北京：中国农业科技出版社.

农业部血吸虫病防治办公室，1998. 动物血吸虫病防治手册［M］. 北京：中国农业科技出版社.

潘卫庆，2007. 寄生虫生物学研究与应用［M］. 北京：化学工业出版社.

潘卫庆，汤林华，2004. 分子寄生虫学［M］. 上海：上海科学技术出版社.

潘耀谦，2004. 猪病诊断彩色图谱［M］. 北京：中国农业出版社.

孙新，等，2005. 实用医学寄生虫学［M］. 北京：人民卫生出版社.

汪明，2004. 兽医寄生虫学［M］. 3 版. 北京：中国农业大学出版社.

杨光友，2005. 动物寄生虫病学［M］. 成都：四川科学技术出版社.

张宏伟，杨廷桂，2005. 动物寄生虫病［M］. 北京：中国农业出版社.

张西臣，赵权，2005. 动物寄生虫病学［M］. 2 版. 长春：吉林人民出版社.

赵书广，2000. 中国养猪大成［M］. 北京：中国农业出版社.

朱兴全，2006. 小动物寄生虫病学［M］. 北京：中国农业大学出版社.

图书在版编目（CIP）数据

畜禽寄生虫病 / 路卫星，刘衍芬主编. —北京：
中国农业出版社，2023.3
ISBN 978-7-109-30547-2

Ⅰ.①畜… Ⅱ.①路… ②刘… Ⅲ.①畜禽－寄生虫
病－防治 Ⅳ.①S855.9

中国国家版本馆 CIP 数据核字（2023）第 049069 号

中国农业出版社出版

地址：北京市朝阳区麦子店街 18 号楼
邮编：100125
责任编辑：王宏宇　　　　文字编辑：耿增强
版式设计：小荷博睿　　责任校对：吴丽婷
印刷：三河市国英印务有限公司
版次：2023 年 3 月第 1 版
印次：2023 年 3 月河北第 1 次印刷
发行：新华书店北京发行所
开本：787mm×1092mm　1/16
印张：14.5
字数：345 千字
定价：37.00 元